高等学校消防专业规划教材

工业企业消防安全

张宏宇◎主编　　戴丹妮　杨　玲　副主编

GONGYE QIYE
XIAOFANG ANQUAN

化学工业出版社

本书内容包括工业企业防火防爆技术、工业设备与作业消防安全、石油炼制及储配消防安全、化工行业消防安全、食品和纺织等行业消防安全等。书中内容注重与实际相结合，从生产基本原理、工艺流程、物质特性、火灾特点入手，研究物质性质与安全、化工厂设计与安全、装置操作与安全规律，突出基础理论知识的学习和基本应用。

本书可作为消防指挥、消防工程、安全工程等专业人才培养教学用书，也可用作企业专职消防员培训用书和消防工程技术人员的工作参考书。

图书在版编目（CIP）数据

工业企业消防安全/张宏宇主编. —北京：化学工业
出版社，2019.1（2023.1重印）
高等学校消防专业规划教材
ISBN 978-7-122-33481-7

Ⅰ.①工⋯　Ⅱ.①张⋯　Ⅲ.①工业企业-消防-高等
学校-教材　Ⅳ.①X932

中国版本图书馆 CIP 数据核字（2018）第 286655 号

责任编辑：韩庆利
责任校对：王鹏飞　　　　　　　　　　　　装帧设计：张　辉

出版发行：化学工业出版社（北京市东城区青年湖南街 13 号　邮政编码 100011）
印　　装：北京七彩京通数码快印有限公司
787mm×1092mm　1/16　印张 12¾　字数 312 千字　2023 年 1 月北京第 1 版第 3 次印刷

购书咨询：010-64518888　　售后服务：010-64518899
网　　址：http://www.cip.com.cn
凡购买本书，如有缺损质量问题，本社销售中心负责调换。

定　　价：38.00 元　　　　　　　　　　　　　版权所有　违者必究

前　言

工业是指采集原料，并把它们加工成产品的工作和过程。按照提供生产资料的不同分为轻工业和重工业两大类。现代工业为自身和国民经济其他各个部门提供原材料、燃料和动力，为人民物质文化生活提供工业消费品，是国家经济自主、政治独立、国防现代化的根本保证。工业发展水平决定着国民经济现代化的速度、规模和水平，在当代世界各国国民经济中起着主导作用。

随着我国社会经济迅速发展，新兴行业和产品不断涌现、生产规模不断扩大。加上我国幅员辽阔、人口众多，工业生产呈现出分布范围广、物质种类多、生产过程复杂多样、操作条件苛刻、企业生产水平和管理差距大、从业人员素质参差不齐等特点，工业领域发生的各类事故层出不穷。目前，工业和仓储场所已逐渐成为火灾损失占比最大的场所。

如何有效减少工业企业火灾的发生、降低火灾损失、减少消防员伤亡，已成为社会各界密切关注的课题。熟悉和掌握各类生产的典型工艺流程和装置、厂区平面布局、建筑特点、火灾危险性、火灾特点及相关防火措施，是做好工业企业消防安全工作的关键环节。

为满足当前工业企业安全管理和消防专业人才培养的新需要，《工业企业消防安全》以工业企业防火防爆理论为基础，选取石油炼化、化工、纺织、食品等行业中火灾风险较大的生产过程，从生产的基本原理、工艺流程、常见设备、物质特性、火灾特点入手研究物质性质与安全、化工厂设计与安全、装置操作与安全规律。本教材立足教学实际，注重学科专业体系化建设，注重对各学科知识内容，特别是前沿消防科学技术的更新，着重提高学生的专业理论水平和实际工作技能。通过学习这门课程，读者可以了解不同行业生产流程及操作过程、设备运行中涉及的安全基本知识，熟悉火灾、爆炸、中毒、腐蚀、职业损害等方面的防护理论、方法与技术。本教材可用于消防指挥、消防工程、安全工程专业人才培养教学，也可用作企业专职消防员培训用书和消防工程技术人员的工作参考书。

本书由张宏宇担任主编，戴丹妮、杨玲担任副主编，马建云、葛巍巍、曾金龙、傅柄棋参加编写。具体的编写分工如下：第一章，张宏宇、马建云；第二章第一、二、三、四、五节曾金龙，第六、七节葛巍巍；第三章傅柄棋；第四章杨玲；第五章第一、二、三、四节戴丹妮，第五、六节葛巍巍。戴丹妮、杨玲负责全书统稿。

在本书编写过程中得到了消防高等专科学校各级领导的大力支持和帮助，得到了消防同仁的大力支持，校内外专家提出了宝贵意见和建议，在此表示衷心的感谢！教材编写组先后赴南京、南通、无锡、鄂尔多斯等地进行参观学习，调研了石油化工企业，纸类生产、纺织生产、乙炔生产、氧气生产、电池生产的企业，及时了解目前较为先进的生产现状以及目前工业企业在实际生产过程中最为关注的消防问题。编者希望能通过本书的编写，紧贴消防实际，把最先进的理念和思维方式展示出来。但是由于水平有限，时间仓促，难免有不当之处，欢迎各位读者在学习过程中发现问题能及时与我们联系，及时更正，让本书变得更加完善。

编　者

目　录

第五章 食品、纺织等行业消防安全

参 考 文 献

第一章
工业企业防火
防爆技术

● 【学习目标】

　　1. 熟悉生产和储存物品火灾危险性分类，掌握生产过程的防火防爆的对策措施有哪些。

　　2. 了解工业建筑防火措施、防爆措施包含哪些方面，熟悉厂址、厂区的平面布置及工业建筑防爆的布置要求，掌握厂区建筑面积、层数及防火间距要求，掌握泄压面积的选择原则及计算方法。

　　3. 了解常用的阻火装置，熟悉各类阻火装置的结构、构造，掌握各类阻火装置的应用范围及阻火原理。

　　4. 了解常用的防爆泄压装置，熟悉各类防爆泄压装置的结构、构造，掌握各类防爆泄压装置的应用范围及阻火原理。

　　工业企业历来是消防安全重点监管及防控制对象，工业企业种类繁多，按其加工和生产产品的不同，生产过程及其火灾危险性各有所不同。按照物质的类别，生产的一般规律，寻找分析生产过程火灾危险性的一般原则和方法，依此分析工业企业的火灾危险性，并有针对性地提出防火防爆安全技术措施。

第一节　生产和储存物品的火灾危险性分类

　　工业建筑发生火灾时造成的生命、财产损失与建筑内物质的火灾危险性、工艺及操作的火灾危险性和采取的相应措施等直接相关。生产过程中，由于大多数物料本身的火灾危险性很大，且又都是散状存在于设备、管道或容器内的，加之有些生产又是在高温、高压，或低温、负压条件下进行的，所以，火灾危险性更大。为防止火灾爆炸事故，首先应了解生产过程和储存物品的火灾危险性是属于哪一类型，存在哪些可能发生着火或爆炸的因素，发生火灾爆炸后火势蔓延扩大需要什么条件等。工业建筑在进行防火设计时，必须首先判断其火灾危险程度的高低，进而制订出行之有效的防火防爆对策。现行的有关国家标准对不同生产和储存场所的火灾危险进行了分类，这是防火设计中的技术依据和准则。

　　生产和储存物品的火灾危险性分类原则是在综合考虑基础上确定生产过程和储存的火灾危险性类别，主要根据生产和储存中物料的燃爆性质及其火灾爆炸危险程度，反应中所用物质的数量，采取的反应温度、压力以及使用密闭的还是敞开的设备进行生产操作等条件来进行分类。

一、储存物品火灾危险性分类

（一）影响物品火灾危险性的因素

　　物品的火灾危险性是由多种因素决定的，在确定物品的火灾危险性类别时不能只考虑其本身是否可以燃烧及燃烧的难易程度一种因素，应当综合考虑其各种危险特性给人们带来的危害和后果，以及影响其火灾危险性的各种相关因素。综合起来，影响物品火灾危险性的主要因素有以下几点：

1. 物品本身的易燃性和氧化性

物品本身能否燃烧或燃烧的难易、氧化能力的强弱，是决定物品火灾危险性大小的最基本的条件。一般而言，物品越易燃烧或氧化性越强，其火灾危险性就越大。如汽油比柴油易燃，那么汽油应比柴油的火灾危险性大；硝酸钾比硝酸的氧化性强，那么硝酸钾就比硝酸的火灾危险性大。衡量物品易燃危险性大小的方法和参数，与物品本身的状态有关。因为物品本身的状态不同，其燃烧难易程度的表现形式也不同，所以处于不同状态的物品，会有不同的反映该物品火灾危险性大小的测定方法和参数。一般来讲，液体主要是用闪点的高低来衡量，气体、蒸气、粉尘等主要是用爆炸浓度极限来衡量，固体主要是用引燃温度或氧指数的大小来衡量。另外，最小引燃能量也是用来衡量物品火灾危险性大小的一个重要参数，如防爆电器的防爆等级都是依据物品引燃温度的高低和最小引燃能量的大小来确定的。

2. 易燃性和氧化性之外所兼有的毒害性、放射性、腐蚀性等危险性

任何一种物品都不会是只有一种特性的，如磷化锌既有遇水易燃性，又有相当的毒害性；漂白粉既有强烈的腐蚀性，又有很强的氧化性；硝酸铀既有很强的易燃性、氧化性，又有十分强烈的放射性等。所以，在对物品进行火灾危险性分类时，除应考虑物品本身的火灾危险性外，还应充分考虑它所兼有的毒害性、腐蚀性、放射性等危险性。

3. 盛装条件

物品的盛装条件是制约其火灾危险性的一个重要因素，因为同一种物品在不同的状态，不同的温度、压力、浓度下其火灾危险性是不同的。例如，苯在 0.1MPa 下的自燃点为 680℃，而在 2.5MPa 下的自燃点为 490℃，在空气中的自燃点为 578℃，在氧气中的自燃点为 566℃，在铁管中的自燃点为 753℃，在玻璃烧瓶中的自燃点为 580℃；又如，甲烷在 2% 的浓度时自燃点为 710℃，在 5.85% 的浓度时自燃点为 695℃，在 14.35% 的浓度时自燃点为 742℃。氧气在高压气瓶内充装要比在胶皮囊中盛装的火灾危险性大，氢气在高压气瓶中充装要比在气球中火灾危险性大。所以，物品的盛装条件不同，其火灾危险性也不同。

4. 物品包装的可燃程度及量的多少

物品火灾危险性的大小不仅与本身的特性有关，而且还与其包装是否可燃和可燃包装的多少有关。对难燃物品和不燃物品，若其包装材料为可燃物且其量与被保护的物品相比，密度又相当大时，那么该物品的火险类别就可按包装材料的可燃性考虑。

5. 与灭火剂的抵触程度和遇水生热能力

一种物质，如果其一旦失火与灭火剂有抵触，那么其火灾危险性要比不抵触的物品大。如水是一种最常用、最普通的灭火剂，如果某物品着火后不能用水或含水的灭火剂扑救，那么就增加了扑救的难度，也就加大了火灾扩大和蔓延的危险，所以该类物品的火灾危险性就大。

另外，遇水生热不燃物品本身不燃，但当遇水或受潮时能发生剧烈的化学反应，并释放出大量的热和（或）不燃（可燃）气体，可使附近的可燃物着火。

（二）物品的火灾危险性分类方法

根据《建筑设计防火规范》（GB 50016）规定，储存物品的火灾危险性根据储存物品的性质和储存物品中的可燃物数量等因素划分，可分为甲、乙、丙、丁、戊类。储存物品的火灾危险性分类见表 1.1。

表 1.1　储存物品的火灾危险性分类

仓库的火灾 危险性类别	储存物品的火灾危险性特征
甲	(1)闪点小于 28℃ 的液体 (2)爆炸下限小于 10% 的气体,受到水或空气中水蒸气的作用能产生爆炸下限小于 10% 气体的固体物质 (3)常温下能自行分解或在空气中氧化能导致迅速自燃或爆炸的物质 (4)常温下受到水或空气中水蒸气的作用,能产生可燃气体并引起燃烧或爆炸的物质 (5)遇酸、受热、撞击、摩擦以及遇有机物或硫黄等易燃的无机物,极易引起燃烧或爆炸的强化剂 (6)受撞击、摩擦或与氧化剂、有机物接触时能引起燃烧或爆炸的物质
乙	(1)闪点不小于 28℃,但小于 60℃ 的液体 (2)爆炸下限不小于 10% 的气体 (3)不属于甲类的氧化剂 (4)不属于甲类的易燃固体 (5)助燃气体 (6)常温下与空气接触能缓慢氧化,积热不散引起自燃的物品
丙	(1)闪点不小于 60℃ 的液体 (2)可燃固体
丁	难燃烧物品
戊	不燃烧物品

注：1. 同一座仓库或仓库的任一防火分区内储存不同火灾危险性物品时,仓库或防火分区的火灾危险性应按其中火灾危险性最大的物品确定。

2. 丁、戊类储存物品仓库的火灾危险性,当可燃包装重量大于物品本身重量 1/4 或可燃包装体积大于物品本身体积的 1/2 时,应按丙类确定。

二、生产的火灾危险性分类

生产和储存物品的火灾危险性有相同之处,也有不同之处。如甲、乙、丙类液体在高温、高压下进行生产时,其温度往往超过液体本身的自燃点,当其设备或管道损坏时,液体喷出就会起火。有些生产的原料、成品都不危险,但生产中的条件变了或经化学反应后产生了中间产物,就增加了危险性,例如,可燃粉尘静止时不危险,但生产时,粉尘悬浮在空中与空气形成爆炸性混合物,遇火源则能爆炸起火,而储存这类物品就不存在这种情况。与此相反,桐油织物及其制品,在储存中火灾危险性较大,因为这类物品堆放在通风不良地点,受到一定温度作用时,能缓慢氧化,积热不散会导致自燃起火,而在生产过程中不存在此种情况,所以要分别对生产和储存物品的火灾危险性进行分类。

（一）影响生产工艺火灾危险性分类的因素

生产工艺火灾危险性的大小,除了如上述的受物料本身的易燃性、氧化性及其与之所兼有的毒害性、放射性、腐蚀性等危险性的影响和物料与水等灭火剂的抵触程度的影响之外,还受以下因素的影响。

1. 生产工艺条件

生产工艺条件的影响因素主要包括压力、氧含量和所用的催化剂、容器设备及装置的导热性和几何尺寸等因素。如汽油在 0.1MPa 下的自燃点为 480℃,而在 25MPa 下的自燃点为 250℃。同时,有的产品的生产工艺条件需要在接近原料爆炸深度下限或在爆炸深度范围之内生产,有的则需要在接近或高于物料自燃点或闪点的温度下生产,这样就更增加了物料本身的火灾危险性,故物料在这种工艺条件下的火灾危险性就大于本身的火灾危险性。所以，物料的易燃性、氧化性及生产工艺条件，是决定生产工艺火险类别的最重要的因素。

2. 生产场所可燃物料的存在量

在生产场所如果存在的可燃物多，那么，其火灾危险性就大，反之，如果可燃性物料的量特别少，少至当气体全部放出或液体全部汽化也不能在整个厂房内达到爆炸极限范围，可燃物全部燃烧也不能使建筑物起火造成灾害，那么其火灾危险性就小。如机械修理厂或修理车间，虽然经常要使用少量的汽油等易燃溶剂清洗零件，但不致因此而引起整个厂房的爆炸。可见，其火灾危险性就比大量使用汽油等甲类溶剂的场所小。

3. 物料所处的状态

在通常条件下，生产中的原料、成品并不是都十分危险，但在生产中的条件和状态改变了，就可能变成十分危险的生产。如可燃的纤维粉尘在静置时并不危险，但在生产时，若粉尘悬浮在空中与空气形成了爆炸性混合物，遇火源便会着火或爆炸。另外，有些金属如铝、锌、镁等，在块状时并不易燃，但在粉尘状态时则能爆炸起火。

（二）生产的火灾危险性分类方法

根据《建筑设计防火规范》（GB 50016）规定，生产的火灾危险性分为甲、乙、丙、丁、戊 5 类，见表 1.2。厂房的火灾危险性类别是以生产过程中使用和产出物质的火灾危险性类别确定的，因此，物质的火灾危险性是确定生产的火灾危险性类别的基础。生产的火灾危险性分类要看整个生产过程中的每个环节是否有引起火灾的可能性，并按其中最危险的物质确定，主要考虑以下几个方面：生产中使用的全部原材料的性质；生产中操作条件的变化是否会改变物质的性质；生产中产生的全部中间产物的性质；生产中最终产品及副产物的性质。

表 1.2   生产的火灾危险性分类

生产的火灾危险性类别	生产的火灾危险性特征
甲	(1)闪点小于 28℃的液体 (2)爆炸下限小于 10%的气体 (3)常温下能自行分解或在空气中氧化即能导致迅速自燃或爆炸的物质 (4)常温下受到水或空气中水蒸气的作用,能产生可燃气体并引起燃烧或爆炸的物质 (5)遇酸、受热、撞击、摩擦、催化以及遇有机物或硫黄等易燃的无机物,极易引起燃烧或爆的强氧化剂 (6)受撞击、摩擦,或与氧化剂、有机物接触时能引起燃烧或爆炸的物质 (7)在密闭设备内操作温度不小于物质本身自燃点的生产
乙	(1)闪点不小于 28℃,但小于 60℃的液体 (2)爆炸下限不小于 10%的气体 (3)不属于甲类的氧化剂 (4)不属于甲类的易燃固体 (5)助燃气体 (6)能与空气形成爆炸性混合物的浮游状态的粉尘、纤维、闪点不小于 60℃的液体雾滴
丙	(1)闪点不小于 60℃的液体 (2)可燃固体
丁	(1)对不燃烧物质进行加工,并在高温或熔化状态下经常产生强辐射热、火花或火焰的生产 (2)利用气体、液体、固体作为燃料或者将气体、液体进行燃烧作其他用的各种生产 (3)常温下使用或加工难燃烧物质的生产
戊	常温下使用或加工不燃烧物质的生产

注：同一座厂房或产房的任一防火分区内有不同火灾危险性生产时，厂房或防火分区内的生产火灾危险性类别应按火灾危险性较大的部分确定。当生产过程中使用或产生易燃、可燃物的量较少，不足以构成爆炸或火灾危险时，可按实际情况确定；当符合下述条件之一时，可按火灾危险性较小的部分确定：

（1）火灾危险性较大的生产部分占本层或本防火分区建筑面积的比例小于5％或丁、戊类厂房内的油漆工段小于10％，且发生火灾事故时不足以蔓延到其他部位或火灾危险性较大的生产部分采取了有效的防火措施。

（2）丁、戊类厂房内的油漆工段，当采用封闭喷漆工艺，封闭喷漆空间内保持负压，油漆工段设置可燃气体探测报警系统或自动抑爆系统，且油漆工段占所在防火分区建筑面积的比例不大于20％。

≫ 第二节　工业建筑防火设计

火灾爆炸的预防和控制除了加强管理之外，最主要是通过工程技术的应用实现。用于工业生产及储存的建筑物或构筑物，特别是涉及危险化学品的工业建筑都要进行防火设计，以避免或减少火灾爆炸事故的发生。

一、厂址与布局

工厂的选址必须遵守城市规划的总体要求和消防规划的专项要求。特别是涉及具有甲、乙类火灾危险性的工厂，除了要确保工厂本身的防火安全外，还要考虑其对公共安全可能造成的影响。具体而言，工厂的选址主要考虑以下四个方面的影响。

（一）本地环境的影响

依据地震、台风、洪水、雷击、地形和地质构造等自然条件资料，结合建设项目生产过程及特点，采取易地建设或采取有针对性的、可靠的对策措施。对产生和使用危险、危害性大的工业产品、原料、气体、烟雾、粉尘、噪声、振动和电离、非电离辐射的建设项目，还必须符合国家有关专门（专业）法规、标准的要求。例如，生产和使用氰化物的建设项目禁止建在水源的上游附近等。同时还要考虑排水的影响，如果选址不当，工厂排水系统的缺陷将导致火灾扑救时废水的积涝或对水源的污染。

（二）与周边区域的相互影响

除环保、消防行政部门管理的范畴外，应考虑风向和建设项目与周边区域（特别是周边的生活区、旅游风景区、文物保护区、航空港和重要通信、输变电设施和开放型放射工作单位、核电厂、剧毒化学品生产厂等）在危险、危害性方面相互影响的程度，进行位置调整，按国家规定保持安全距离和卫生防护距离等。

例如，根据区域内各工厂和装置的火灾、爆炸危险性分类，考虑地形、风向等条件进行合理布置，以减少相互间的火灾爆炸威胁；易燃易爆的生产区沿江河岸边布置时，宜位于邻近江河的城镇、重要桥梁、大型锚地、船厂、港区、水源等重要建筑物或构筑物的下游，并采取防止可燃液体流入江河的有效措施；公路、地区架空电力线路或区域排洪沟严禁穿越厂区。与相邻的工厂或设施的防火间距应符合现行有关标准规范的规定。危险、危害性大的企业应位于危险、危害性小的企业全年主导风向的下风侧或最小频率风向的上风侧；使用或生产有毒物质、散发有害物质的企业应位于城镇和居住区全年主导风向的下风侧或最小频率风向的上风侧；有可能对河流、地下水造成污染的生产装置及辅助生产设施，应布置在城镇、居住区和水源地的下游及地势较低地段（在山区或丘陵地区应避免布置在窝风地带）。

（三）消防给水要求

水是工业企业最主要的灭火介质，消防给水的便利性和可靠性是控制和起来扑灭火灾的重要保证，工厂选址布局中必须充分考虑消防给水的设计要求。

理想的厂址应该有足够的供水能力满足消防用水的需要。按现行《建筑设计防火规范》明确规定，建筑物的消防给水必须作为建筑设计的内容之一同时设计，消防用水可由城市给水管网、天然水源或消防水池供给。利用天然水源时，其保证率不应小于 97%，且应设置可靠的取水设施。

室外消防给水当采用高压或临时高压给水系统，管道的供水压力应能保证用水总量达到最大且水枪在任何建筑的最高处时，水枪的水柱仍不小于 10m；当采用低压给水系统时，室外消火栓栓口处的水压从室外设计地面算起不应小于 0.1MPa。

（四）本地消防力量

工厂选址所在地的消防力量对工厂的整体消防安全水平具有重要的影响。关于选址需要考虑的另一个重要因素是消防队接警后到达现场的时间，我国城市消防规划一般要求消防队接警到达辖区边缘的时间不超过 15min。此外，我国的消防法明确规定火灾危险性较大、距离消防队较远的大型企业应建立企业专职消防队，以确保企业的消防安全。

二、厂区总体布置

在满足生产工艺、操作要求、使用功能需要和消防、环保要求的同时，主要从风向、安全（防火）距离、交通运输和各类作业、物料的危险、危害性出发，在平面布置方面根据功能分区采取对策措施。

（一）按使用功能要求分区布置

1. 总平面布置的要求

工业企业总平面布置应在符合生产流程、操作要求和使用功能的前提下建筑物、构筑物等设施联合多层布置；要按功能分区，合理确定通道宽度；厂区、功能分区及建筑物、构筑物的外形宜规整；功能分区内各项设施的布置应紧凑合理。

2. 功能分区

（1）生产车间及工艺装置区。生产车间及工艺装置区包括各种工艺装置、设备、建筑物、构筑物、输送管线、中间储槽及泵房等。在进行该区布置时，应将产生高温、有害气体烟、雾、粉尘的生产装置，布置在厂区全年最小频率风向的上风侧，且通风条件良好的地段，并避免采用封闭式或半封闭式的布置形式。使用大宗原料、燃料的生产设施，宜与其原料、燃料的储存及加工辅助设施靠近布置，并应位于上述辅助设施全年最小频率风向的下风侧。

（2）动力公用设施区。动力公用设施区包括 10kV 以上的变电和配电装置、供水装置、供气装置和锅炉房等。总降压变电所应靠近厂区边缘地势较高地段，避免布置在多尘、有腐蚀气体和有水雾的场所，并应位于多尘、有腐蚀性气体场所全年最小频率风向的下风侧和有水雾场所冬季盛行风向的上风侧。氧（氮）气站、压缩空气站宜位于空气洁净的地段，氧（氮）气站空分设备的吸风口，应位于乙炔站和电石渣场及散发其他碳氢化合物设施的全年最小频率风向的下风侧。乙炔站应位于排水及自然通风良好的地段，并避开人员密集区和主要交通地段。煤气站和天然气配气站，宜位于主要用户的全年最小频率风向的上风侧。煤气站的储煤场和灰渣场，宜布置在煤气站全年最小频率风向的上风侧。

（3）仓库与堆场区。仓库与堆场区包括甲、乙、丙、丁、戊等各类物品的储存库房、堆场、储罐（槽）、装卸设备以及气柜等。大宗原料、燃料仓库或堆场，应按照储用合一的原则布置，场地应有良好的排水条件。易燃及可燃材料堆场宜位于厂区边缘，并应远离明火及散发火花的地点。甲、乙、丙类液体燃料罐区宜位于企业边缘的安全地带，并应远离明火或散发火花的地点，其地势应较低而不窝风。严禁架空供电线跨越罐区。电石库的布置，宜位于场地干燥和地下水位较低的地段，不应与循环水冷却塔毗邻布置。

（4）修理设施区。修理设施区包括机械修理、电气修理、仪表修理、机车修理和建筑维修等设施。全厂性修理设施，宜集中布置；车间维修设施，在确保生产安全前提下，应靠近主要用户布置。

（5）生产管理及其他设施区。生产管理及其他设施区包括办公楼、消防站及食堂、宿舍、医院等生活设施。生产管理设施应位于厂区全年最小频率风向的下风侧。消防站应布置在责任区的适中位置，并应使消防车能方便、迅速地到达火灾现场。消防站的服务半径应以接警起5min内消防车能到达责任区最远点进行确定。

（二）确定防火间距

防火间距的确定，主要是从防止热辐射造成火灾蔓延这个角度考虑的，其次还考虑到灭火操作和节约用地的要求。防火间距主要由下列因素确定：①可燃物质的量；②处理可燃物的工艺条件、物质性质及泄漏的危险程度；③高压装置对相邻装置的影响；④设备本身的价值及对整个生产的影响程度；⑤仪表及控制设施复杂集中的程度；⑥灭火时需要的活动场地。

例如，对具有沸溢特性的重质油品储罐区，其防火间距的确定主要应考虑油品的沸溢特性和储存量；对可燃气体储罐的防火间距，应考虑爆炸火球波及范围及辐射热的影响。

（三）工业建筑内的平面布置

1. 厂房的平面布置要求

（1）甲、乙类生产场所不应设置在地下或半地下。

（2）员工宿舍严禁设置在厂房内。

（3）办公室、休息室等不应设置在甲、乙类厂房内，确需贴邻本厂房时，其耐火等级不应低于二级，并应采用耐火极限不低于3.00h的防爆墙与厂房分隔，且应设置独立的安全出口。

（4）甲、乙类中间仓库应靠外墙布置，其储量不宜超过一昼夜的需要量。

（5）甲、乙、丙类中间仓库应采用防火墙和耐火极限不低于1.50h的不燃烧体楼板与其他部位分隔。

（6）丁、戊类中间仓库应采用耐火极限不低于2.00h的防火隔墙和1.00h的楼板与其他部位分隔。

（7）厂房内的丙类液体中间储罐应设置在单独房间内，其容量不应大于5m³。设置中间储罐的房间，应采用耐火极限不低于3.00h的防火隔墙和1.50h的楼板与其他部位分隔，房间门应采用甲级防火门。

2. 仓库的平面布置要求

（1）甲、乙类仓库不应设置在地下或半地下。

（2）员工宿舍严禁设置在仓库内。

（3）办公室、休息室等严禁设置在甲、乙类仓库内，也不应贴邻。

（4）办公室、休息室设置在丙、丁类仓库时，应采用耐火极限不低于2.50h的防火隔墙和1.00h的楼板与其他部位分隔，并应设置独立的安全出口。隔墙上需开设相互连通的门时，应采用乙级防火门。

三、厂房、仓库的耐火等级、层数、面积的选择

厂房、仓库是工业企业重要的生产储存场所，根据不同的火灾危险性类别，正确选择厂房的耐火等级，合理确定厂房的层数和建筑面积，可以有效防止火灾蔓延扩大，减少损失。甲类生产具有易燃、易爆的特性，容易发生火灾和爆炸，疏散和救援困难，如层数多则更难扑救，严重者对结构有严重破坏。因此，对甲类厂房层数及防火分区面积提出了较严格的规定。

（一）厂房的耐火等级、层数和面积的选择

厂房的耐火等级、层数和防火分区的最大允许建筑面积应符合表1.3的要求。

表 1.3　厂房的耐火等级、层数和防火分区的最大允许建筑面积

生产的火灾危险性类别	厂房的耐火等级	最多允许层数	每个防火分区的最大允许建筑面积/m²			
			单层厂房	多层厂房	高层厂房	地下或半地下厂房（包括地下或半地下室）
甲	一级	宜采用单层	4000	3000	—	—
	二级		3000	2000	—	—
乙	一级	不限	5000	4000	2000	—
	二级	6	4000	3000	1500	—
丙	一级	不限	不限	6000	3000	500
	二级	不限	8000	4000	2000	500
	三级	2	3000	2000	—	—
丁	一、二级	不限	不限	不限	4000	1000
	三级	3	4000	2000	—	—
	四级	1	1000	—	—	—
戊	一、二级	不限	不限	不限	6000	1000
	三级	3	5000	3000	—	—
	四级	1	1500	—	—	—

注：本表中"—"表示不允许。

（1）厂房内设置自动灭火系统时，每个防火分区的最大允许建筑面积可按表1.3规定增加1.0倍。当丁、戊类的地上厂房内设置自动灭火系统时，每个防火分区的最大允许建筑面积不限。厂房内局部设置自动灭火系统时，其防火分区的增加面积可按该局部面积的1.0倍计算。

（2）防火分区之间应采用防火墙分隔。除甲类厂房外的一、二级耐火等级厂房，当其防火分区的建筑面积大于表 1.3 规定，且设置防火墙确有困难时，可采用防火卷帘或防火分隔水幕分隔。

（3）除麻纺厂房外，一级耐火等级的多层纺织厂房和二级耐火等级的单、多层纺织厂房，其每个防火分区的最大允许建筑面积可按表 1.3 的规定增加 0.5 倍，但厂房内的原棉开包、清花车间与厂房内其他部位之间均应采用耐火极限不低于 2.50h 的防火隔墙分隔，需要开设门、窗、洞口时，应设置甲级防火门、窗。

（4）一、二级耐火等级的单、多层造纸生产联合厂房，其每个防火分区的最大允许建筑面积可按表 1.3 的规定增加 1.5 倍。一、二级耐火等级的湿式造纸联合厂房，当纸机烘缸罩内设置自动灭火系统，完成工段设置有效灭火设施保护时，其每个防火分区的最大允许建筑面积可按工艺要求确定。

（5）一、二级耐火等级的谷物筒仓工作塔，当每层工作人数不超过 2 人时，其层数不限。

（6）一、二级耐火等级卷烟生产联合厂房内的原料、备料及成组配方、制丝、储丝和卷接包、辅料周转、成品暂存、二氧化碳膨胀烟丝等生产用房应划分独立的防火分隔单元，当工艺条件许可时，应采用防火墙进行分隔。其中制丝、储丝和卷接包车间可划分为一个防火分区，且每个防火分区的最大允许建筑面积可按工艺要求确定，但制丝、储丝及卷接包车间之间应采用耐火极限不低于 2.00h 的防火隔墙和 1.00h 的楼板进行分隔。厂房内各水平和竖向防火分隔之间的开口应采取防止火灾蔓延的措施。

（7）厂房内的操作平台、检修平台，当使用人数少于 10 人时，平台的面积可不计入所在防火分区的建筑面积内。

（二）仓库的耐火等级、层数和面积的选择

考虑到仓库储存物资集中，可燃物数量多，灭火救援难度大，一旦着火，往往整个仓库或防火分区就被全部烧毁，造成严重经济损失，因此要严格控制其防火分区的大小。

同一座仓库或防火分区内，如储存数种性质相互不抵触、灭火方法相同，但火灾危险性不同的物品时，面积应从严要求，即按其中火灾危险性最大的确定。不同储存物品的每座仓库耐火等级、层数和面积应符合表 1.4 的要求。

表 1.4　仓库的耐火等级、层数和面积

	储存物品的火灾危险性类别	仓库的耐火等级	最多允许层数	每座仓库的最大允许占地面积和每个防火分区的最大允许建筑面积/m²						
				单层仓库		多层仓库		高层仓库		地下或半地下仓库（包括地下或半地下室）
				每座仓库	防火分区	每座仓库	防火分区	每座仓库	防火分区	防火分区
甲	3、4 项	一级	1	180	60	—	—	—	—	—
	1、2、5、6 项	一、二级	1	750	250	—	—	—	—	—
乙	1、3、4 项	一、二级	3	2000	500	900	300	—	—	—
		三级	1	500	250	—	—	—	—	—
	2、5、6 项	一、二级	5	2800	700	1500	500	—	—	—
		三级	1	900	300	—	—	—	—	—

储存物品的火灾危险性类别		仓库的耐火等级	最多允许层数	每座仓库的最大允许占地面积和每个防火分区的最大允许建筑面积/m²						
				单层仓库		多层仓库		高层仓库		地下或半地下仓库(包括地下或半地下室)
				每座仓库	防火分区	每座仓库	防火分区	每座仓库	防火分区	防火分区
丙	1 项	一、二级	5	4000	1000	2800	700	—	—	150
		三级	1	1200	400	—	—	—	—	—
	2 项	一、二级	不限	6000	1500	4800	1200	4000	1000	300
		三级	3	2100	700	1200	400	—	—	—
丁		一、二级	不限	不限	3000	不限	1500	4800	1200	500
		三级	3	3000	1000	1500	500	—	—	—
		四级	1	2100	700	—	—	—	—	—
戊		一、二级	不限	不限	不限	不限	2000	6000	1500	1000
		三级	3	3000	1000	2100	700	—	—	—
		四级	1	2100	700	—	—	—	—	—

注：本表中"—"表示不允许。

(1) 仓库内设置自动灭火系统时，除冷库的防火分区外，每座仓库的最大允许占地面积和每个防火分区的最大允许建筑面积可按表1.4的规定增加1.0倍。

(2) 仓库内的防火分区之间必须采用防火墙分隔，甲、乙类仓库内防火分区之间的防火墙不应开设门、窗、洞口；地下或半地下仓库（包括地下或半地下室）的最大允许占地面积，不应大于相应类别地上仓库的最大允许占地面积。

(3) 一、二级耐火等级的煤均化库，每个防火分区的最大允许建筑面积不应大于12000m²。

(4) 独立建造的硝酸铵仓库、电石仓库、聚乙烯等高分子制品仓库、尿素仓库、配煤仓库、造纸厂的独立成品仓库，当建筑的耐火等级不低于二级时，每座仓库的最大允许占地面积和每个防火分区的最大允许建筑面积可按表1.4的规定增加1.0倍。

(5) 一、二级耐火等级粮食平房仓的最大允许占地面积不应大于12000m²，每个防火分区的最大允许建筑面积不应大于3000m²；三级耐火等级粮食平房仓的最大允许占地面积不应大于3000m²，每个防火分区的最大允许建筑面积不应大于1000m²。

(6) 一、二级耐火等级且占地面积不大于2000m²的单层棉花库房，其防火分区的最大允许建筑面积不应大于2000m²。

四、厂房、仓库防火间距的确定

厂房、仓库的防火间距的确定主要综合考虑满足扑救火灾需要，防止火势向邻近建筑蔓延扩大以及节约用地等因素。厂房、仓库与民用建筑相比较而言，一般在厂房和仓库内，加工设备、用电设备和可燃物质多，产生火灾的危险性较大。因此，其防火间距除应考虑耐火等级外，还要考虑生产和储存物品的火灾危险性，并应在民用建筑的防火间距上适当加大。

（一）厂房防火间距的确定

厂房之间及与乙、丙、丁、戊类仓库、民用建筑等的防火间距不应小于表1.5的规定。

表 1.5 厂房之间及与乙、丙、丁、戊类仓库、民用建筑等的防火间距　　　　　　　m

名称			甲类厂房	乙类厂房（仓库）			丙、丁、戊类厂房（仓库）				民用建筑				
			单、多层	单、多层		高层	单、多层			高层	裙房，单、多层			高层	
			一、二级	一、二级	三级	一、二级	一、二级	三级	四级	一、二级	一、二级	三级	四级	一类	二类
甲类厂房	单、多层	一、二级	12	12	14	13	12	14	16	13	25	25	25	50	50
乙类厂房	单、多层	一、二级	12	10	12	13	10	12	14	13					
乙类厂房	单、多层	三级	14	12	14	15	12	14	16	15					
乙类厂房	高层	一、二级	13	13	15	13	13	15	17	13					
丙类厂房	单、多层	一、二级	12	10	12	13	10	12	14	13	10	12	14	20	15
丙类厂房	单、多层	三级	14	12	14	15	12	14	16	15	12	14	16	25	20
丙类厂房	单、多层	四级	16	14	16	17	14	16	18	17	14	16	18	25	20
丙类厂房	高层	一、二级	13	13	15	13	13	15	17	13	13	15	17	20	15
丁、戊类厂房	单、多层	一、二级	12	10	12	13	10	12	14	13	10	12	14	15	13
丁、戊类厂房	单、多层	三级	14	12	14	15	12	14	16	15	12	14	16	18	15
丁、戊类厂房	单、多层	四级	16	14	16	17	14	16	18	17	14	16	18	18	15
丁、戊类厂房	高层	一、二级	13	13	15	13	13	15	17	13	13	15	17	15	13
室外变、配电站	变压器总油量/t	≥5，≤10					12	15	20	15	15	20	25	20	
		>10，≤50	25	25	25	25	15	20	25	15	20	25	30	25	
		>50					20	25	30	20	25	30	35	30	

（1）甲、乙类厂房与重要公共建筑的防火间距不应小于50m，与明火或散发火花地点的防火间距不应小于30m。

（2）单、多层戊类厂房之间及与戊类仓库的防火间距可按表1.5的规定减少2m，与民用建筑的防火间距可将戊类厂房等同民用建筑设置。

（3）两座厂房相邻较高一面的外墙为防火墙，或相邻两座高度相同的一、二级耐火等级建筑中相邻一侧外墙为防火墙且屋顶的耐火极限不低于1.00h，其防火间距不限，但甲类厂房之间不应小于4m。

两座丙、丁、戊类厂房相邻两面外墙均为不燃性墙体，当无外露的可燃性屋檐，每面外墙上的门、窗、洞口面积之和各不大于该外墙面积的5%，且门、窗、洞口不正对开设时，其防火间距可按表1.5减少25%。

（4）两座一、二级耐火等级的厂房，当相邻较低一面外墙为防火墙且较低一座厂房的屋顶无天窗，屋顶的耐火极限不低于1.00h，或相邻较高一面外墙的门、窗等开口部位设置甲级防火门、窗或防火分隔水幕或按规定设置防火卷帘时，甲、乙类厂房之间的防火间距不应小于6m；丙、丁、戊类厂房之间的防火间距不应小于4m。

（二）仓库防火间距的确定

（1）甲类仓库之间及与其他建筑、明火或散发火花地点、铁路、道路等的防火间距不应小于表1.6的要求。

（2）乙、丙、丁、戊类仓库之间及与民用建筑之间的防火间距，不应小于表1.7的要求。

表 1.6　甲类仓库之间及与其他建筑、明火或散发火花地点、铁路、道路等的防火间距　　　m

名　　称		甲类仓库储量/t			
		甲类储存物品第 3、4 项		甲类储存物品第 1、2、5、6 项	
		≤5	>5	≤10	>10
高层民用建筑、重要公共建筑		50			
裙房、其他民用建筑、明火或散发火花地点		30	40	25	30
甲类仓库		20	20	20	20
厂房和乙、丙、丁、戊类仓库	一、二级	15	20	12	15
	三级	20	25	15	20
	四级	25	30	20	25
电力系统电压为 35～500kV 且每台变压器容量不小于 10MV·A 的室外变、配电站,工业企业的变压器总油量大于 5t 的室外降压变电站		30	40	25	30
厂外铁路线中心线		40			
厂内铁路线中心线		30			
厂外道路路边		20			
厂内道路路边	主要	10			
	次要	5			

注:甲类仓库之间的防火间距,当第 3、4 项物品储量不大于 2t,第 1、2、5、6 项物品储量不大于 5t 时,不应小于 12m。甲类仓库与高层仓库的防火间距不应小于 13m。

表 1.7　乙、丙、丁、戊类仓库之间及与民用建筑之间的防火间距　　　m

名　　称			乙类仓库			丙类仓库				丁、戊类仓库			
			单、多层		高层	单、多层			高层	单、多层			高层
			一、二级	三级	一、二级	一、二级	三级	四级	一、二级	一、二级	三级	四级	一、二级
乙、丙、丁、戊类仓库	单、多层	一、二级	10	12	13	10	12	14	13	10	12	14	13
		三级	12	14	15	12	14	16	15	12	14	16	15
		四级	14	16	17	14	16	18	17	14	16	18	17
	高层	一、二级	13	15	13	13	15	17	13	13	15	17	13
民用建筑	裙房,单、多层	一、二级	25			10	12	14	13	10	12	14	13
		三级				12	14	16	15	12	14	16	15
		四级				14	16	18	17	14	16	18	17
	高层	一类	50			20	25	25	20	15	20	18	15
		二类				15	20	20	15	13	15	15	13

① 单、多层戊类仓库之间的防火间距,可按表 1.7 的规定减少 2m。

② 两座仓库的相邻外墙均为防火墙时,防火间距可以减小,但丙类仓库,不应小于6m;丁、戊类仓库,不应小于 4m。两座仓库相邻较高一面外墙为防火墙,或相邻两座高度相同的一、二级耐火等级建筑中相邻任一侧外墙为防火墙且屋顶的耐火极限不低于 1.00h,且总占地面积不大于表 1.4 中一座仓库的最大允许占地面积规定时,其防火间距不限。

③ 除乙类第 6 项物品外的乙类仓库,与民用建筑的防火间距不宜小于 25m,与重要公

共建筑的防火间距不应小于50m，与铁路、道路等的防火间距不宜小于表1.6中甲类仓库与铁路、道路等的防火间距。

（3）粮食筒仓与其他建筑、粮食筒仓组之间的防火间距，不应小于表1.8的要求。

表1.8　粮食筒仓与其他建筑、粮食筒仓组之间的防火间距　　　　　　m

名称	粮食总储量 W/t	粮食立筒仓			粮食浅圆仓		其他建筑		
		$W \leqslant 40000$	$40000 < W \leqslant 50000$	$W > 50000$	$W \leqslant 50000$	$W > 50000$	一、二级	三级	四级
粮食立筒仓	$500 < W \leqslant 10000$	15	20	25	20	15	10	15	20
	$10000 < W \leqslant 40000$						15	20	25
	$40000 < W \leqslant 50000$	20					20	25	30
	$W > 50000$	25					25	30	—
粮食浅圆仓	$W \leqslant 50000$	20	20	25	20	25	20	25	—
	$W > 50000$	25					25	30	—

① 当粮食立筒仓、粮食浅圆仓与工作塔、接收塔、发放站为一个完整工艺单元的组群时，组内各建筑之间的防火间距不受表1.8的限制。

② 粮食浅圆仓组内每个独立仓的储量不应大于10000t。

（4）库区围墙与库区内建筑的间距不宜小于5m，围墙两侧建筑的间距应满足相应建筑的防火间距要求。

第三节　工业建筑防爆设计

有爆炸危险的厂房（仓库）或厂房（仓库）内有爆炸危险的部位应设置泄压设施。所谓泄压，就是使爆炸瞬间产生的巨大压力，由建筑物的内部，通过泄压设施向外排出，以大大减轻爆炸时产生的破坏强度，保证建筑结构不受大的破坏。泄压是在发生爆炸时，避免建筑物主体遭到破坏而造成人员、物资重大损失的最有效措施。

一、工业建筑防爆的布置要求

由于爆炸具有极大的破坏力，对生命和财产安全危害巨大，所以，做好建筑防爆设计是使生产安全进行的首要条件。

（1）有爆炸危险的甲、乙类厂房宜独立设置，并宜采用敞开或半敞开式。

（2）有爆炸危险的甲、乙类生产场所不应设置在地下或半地下。

（3）有爆炸危险的甲、乙类厂房内不应设置办公室、休息室，当办公室、休息室必须与本厂房贴邻建造时，其耐火等级不应低于二级，并应采用耐火极限不低于3.00h的防爆墙与厂房分隔，且应设置独立的安全出口。甲、乙类仓库内严禁设置办公室、休息室等，并不应贴邻建造。

（4）有爆炸危险的甲、乙类生产部位，宜设置在单层厂房靠外墙的泄压设施或多层厂房顶层靠外墙的泄压设施附近。有爆炸危险的设备宜避开厂房的梁、柱等主要承重构件布置。

（5）使用和生产甲、乙、丙类液体的厂房，其管、沟不应与相邻厂房的管、沟相通，下水道应设置隔油设施。

（6）甲、乙、丙类液体仓库应设置防止液体流散的设施。遇湿会发生燃烧爆炸的物品仓库应采取防止水浸渍的措施。

二、设置必要的泄压面积

有爆炸危险的厂房（仓库）设置足够的泄压面积，可大大减轻爆炸时的破坏强度，因此，要求有爆炸危险的厂房（仓库）的围护结构有相适应的泄压面积，厂房的承重结构和重要部位的分隔墙体应具备足够的抗爆性能。

（一）泄压面积计算

爆炸时能够起到泄压作用的建筑弱部位所占的面积称泄压面积。厂房设计时，应首先确定需设置的泄压面积，以保证室内产生的压力不致超过某一允许限值。此限值是设计承重结构的依据。

有爆炸危险的厂房，其泄压面积宜按下式计算，但当厂房的长径比大于 3 时，宜将该建筑划分为长径比不大于 3 的多个计算段，各计算段中的公共截面不得作为泄压面积：

$$A = 10CV^{2/3}$$

式中　A——泄压面积，m^2；

　　　V——厂房的容积，m^3；

　　　C——泄压比，可按表 1.9 选取，m^2/m^3。

注：长径比为建筑平面几何外形尺寸中的最长尺寸与其横截面周长的积和 4.0 倍的建筑横截面积之比。

表 1.9　厂房内爆炸性危险物质的类别与泄压比规定值

厂房内爆炸性危险物质的类别	泄压比（C 值）/（m^2/m^3）
氨、粮食、纸、皮革、铅、铬、铜等 $K_尘 < 10 MPa \cdot m \cdot s^{-1}$ 的粉尘	≥0.030
木屑、炭屑、煤粉、锑、锡等 $10 MPa \cdot m \cdot s^{-1} \leqslant K_尘 \leqslant 30 MPa \cdot m \cdot s^{-1}$ 的粉尘	≥0.055
丙酮、汽油、甲醇、液化石油气、甲烷、喷漆间或干燥室，苯酚树脂、铝、镁、锆等 $K_尘 > 30 MPa \cdot m \cdot s^{-1}$ 的粉尘	≥0.110
乙烯	≥0.160
乙炔	≥0.200
氢	≥0.250

注：$K_尘$ 是指粉尘爆炸指数。

（二）泄压设施的选择原则

（1）泄压设施宜采用轻质屋面板、轻质墙体和易于泄压的门、窗等，应采用安全玻璃等在爆炸时不产生尖锐碎片的材料。

（2）散发较空气密度小的可燃气体、可燃蒸气的甲类厂房，宜采用轻质屋面板作为泄压面积，顶棚应尽量平整、无死角，厂房上部空间应通风良好。

（3）泄压设施的设置应避开人员密集场所和主要交通道路，并宜靠近有爆炸危险的部位。

（4）作为泄压设施的轻质屋面板和轻质墙体的质量不宜超过 $60 kg/m^2$。

（5）屋顶上的泄压设施应采取防冰雪积聚的措施。

三、防止厂房建筑内形成引发爆炸的条件

为了防止地面因摩擦打出火花引发爆炸，要避免车间地面、墙面因为凹凸不平积聚粉尘，散发较空气密度大的可燃气体、可燃蒸气的甲类厂房和有粉尘、纤维爆炸危险的乙类厂房，应符合下列规定：

（1）应采用不发火花的地面。采用绝缘材料作整体面层时，应采取防静电措施。

（2）散发可燃粉尘、纤维的厂房，其内表面应平整、光滑，并易于清扫。

（3）厂房内不宜设置地沟，确需设置时，其盖板应严密，地沟应采取防止可燃气体、可燃蒸气和粉尘、纤维在地沟积聚的有效措施，且应在与相邻厂房连通处采用防火材料密封。

》》 第四节　生产过程的基本防火防爆措施

保证生产过程防火安全，首先要做好预防工作，通过采取必要的防火防爆技术措施，消除可能引起燃烧爆炸的危险因素。防火防爆的基本要求是根据火灾爆炸发生、发展过程特点，消除火灾爆炸危险因素。从理论上讲，一是按物质的物理化学性质采取防火防爆技术措施；二是按照着火发生的条件采取防火防爆技术措施；三是火灾爆炸事故发生后采取阻止火灾蔓延和减少爆炸危害的技术措施。由于生产条件的限制或某些不可控的因素影响，仅采取一种措施是不够的，往往需要采取多方面的措施，以提高生产过程的消防安全程度。

可燃物、氧化剂、火源三者同时存在的情况下才能导致着火和爆炸。所以，防火防爆技术的核心是研究如何避免和杜绝上述三要素在时间和空间上的统一。根据物质燃烧爆炸特性，防止发生火灾爆炸事故的基本原理如下。

1. 控制可燃物

控制可燃物就是使可燃物达不到燃爆所需要的数量、浓度，或者使可燃物难燃烧或用不燃材料取而代之，从而消除发生燃爆的物质基础。

2. 控制氧化剂

控制氧化剂就是使可燃性气体、液体、固体、粉体物料不与空气、氧气或其他氧化剂接触，或者将它们隔离开来，即使有点火源作用，也因为没有氧化剂掺混而不致发生燃烧、爆炸。常用的方法有：密闭设备系统，惰性气体保护，隔绝空气，隔离储存。

3. 控制点火源

在大多数场合，可燃物和氧化剂的存在是不可避免的，因此，消除或控制点火源就成为防火防爆的关键。但是，在生产加工过程中，点火源常常是一种必要的热能源，需科学对待，既要保证安全地利用有益于生产的点火源，又要设法消除能够引起火灾爆炸的点火源。

4. 阻止火势蔓延

阻止火势蔓延，就是阻止火焰或火星窜入有燃烧爆炸危险的设备、管道或空间，或者阻止火焰在设备和管道中扩展，或者把燃烧限制在一定范围内不致向外传播。其目的在于减少火灾危害，把火灾损失降到最低限度。阻火措施主要包括设置阻火装置和建造阻火设施。

5. 限制爆炸波扩散

限制爆炸波扩散的措施，就是采取泄压隔爆措施防止爆炸冲击波对设备或建（构）筑物的破坏和对人员的伤害。防爆泄压措施主要包括在工艺设备上设置防爆泄压装置和建（构）筑物上设置泄压隔爆结构或设施。所谓防爆泄压装置，是指设置在工艺设备上或受压容器上，能够防止压力突然升高或爆炸冲击波对设备、容器的破坏的安全防护装置。

一、防止爆炸性混合物的形成

防止易燃、可燃物质、助燃物质（空气、强氧化剂）混合形成的爆炸性混合物（在爆炸极限范围内）与引火源同时存在。在生产过程中，首先应加强对可燃物的管理和控制，利用不燃或难燃物料取代可燃物料，不使可燃物料泄漏和聚集形成爆炸性混合物；其次是防止空气和其他氧化性物质进入设备内或防止泄漏的可燃物料与空气混合。

（一）根据物质的危险特性进行控制

首先在工艺上进行控制，以火灾爆炸危险性小的物质代替危险性大的物质；其次根据物质的理论性质，采取不同的防火防爆措施。

对本身具有自燃能力的物质，遇空气能自燃，遇水能自燃、爆炸的物质，应分别采取隔绝空气、防水防潮或采取通风、散热、降温等措施，防止发生燃烧或爆炸。

两种相互接触能引起燃烧爆炸的物质不能混存，更不能相互接触；遇酸碱能分解、燃烧、爆炸的物质要严禁与酸碱接触，对机械作用比较敏感的物质要轻拿轻放。

对易燃、可燃气体或蒸气要根据它们对空气的相对密度采用相应的排空方法和防火防爆措施；密度小于空气的可燃气体可直接向高空排放，而相对密度大的丙烷，就要采用火炬的方式排空。对可燃液体，要根据物质的沸点、饱和蒸气压考虑设备的耐压强度、储存温度、保温降温措施，根据它们的闪点、爆炸范围、扩散性采取相应的火防爆措施。

对于不稳定的物质，在储存中应添加稳定剂。对受到阳光作用能生成具有爆炸性过氧化物的某些液体，必须存放在金属桶内或暗色的玻璃瓶中。

（二）加强密闭

为防止易燃气体、蒸气和可燃性粉尘与空气形成爆炸性混合物，应设法使生产设备和容器尽可能密闭操作。对带压设备，应防止气体、液体或粉尘逸出与空气形成爆炸性混合物；对真空设备，应防止空气漏入设备内部达到爆炸极限。为保证设备的密闭性，对处理危险物料的设备及管路系统，应尽量少用法兰连接，但要保证安装检修方便；输送危险气体、液体的管道，应采用无缝管；盛装具有腐蚀性介质的容器，底部尽可能不装阀门，腐蚀性液体应从顶部抽吸排出。如设备本身不能密封，可采用液封或负压操作，以防系统中有毒或可燃性气体逸入厂房。加压或减压设备，在投产前和定期检修后应检查密闭性和耐压程度；所有压缩机、液泵、导管、阀门、法兰接头等容易漏油、漏气的部位，应经常检查；填料如有损坏，应立即调换，以防渗漏；设备在运行中也应经常检查气密情况，操作温度和压力必须严格控制，不允许超温、超压运行。

（三）通风排气

为保证易燃、易爆、有毒物质在生产环境中不超过危险浓度，必须采取有效的通风排气措施。

在有防火防爆要求的环境中，对通风排气的要求应从两方面考虑，当仅是易燃易爆物质时，其在车间内的浓度一般应低于爆炸下限的 1/4；对于具有毒性的易燃易爆物质，在有人操作的场所，还应考虑该毒物在车间内的最高允许浓度。

对有火灾爆炸危险的厂房，通风气体不得循环使用；排风/送风设备应有独立分开的风机室，送风系统应送入较纯净的空气；排除、输送温度超过 80℃ 的空气或其他气体以及有燃烧爆炸危险的气体、粉尘的通风设备，应采用非燃烧材料制成；空气中含有易燃易爆危险物质的场所，应使用防爆型通风机和调节设备。排除有燃烧爆炸危险的粉尘和容易起火的碎屑的排风系统，其除尘系统也应防爆。有爆炸危险粉尘的空气流体，应在其进入排风机前选用恰当的方法进行除尘净化；如粉尘与水会发生爆炸，则不应采用湿法除尘；排风管应直接通往室外安全处。

对局部通风，应注意气体或蒸气的密度，密度比空气大的气体，要防止其在低洼处积聚；密度比空气小的气体，要防止其在高处死角上积聚。有时即使是少量气体也会使厂房局部空间达到爆炸极限。

所有排气管（放气管）都应伸出屋外，高出附近屋顶；排气不应造成负压，也不应堵塞，如排出蒸气遇冷凝结，则放空管还应考虑有加热蒸气保护措施。

（四）惰性化

在可燃气体或蒸气与空气的混合气中充入惰性气体，可降低氧气、可燃物的百分比，从而消除爆炸危险和阻止火焰的传播。以下几种场合常使用惰性化措施：

（1）易燃固体的粉碎、研磨、混合、筛分，以及粉状物料的气流输送。

（2）可燃气体混合物的生产和处理过程。

（3）易燃液体的输送和装卸作业。

（4）开工、检修前的处理作业等。

生产中惰性气体的需用量，一般不是根据惰性气体达到哪一数值时可以遏止爆炸发生，而是根据加入惰性气体后氧的浓度降到哪一数值时才不能发生爆炸来确定。

二、消除、控制引火源

为预防火灾及爆炸，对引火源进行控制是消除燃烧三要素同时存在的一个重要措施。引起火灾爆炸事故的引火源主要有明火、高温表面、摩擦和撞击火花、绝热压缩、化学反应热、电气火花、静电火花、雷击、日光照射和聚光作用等。在有火灾爆炸危险的生产场所，对这些引火源都应引起足够的注意，并采取严格的控制措施。

（一）明火的控制

生产中的明火主要是指生产过程中的加热用火、维修用火及其他火源。加热易燃液体时，应尽量避免采用明火，而采用水蒸气、过热水、中间载热体或电热等。

（1）在有火灾爆炸危险的场所，应有醒目的"禁止烟火"标志，严禁动火吸烟。吸烟应到专设的吸烟室，不准乱扔烟头和火柴余烬。

（2）在有火灾爆炸危险的进行焊割作业时应严格按规定办理动火批准手续，领取动火证，在采取安全防护措施、确保安全无误后，才可动火作业。操作人员必须有合格证，作业时必须遵守安全技术规程。

（3）产生火星设备的排空系统，如汽车、拖拉机等，为防止机动车辆排气管喷火引起火灾，在汽车、拖拉机等内燃机的废气排出口和烟囱上安装火星熄灭装置，以防止飞出火星引燃周围的易燃易爆介质或可燃物。

（4）如果必须使用明火，设备应严格密闭，燃烧室应与设备建筑分开或隔离。

（二）摩擦与撞击火花的控制

当两个表面粗糙的坚硬物体互相猛烈撞击或剧烈摩擦时，有时会产生火花，机器中轴承等转动部分的摩擦，铁器的相互撞击或铁器工具打击混凝土地坪等都可能发生火花，当管道或铁制容器裂开物料喷出时也可能因摩擦而起火花。为避免这类火花产生，必须做到：

（1）机械轴承缺油、润滑不均等，会摩擦生热，具有引起附着可燃物着火的危险。要对机械轴承等转动部位及时加油，保持良好润滑，并注意经常清扫附着的可燃污垢。

（2）金属机件摩擦和碰撞，钢铁工具相互撞击或与混凝土地面撞击，均能产生火花，因此凡是撞击的两部分应采用两种不同的金属制成。不能使用特种金属制造的设备，应采用惰性气体保护或真空操作。在有爆炸危险的甲、乙类生产厂房内，禁止穿带钉子的鞋，地面应用摩擦和碰撞撞击不产生火花的材料铺筑。

（3）物料中的金属杂质以及金属零件、铁钉等落入反应器、粉碎机、提升机等设备内，由于铁器与机件的碰击，能产生火花而招致易燃物料着火或爆炸。因此应在有关机器设备上装设磁力离析器，以捕捉和剔除金属硬质物；对研磨、粉碎特别危险物料的机器设备，宜采用惰性气体保护。

（4）搬运盛装有可燃气体和易燃液体的金属容器时，不要抛掷、拖拉、震动。

（三）防止日光照射和聚光作用

直射的日光通过凸透镜、圆烧瓶或含有气泡的玻璃时，会被聚集的光束形成高温而引起可燃物着火。因此，应采取如下措施加以防范，保证安全。

（1）不准用椭圆形玻璃瓶盛装易燃液体，用玻璃瓶储存时，不准露天放置。

（2）乙醚必须存放在金属桶内或暗色的玻璃瓶中，并在每年 4～9 月限以冷藏运输。

（3）受热易蒸发分解气体的易燃易爆物质不得露天存放，应存放在有遮挡阳光的专门库房内。

（4）储存液化气体和低沸点易燃液体的固定储罐表面，无绝热措施时应涂以银灰色，并设冷却喷淋设备，以便夏季防暑降温。

（5）易燃易爆化学物品仓库的门窗外部应设置遮阳板，其窗户玻璃宜采用毛玻璃或涂刷白漆。

（四）电气火花的控制

电气火花是一种电能转变成热能的常见点火源，电气火花的温度很高，特别是电弧，其温度可高达 3000～6000℃。

（1）应根据生产的具体情况，首先考虑把电气设备安装在危险场所以外或隔离，并尽量少用便携式电气设备。

（2）爆炸危险场所的电气设备，应按规定选用相应的防爆设备。

（五）静电火花的控制

防止静电放电引起火灾或爆炸，应该从限制静电的产生和静电荷的积累两方面入手。

（1）从工艺上抑制静电火花的产生。即通过合理设计和选择设备材质，控制设备内物料的流速，控制物料中的杂质和水分等减少静电荷的产生。

（2）通过泄漏导走法或中和法消除静电荷。即通过增加火灾爆炸危险环境的空气湿度、在物料中加抗静电剂以及静电接地、通过安装静电消除器等措施消除静电荷。

（3）人体防静电措施。即通过接地、穿防静电鞋、防静电服以及加强防静电安全操作等防止人体静电引起火灾爆炸事故。

（六）其他火源的控制

要防止易燃易爆物件与高温的设备、管道表面相接触。可燃物料排放口应远离高温表面，高温表面要有隔热保温措施，不能在高温管道和设备上烘烤衣服及其他可燃物件。烟头虽是一个不大的热源，但它能引起许多物质的燃烧。烟头表面温度为 200～300℃，中心温度达 700～800℃，超过一般可燃物的燃点。因此，在石油化工厂区内应禁止吸烟，避免因吸烟而造成火灾爆炸事故。

三、工艺参数的防火、防爆措施

石油化工生产中，生产工艺参数主要是指温度、压力、流量、液位及投料等。生产工艺防火、防爆措施，就是将上述工艺参数按工艺要求严格控制在安全范围之内，防止超温、超压和物料泄漏是防止火灾爆炸事故发生的根本措施。

（一）温度控制

温度是石油化工生产中主要的控制参数之一。不同的化学反应都有其自己最适宜的反应温度，正确控制反应温度，不但对保证产品质量、降低消耗有重要意义，而且也是防火防爆所必须的。温度过高，可能会引起剧烈反应而压力突增，造成冲料或爆炸，也可能会引起反应物的分解着火。温度过低，有可能会造成反应速度减慢或停滞，而一旦反应温度恢复正常时，则往往会因为未反应的物料过多而发生剧烈反应而引起爆炸；温度过低还会使某些物料冻结，造成管路堵塞或破裂，致使易燃物料泄漏而发生火灾爆炸。为严格控制温度，应在以下几个方面采取措施：

（1）除去反应热。对于相当多的放热化学反应应选择有效的传热设备、传热方式，保证反应热及时导出，防止超温。

（2）防止搅拌中断。搅拌可以加速热传导，但是若在反应中搅拌器突然停电，造成散热不良或局部反应加剧，会造成超压爆炸。为防止换热突然中断可用双路供电、双路供水（指冷却用的传热介质）。

（3）正确选择传热介质。石油化工生产中常用载体加热，常用的热载体有水蒸气、水、矿物油、联苯醚、熔盐、汞和熔融金属、烟道气等。正确选择热载体，对加热过程的安全有十分重要的意义。应当尽量避免使用与反应物料性质相抵触的物质作为热载体。例如，环氧乙烷很容易与水发生剧烈反应，甚至有极其微量的水渗进液体环氧乙烷中，也容易引起自聚发热而爆炸。这类物质的冷却或加热不能用水和水蒸气，而应该使用液体石蜡等作为传热介质。

（二）压力控制

生产用的反应器和设备只能承受一定的压力，如果压力过高，可能造成设备、管道爆裂或化学反应剧烈而发生爆炸。正压生产的设备、管道等如果形成负压，把空气吸入设备、管道内，与易燃易爆物质形成爆炸性混合物，有发生火灾爆炸的危险。负压生产的设备、管道，如果出现正压情况，易跑、漏易燃易爆物料而发生轰燃。在各种不同压力下生产的设备和管道，要防止高压系统的压力窜入低压系统造成设备、管道爆裂，高压设备、管道和容器应有足够的耐压强度，定期进行耐压试验，并安装安全阀、压力计等安全装置。

（三）投料控制

（1）控制投料速度。对于放热反应，进料速度不能超过设备的散热能力，否则物料温度将会急剧升高，引起物料的分解，有可能造成爆炸事故。进料速度过低，部分物料可能因温度过低，反应不完全而积聚。一旦达到反应温度时，就有可能使反应加剧进行，因温度、压力急剧升高而产生爆炸。

（2）控制投料配比。对反应物料的配比要严格控制，对可燃或易燃物与氧化剂的反应，要严格控制氧化剂的速度和投料量。如环氧乙烷生产中，反应原料乙烯与氧的浓度接近爆炸极限范围，须严格控制。尤其在开停车过程中，乙烯和氧的浓度在不断变化，且开车时催化剂活性较低，容易造成反应器出口氧浓度过高。为保证安全，如果工艺条件允许，可采用水蒸气或惰性气体稀释保护。

（3）控制投料顺序。这些生产过程，进料顺序是不能颠倒的。石油化工生产中的投料顺序是根据物料性质、反应机理等要求而进行的。例如氯化氢的合成，应先投氢气后投氯；三氯化磷的生产应先投磷后投氯，否则有可能发生爆炸。

（4）控制投料纯度。在石油化工生产中，许多化学反应由于反应物料中危险杂质的增加会导致副反应、过反应的发生而造成燃烧或爆炸。因此，生产原料、中间产品及成品都应有严格的质量检验，保证其纯度。例如，聚氯乙烯的生产中乙炔与氯化氢反应生成氯乙烯，氯化氢中游离氯一般不允许超过 0.005%，因为氯与乙炔反应会生成四氯乙烷而立即爆炸。如电石法生产乙炔时要求电石中含磷量不超过 0.08%，因为磷（即磷化钙）遇水后生成磷化氢，它遇空气燃烧，可导致乙炔-空气混合气体爆炸。

（四）紧急情况停车处理

在石油化工生产中，当发生突然停电、停水、停汽、停风、可燃物大量泄漏等紧急情况时，生产装置就要停车处理，此时若处理不当，就可能发生事故。在紧急情况下，整个生产控制，原料、气源、蒸汽、冷却水等都有一个平衡的问题，这种平衡必须保证生产装置的安全。一旦发生紧急情况，就应有严密的组织，果断的指挥、调度，操作人员正确的判断，熟练的处理，来达到保证生产装置和人员安全的目的。

（1）停电。为防止因突然停电而发生事故，关键设备一般都应具备双电源联锁自控装置。如因电路发生故障装置全部无电时，要及时汇报和联系，查明停电原因，并要特别注意重点设备的温度、压力变化，保持必要的物料畅通，某些设备的手动搅拌、紧急排空等安全装置都要有专人看管。发现因停电而造成冷却系统停车时，要及时将放热设备中的物料进行妥善处理，避免超温超压事故。

（2）停水。局部停水可视情况减量或维持生产，如大面积停水则应立即停止生产进料，注意温度压力变化，如超过正常值时，应视情况采取放空降压措施。

（3）停汽。停汽后加热设备温度下降，汽动设备停运，一些在常温下呈固态而在操作温度下为液态的物料，应防止凝结堵塞管道。另外，应及时关闭物料连通的阀门，防止物料倒流至蒸汽系统。

（4）停风。当停风时，所有以气为动力的仪表、阀门都不能动作，此时必须立即改为手动操作。有些充气防爆电器和仪表也处于不安全状态，必须加强厂房内通风换气，以防可燃气体进入电器和仪表内。

（5）可燃物大量泄漏。在生产过程中，当有可燃物大量泄漏时，首先应正确判断泄漏部位，及时报告有关领导和部门，切断泄漏物料来源，在一定区域范围内严格禁止动火及其他火源。操作人员应控制一切工艺变化，工艺控制如果达到了临界温度、临界压力等危险值时，应正确进行停车处理，开动喷水灭火器，将蒸气冷凝，液态烃回收至事故槽内，并用惰性介质保护。有条件时可采用大量喷水系统在装置周围和内部形成水雾，以达到冷却有机蒸气，防止可燃物泄漏到附近装置中的目的。

四、设置泄压排放设施和系统

设置泄压排放设施和系统是防止已发生的火灾爆炸扩展到其他邻近部位，限制火灾爆炸蔓延扩散的重要措施。

（一）泄放装置

1. 放空管

放空管又叫排放管，一般安装在化学反应器的顶部。

（1）放空管的作用：用于正常排气放空。将生产过程中产生的一些废气，及时放空；用于事故排放。当反应物料发生剧烈反应，采取加强冷却、减少投料等措施难以奏效，不能防止反应设备超压、超温、聚合、分解爆炸事故而设置自动或手控的紧急放空管。

（2）放空管的安装使用要求：

① 放空管一般应安设在设备或容器的顶部。

② 室内设备的放空管应引出室外。如果排放易燃、有毒或剧毒的介质，放空管要高于附近有人操作的最高设备 2m 以上。紧靠建筑物、构筑物或在建筑物、构筑物内布置设备的可燃气体放空管，应高出建筑物、构筑物 2m 以上。

③ 经常排放可燃气体的放空管，放空管口应装设阻火器。

④ 如果物料易于堵塞放空管，可用爆破片代替控制阀门（手控时），或控制阀门上（常开状态）设一爆破片。

⑤ 放空管口应处在防雷保护范围内。

⑥ 当放空气体流速较快时，为防止因静电放电引起事故，放空管应有良好接地。

2. 火炬系统

火炬是用来处理石油化工厂、炼油厂、化工厂及其他工作或装置无法收集和再加工的可燃和可燃有毒气体及蒸气的特殊燃烧设施，是保证工厂安全生产、减少环境污染的一项重要措施。处理的办法是设法将可燃和可燃有毒气体及蒸气转变为不可燃的惰性气体，将有害、有臭、有毒物质转化为无害、无臭、无毒物质，然后排空。低发热值大于 $8400kJ/m^3$ 左右的废气可以自行燃烧，低发热值在 $4200 \sim 8400kJ/m^3$ 之间的废气不能自行燃烧。如装置中有其他高发热值的废气，可予以混合，使其低发热值接近 $8400kJ/m^3$，将这部分废气送往火炬处理。低发热值低于 $4200kJ/m^3$ 的废气不能在火炬中安全燃烧，需补充燃烧气后作燃烧处理或采取其他特殊方法处理。根据燃烧特性，火炬可分为有烟火炬、无烟火炬、吸热火炬；根据支撑结构，火炬可分为高架火炬、地面火炬、坑式火炬。

全厂性的高架火炬应布置在生产区全年最小频率风向的下风侧；可能携带可燃性液体的高架火炬与相邻居住区、工厂应保持不小于 120m 的防火间距，与厂区内装置、储罐、设施保持不小于 90m 的防火间距。距火炬筒 30m 范围内，禁止可燃气体放空。

火炬系统由火炬气排放管网和火炬装置（简称火炬）组成。一般来说，各生产装置或生产单元的火炬支干管汇入火炬气总管，通过总管将火炬气送到火炬。火炬有全厂公用和单个生产装置或储运设施独用两种，火炬的主要作用如下。

（1）安全输送和燃烧处理装置正常生产情况下排放出的易燃易爆气体。如生产中产生的部分废气可能直接排往火炬系统，催化剂、干燥剂再生排气，连通火炬气管网的切断阀和安全阀不严密而泄漏到火炬气排放管网的气体物料。

（2）处理装置试车、开车、停车时产出的易燃易爆气体。大型石油化工企业有多个工艺装置，乃至各个生产工序，其开、停车是陆续进行的。因此，在前一个装置或工序后，其生产出来的半成品物料在后一道装置或工序中往往有一部分甚至全部不能用掉。这些半成品物料的气体不便于储存，而且绝大部分是易燃易爆的，为了保证试车、开车、停车的安全进行和减少环境污染，一般都将这部分气体排放到火炬系统。

（3）作为装置紧急事故时的安全措施。工艺装置的事故，可能是由于停水、停电、停仪表，空气、生产原料的突然中断，火炬是石油化工厂安全生产的必要设施。尽管人们对火炬烧掉大量可燃气体感到可惜，希望将这些气体加以利用，消灭火炬，但由于火炬气排放的变化很大，从几乎为零到每小时几百吨，气体组成变化也很大，很难将这部分气体全部回收利用，所以，目前火炬应视为生产流程的有机组成部分之一。某种意义上来说，从火炬的燃烧情况也可推断出生产装置的运转正常与否。

（二）自动控制系统和安全保险装置

1. 自动控制系统

自动控制系统按其功能分为自动检测系统、自动调节系统、自动操纵系统、自动信号、联锁和保护系统。自动检测系统是对机械、设备或过程进行连续检测，把检测对象的参数如温度、压力、流量、液位、物料成分等信号，由自动装置转换为数字，并显示或记录出来的系统。自动调节系统是通过自动装置的作用，使工艺参数保持在设定值的系统。自动操纵系统是对机械、设备或过程的启动、停止及交换、接通等，由自动装置进行操纵的系统。自动信号、联锁和保护系统是机械、设备或过程出现不正常情况时，会发出警报并自动采取措施，以防发生事故的安全系统。上述四种系统都可在生产操作中起控制作用。在自动检测系统和自动操纵系统中主要靠使用仪表操纵机构，而在自动调节系统中则还需要靠人工判断操作。在生产自动化系统，大多数是对连续变化的参数，如温度、压力、流量、液位等进行自动调节。但是工艺上还有一些参数，需要按一定的时间间隔做周期性变化。这样就需要对调节设施如阀门等做周期性的切换。上述操作一般是靠程序控制来完成的。如小氮肥的煤气发生炉，造气过程由制气循环的六个工序组成。整个过程是由气动旋塞做两次正转和两次逆转90°实现的。电子控制器按工艺要求发出指令，被程序控制的气动机构做二次正转和二次逆转，并且在二次回收、吹风、回收三处打开空气阀门，在其余各处关闭空气阀门，阻止空气进入气柜，防止氧含量增高而发生爆炸。

2. 安全保险装置

（1）信号报警装置。

在生产过程中，安装信号报警装置，过程发生失常时发出警告，以便及时采取措施消除故障。报警装置与测量仪表连接，用声、光或颜色示警。例如在硝化反应中，硝化器的冷却水为负压，为防止器壁泄漏造成事故，在冷却水排出口装有带铃的导电性测量仪，若设备泄漏，水内必混有酸，导电率提高，铃响示警。一般聚合釜、水解釜等压力反应器，除规定装有泄压装置外，还应设置压力或温度极限的报警装置，并且可与执行机构一起作为压力调节器。当压力超过极限值时，或压力不稳发生波动时，使用接触压力计作为报警装置。氮肥生产中，经水洗的气体夹带有大量的水分，为了不使水分带入压缩机造成事故，气体必须经过水分离器，将水分分离出来。为了防止分离器的水突然增多液位过高，失去分离作用，需对水分离器液位处于正常位置给以指示，达到危险位置时给以报警。随着科学技术的发展，安全警报信号系统的自动化程度不断提高。例如反应塔温度上升的自动报警系统可以分成两级：急剧升温的检测系统与进口流量相应的温差检测系统。报警的传送方法按照故障的轻重程度设置信号。

（2）保险装置。

信号报警装置只能提醒人们注意事故正在形成或即将发生，但不能自动排除事故。而保险装置则能在危险状态下自动消除危险状态。例如氨的氧化反应是在氨和空气混合物爆炸极限附近进行的，在气体输送管路上应该安装保险装置。在反应过程中，空气的压力过低或氨的温度过低，都有可能使混合气体中氨的浓度提高，达到爆炸下限。在这种情况下，保险装置就会切断氨的输入，只允许空气流进，从而可以防止爆炸性混合物形成。

（3）安全联锁装置。

安全联锁装置是利用机械或电气控制依次接通各个仪器和设备，使之彼此发生联系，达到安全运行的目的。常见的联锁装置有以下几种：①同时或依次排放两种液体或气体时；②在反应终止需要惰性气体保护时；③打开设备前预先解除压力需要降温时；④当两个或多个部件、设备、机器由于操作错误容易引起事故时；⑤当工艺控制参数达到某极限值，开启处理装置时；⑥某危险区域或部位禁止人员入内时。例如硫酸与水的混合操作，必须先把水加入设备，再注入硫酸，否则将会发生喷溅和灼伤事故。把注水阀门和注酸阀门依次联锁起来，就可以达到此目的。某些需要经常打开孔盖的带压反应容器，在开盖之前必须卸压。频繁的操作容易疏忽出现差错，如果把卸掉罐内压力和打开孔盖联锁起来，就可以安全无误。在轻柴油裂解年产30万吨乙烯的装置中，气源的正常供给非常重要，为了保证压缩机的安全运行，必须采用低油压报警与停机联锁，冷却水低流量报警与停机联锁，压缩机二段出口温度高报警与停机联锁。

（三）紧急制动装置

紧急制动装置是当设备和管道断裂、填料脱落、操作失误时能防止介质大量外泄或因物料暴聚、分解造成超温、超压，可能引起着火、爆炸设置的紧急切断物料的安全装置。有紧急切断阀、单向阀、过流阀等。

（四）阻火装置

见本章第五节。

（五）防爆泄压装置

见本章第六节。

第五节　阻火装置

为防止火灾的发生和火灾的蔓延扩大，在生产设备、容器、装置内，人们经过长期的实践，研制、生产出了许多具有防火、防爆、阻止蔓延、阻止火星扩散等功能的安全装置，它们是保证生产正常安全运行的关键部件或元件，是防火防爆安全措施不可缺少的组成部分。阻火装置，就是防止外部火焰窜入有燃烧爆炸危险的设备、管道或截断火焰在设备管道间的扩展，对于液封还可以用来起泄压作用的一种安全装置。

一、安全液封

（一）安全液封的用途

安全液封是一种湿式阻火装置，它安装在压力低于 0.02MPa 表压的气体管线与生产设备之间，或设置在带有可燃气体、蒸气和油污的下水管道之间，用于防止火焰蔓延，目前广泛使用的是安全水封。

（二）结构及工作原理

常见的安全液封有开敞式和封闭式两种，其结构如图 1.1、图 1.2 所示。正常工作时，一定压力的气体可自由地经进气管在液封中鼓泡通过。当进气管侧着火时，由于连续的气流在液封中被分散成不连续的气泡，液封隔断了气源的连续通道，火焰不能向出气管侧传播。当出气管侧气体着火时，倒燃的火焰和气体为液封所阻不能进入进气管侧，液封罐内的压力通过安全管或防爆膜泄放出去。安全液封还可用于调节气体压力，当进气管侧压力超过系统的设定压力时，气体可通过安全液封排出。

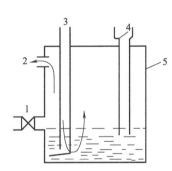

图 1.1　开敞式液封

1—验水栓；2—气体出口；

3—进气管；4—安全管；5—外壳

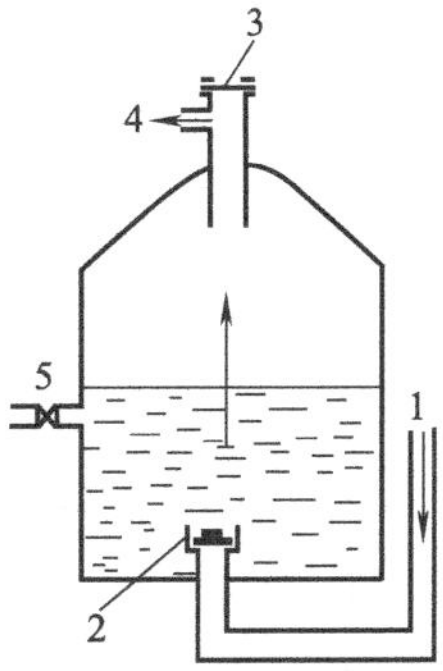

图 1.2　封闭式液封

1—气体进口；2—单向阀；

3—防爆膜；4—气体出口；5—验水阀

二、水封井

（一）用途及工作原理

水封井设置在石油、化工企业有可燃气体、易燃液体蒸气或油污的污水管网上，以防止燃烧、爆炸波沿污水管网蔓延扩大。水封井的结构如图 1.3 所示。正常情况下，水封井的任何一侧发生火灾，火焰都不能通过充实的污水管段传播到另一侧。

（二）设置要求

（1）水封井的水封高度，不应小于 250mm。

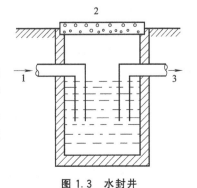

图 1.3　水封井

1—污水进口；2—井盖；3—污水出口

（2）寒冷地区水封井在冬季应有防止封液冻结的措施，如加防冻液等（甘油、矿物油、乙二醇或三酚磷酸酯等）。

（3）全厂性生产污水的支干管、干管的长度超过300m时，应用水封井隔开。

（4）水封井应加盖，为了防止加盖出现蒸气聚集而导致事故，在下水道系统管道上设置通气管。

三、阻火器

（一）阻火器的应用范围

阻火器又名防火器，是用来阻止可燃气体和易燃液体蒸气的火焰蔓延的安全装置。在工业上应用较为广泛。例如，在石油产品储罐上阻火器与呼吸阀配合使用，可阻止外来火源的侵入；用在输送可燃气体的管道上，阻火器可起到阻止火焰沿管道传播的作用；阻火器用于与明火设备相连接的管道上，可以防止回火事故。在实际应用中，阻火器的应用范围有：

（1）输送可燃气体的管道。

（2）储存石油和石油产品的储罐。

（3）有爆炸危险系统的放空管口。

（4）油气回收系统。

（5）去加热炉的可燃气体燃料的管网。

（6）去火炬系统的管网。

（7）内燃机的排气系统。

（二）阻火器的阻火机理

大多数阻火器的阻火层是由能够通过气体的许多细小、均匀或不均匀的通道或孔隙的固体材质所组成。当火焰进入阻火层就被分隔成许多细小的火焰流，火灾传播速度就会因管壁的散热作用增强和火焰在自由基础到器壁销毁的速度增加而减慢，当管径小到一定程度时，火焰在管子中则不能传播。这就是阻火器灭火的散热作用和器壁效应。

（三）阻火器的种类

阻火器按结构形式分为金属网型、波纹型、平行板型、充填型等。

1. 金属网型阻火器

阻火器是用单层或多层不锈钢丝或铜丝网重叠起来组成的，如图1.4所示。金属网层越多，阻火性能越好，但是达到一定层数之后再增加层数，阻火效果并不显著。

2. 波纹型阻火器

阻火器内的阻火层常用不锈钢或铜镍合金压制成波纹状分层组装而成，如图1.5所示。波纹的作用是分隔成层并形成许多小的孔隙或形成许多小的三角形通道，更有利于阻止火焰。

3. 充填型阻火器

又称砾石阻火器，阻火器的阻火层由粒状材料堆积而成。充填料可采用砂粒、卵石、玻璃球或铁屑、铜屑等，充填料在壳体内上下分别用搁板和金属网作为支撑网架，如图1.6所示。

由于充填料的颗粒直径很小，颗粒之间便形成细小的孔隙，从而起到吸热和阻止火焰的作用。这种阻火器的效果比金属网阻火器更好。例如金属网阻火器阻止二硫化碳的火焰比较困难，而砾石阻火器的阻火效果就比较好。

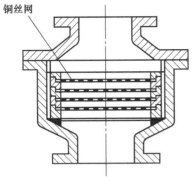

图 1.4　金属网型阻火器

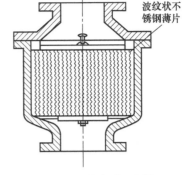

图 1.5　波纹型阻火器

充填料多选用砾石，其直径为 3～4mm，在直径150mm 的壳体内充填 100mm 厚的砾石层，可阻止各种溶剂的火焰蔓延，若用于阻止二硫化碳的火焰，其砾石层厚要达 200mm。一般来说，充填料颗粒直径越小，形成的间隙的截面也越小，充填层的高度可相应小些。

4. 其他阻火器

其他还有由不锈钢薄板垂直平行排列形成许多细小孔隙的平行板型阻火器、金属泡沫制成的泡沫金属阻火器和由不锈钢薄板水平方向重叠而成的多孔板型阻火器等。

四、其他阻火装置

（一）阻火闸门

阻火闸门是为防止火焰沿通风管道或生产管道蔓延而设置的一种速动火焰阻断器。

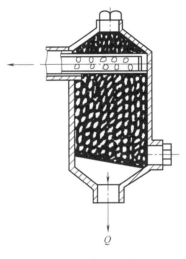

图 1.6　充填型阻火器

工作原理：正常条件下，阻火闸门受易熔金属元件的控制处于开启状态；一旦温度升高，使易熔金属熔化时，闸门便自动关闭。低熔点合金一般采用铅、锡、镉、汞等易熔金属制成，也可用尼龙等塑料材料制成，以其受热后失去强度的温度作为阻火闸门的控制温度。易熔金属元件做成环状或条状，塑料元件通常制成条状或绳状。

阻火闸门按结构特点可分为旋转式、跌落式、粒状填料式、双闸板式、喷淋式等。

1. 旋转式阻火闸门

如图 1.7 所示，发生火灾时，温度升高使易熔元件熔化，闸板由于重锤的作用便自动翻转关闭。

2. 跌落式自动阻火闸门

如图 1.8 所示，这种阻火闸门由阻火闸门闸板和易熔元件组成，阻火闸门闸板在易熔元件熔断后，靠自身重力自动跌落而将管道封闭。

旋转式和跌落式自动阻火闸门也可制成手控闸门，这种手控闸门多安装在操作岗位附近，便于控制。

在选择阻火闸门时，要考虑管道的大小、工艺介质性质、有无发生爆轰的可能性、工艺介质在管道中的流动速度等因素，以便选取简单而又可靠的阻火装置。例如，在输送纯粹气体的管道上，采用阻火器效果好，如果介质中含有许多机械杂质或含有易于结晶和聚合的物质，那么则选用阻火闸门更为可靠。

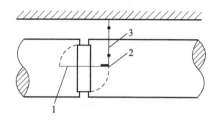

图 1.7　旋转式阻火闸门

1—易熔金属元件；2—重锤；3—阻火闸板

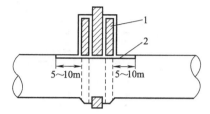

图 1.8　跌落式自动阻火闸门

1—闸板；2—易熔元件

（二）火星熄灭器

火星熄灭器又称防火帽，通常安装在产生火星设备的排空系统，如安装在汽车、拖拉机等内燃机的废气排出口和烟囱上，以防止飞出火星引燃周围的易燃易爆介质或可燃物。按其熄灭火星的方法，主要分为下列四种：

（1）将带有火星的烟气从小容积引入大容积，使其流速减慢，压力降低，大的火星颗粒便沉降下来。烟气进入熄灭器时，冲击叶轮使其旋转，同时叶轮将较大的火星击碎，加速其熄灭。同时，烟气进入熄灭器后，由于容积增大，流速减慢，促使火星颗粒沉降下来。沉积下来的灰渣可定期清扫。熄灭器的直径与烟囱直径之比为 2：1，熄灭器外壳长度为烟囱直径的 4 倍，如图 1.9 所示。

（2）设置障碍，改变烟气流动方向，增大火星流动路程，使火星熄灭或沉降。废气进入装置后通过大小不等的空隙，不断改变自己的方向，减慢流速，致使热损失增大，气流温度下降，火星被熄灭，如图 1.10 所示。

（3）设置网格、叶轮等，将较大的火星挡住，或将火星分散开，以加速火星的熄灭。网格可起到改变废气流动方向和传热距离、降低火星温度的作用，以及挡住大火星颗粒，使其沉降下来，如图 1.11 所示。

（4）借助水喷淋或水蒸气熄灭火星。如蒸汽机车的烟囱和一些工业烟囱有的就采取这一方法来熄灭火星。

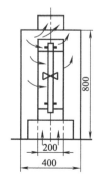

图 1.9　烟囱上用的火星熄灭器

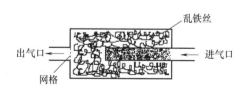

图 1.10　汽车排气管用的火星熄灭器

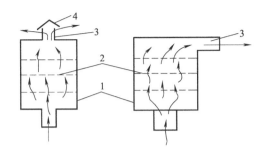

图 1.11　拖拉机用的简易火星熄灭器

1—火星熄灭器外壳；2—网格；3—废气出口；4—上盖

第六节　防爆泄压装置

防爆泄压装置的作用是及时排除由于物理变化和化学变化所引起的超压现象。常见的防爆泄压装置包括安全阀、爆破片、呼吸阀等装置，根据需要它们有时几种混合使用，有时单独使用，在实际运用中，应根据所使用的对象情况来定。

一、安全阀

安全阀是为了防止高压设备和容器，或易引起压力升高的设备或容器内部压力超过限度而发生爆炸的一种安全装置。

（一）安全阀的结构及工作原理

安全阀的形式较多，但通常是由阀体、阀芯和加压载荷三个主要部分组成，阀体与受压设备相通，阀芯下面承受设备内部介质的压力，上面有加压荷载，当设备内压力处于正常值时，加压荷载大于介质压力，因此阀芯紧压于阀座上，安全阀处于关闭状态；当设备内部发生异常超压时，设备内部介质压力大于加压荷载，阀芯被推开，安全阀开启，介质从阀中排出，当设备内部压力恢复正常时阀芯又重新回到阀座上，安全阀关闭。

按照加压荷载方式的不同安全阀可分为静压式、杠杆式和弹簧式三种。

1. 静压式安全阀

它由阀座、阀芯和环状铁块组成，通过加减重块的数量调节阀芯上力的大小。这种安全阀结构简单，但校验麻烦，不便于做提升排放试验，目前已很少采用。

2. 杠杆式安全阀

它是利用杠杆原理，用重量较轻的重锤代替笨重的环状重块，其开启压力的调整是用移动重锤与杠杆支点的距离来完成的。如图 1.12 所示。

3. 弹簧式安全阀

利用弹簧的压力作为加压荷载。通过调节调整螺钉或调节螺杆改变弹簧压力的大小来调节安全阀的开启压力，如图 1.13 所示。

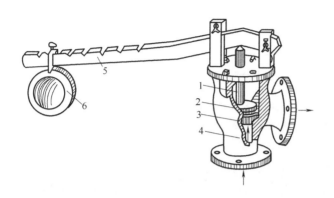

图 1.12　杠杆式安全阀示意图　　　　　　　　图 1.13　弹簧式安全阀

1—阀杆；2—阀芯；3—阀座；4—阀体；5—杠杆；6—重锤

（二）安全阀应用范围

（1）由于操作失误，容易引起超压的设备。

（2）由于日晒、化学反应、附近高温使之受热后压力很快增高的设备和容器。

（3）操作机构发生停电、停水、停压缩空气、管道堵塞、仪表失灵等故障时，有可能发生爆炸危险的设备和容器。

（4）生产过程中有可能发生物理性爆炸的设备。

（三）安全阀的安装

（1）安全阀应垂直向上安装在压力容器本体的液面以上气相空间部位，或与连接在压力容器气相空间上的管道相连接。

（2）防止腐蚀，安全排放。安全阀和排放管要有防雨雪和尘埃侵入的措施。

（3）排放应根据介质的不同特性，采取相应的安全措施。若介质有毒，应导入封闭系统，若介质易燃易爆，最好引入火炬系统，或接入邻近的放空设施。排泄易燃液体物料时，排泄管应接入事故槽、污油罐或其他容器。

二、爆破片

爆破片又叫防爆膜、防爆片，一般装设在不适宜于装设安全阀的压力容器或管道上。它的作用是当容器内发生超压达到设定压力时，排出设备内气体或粉尘爆炸时产生的压力，以防容器或设备爆裂扩大爆炸事故。它的构成主要是一薄形膜片，此膜片可以是金属、非金属和塑性材料。

（一）爆破片的应用范围

（1）存在爆燃或异常反应使压力瞬间急剧上升的场合。这种场合弹簧式安全阀由于惯性而不相适应，而爆破片的动作速度要比安全阀快得多。

（2）不允许介质有任何泄漏的场合，因为各种安全阀一般总有微量的泄漏。

（3）运行中能产生大量沉淀或黏附物，妨碍安全阀正常动作的场合。

（4）工作介质有腐蚀性或有结晶和聚合物料的设备，可用爆破片保护安全阀免受腐蚀作用和提高安全阀在结晶和聚合物质中的工作性能。

（5）气体排放口径<12mm或>150mm，且要求全量泄放或全量泄放时毫无阻碍的场合。

（二）爆破片的种类及结构

工业中使用的爆破片类型很多，构造多异，根据其破裂特性可分为断裂型、碎裂型、剪切型、逆动型（反拱型）等。

1. 断裂型爆破片

这种爆破片结构最简单，用得最广泛，它是由膜片、夹持圈和挡片组成，并装于连接法兰之间，有平板式和预拱式两种。如图 1.14 所示。

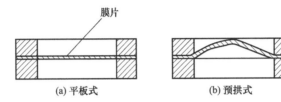

（a）平板式　　　　　（b）预拱式

图 1.14　断裂型爆破片

由于考虑到膜片受到压力作用后，会产生很大的塑性变形，所以在制造膜片时，先对膜片施以约等于断裂压力 90% 的压力，使之凸起，使材料的塑变量几乎达到极限，因而增大了膜片的速动性。

断裂型膜片通常是用塑性金属薄板，如铝、镍、不锈钢、黄铜、铜、钛等制成。也有非金属膜片的，如聚乙烯薄膜、纸板、石棉橡胶板、石棉板等。

2. 逆动型爆破片

逆动型爆破片同断裂型膜片的主要区别是膜片的凸面是朝向高压侧，当设备内部超压时，球面失去稳定性并迅速向外翻鼓。这种膜片适用于不变载荷或交变载荷的保护。

3. 碎裂型爆破片

这种膜片是用诸如铸铁、石墨、硬橡胶、聚氯乙烯、玻璃等脆性材料制作。膜片在爆破前不发生明显的塑性变形，惯性最小。

（三）爆破片的特点

（1）结构简单，动作迅速。

（2）在爆破前能完全保证设备的密封性，无泄漏，能适应黏稠介质，且排放量比同口径安全阀大。

（3）膜片一旦爆破后，不可重复使用。

（4）爆破后，设备一直处于敞开状态，介质大量外泄，造成生产过程中断，不能保证连续生产的进行。

（四）爆破片与安全阀的组合

安全阀具有动作后恢复的优点，但不能安全密封，不适合黏稠物料。防爆片则有排放量大、密封性好的特点，但破裂后不能恢复。因此，在一些特殊的场合，将两者组合起来使用，可以充分发挥它们各自的优点。

1. 串联组合安装

安全阀入口处装设爆破片。这种安装方法适用于密封和耐腐蚀要求高以及黏污介质，爆破片对安全阀起保护作用，安全阀也可使容器暂时继续运行。但要求必须保证膜片破裂后不妨碍安全阀的动作。

安全阀出口处装设爆破片。这种方式适应于介质是昂贵的气体或剧毒气体，且比较洁净、无黏性物质。此处的安全阀应是一种特殊设计的安全阀，即不管阀与膜片之间存在压力与否，当容器内压力升至安全阀开启压力值时就能动作排气。

2. 并联组合安装

这种安装方式爆破片的设计爆破压力应稍高于安全阀的开启压力，是将安全阀作为一级泄放装置，当因物理原因超压时，由安全阀排放；而爆破片为二级泄放装置，当因化学反应原因急剧超压时，由爆破片与安全阀共同排放。这种结构适用于保护露天装置或半敞开式厂房内的设备，当设备爆炸压力升高、爆破片破裂，等爆炸气体泄放之后，安全阀可立即关闭，以免继续外泄或空气进入造成危险。

三、呼吸阀

（一）机械呼吸阀

机械呼吸阀设在油罐顶板上，是调节油罐内外压力，保护油罐储油安全的重要附件。它在一般情况下能保持油罐的密闭性，而在必要时又能自动通气平衡压力。

机械呼吸阀的构造如图 1.15 所示，它是一个用铸铁或铝铸成的盒子，盒内有两个阀。当罐内气体的压力达到油罐所能承受的极限时，压力阀即被顶开，气体自罐内逸出，使罐内压力不再继续升高；当罐内的真空度达到油罐所能承受的负压极限时，罐外的空气将顶开真空阀而进入罐内，使罐内的真空度不再升高。

机械呼吸阀的排气压力和吸入真空度是依靠阀盘的重量来控制的。

目前常用的机械呼吸阀在冬季时阀盘易冻结于阀座上而失去作用。为了防止阀盘冻结在阀座上，阀座宽度应尽量小些，最好不超过 2mm。当机械呼吸阀发生故障（如冻结、锈蚀）失灵时，液压呼吸阀就能代替机械呼吸阀进行排气或吸气。

（二）液压呼吸阀

液压呼吸阀是装设在油罐顶上，保护油罐安全的另一个重要附件，如图 1.16 所示，当机械呼吸阀发生故障失灵时，液压呼吸阀就能代替机械呼吸阀进行排气或吸气。在油罐上既装设机械呼吸阀又装设液压呼吸阀，就更安全。

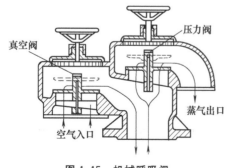

图 1.15　机械呼吸阀

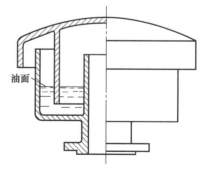

图 1.16　液压呼吸阀

　　液压呼吸阀控制的压力或真空值比机械呼吸阀高 10％，故正常情况下，是不会动作的。阀内的封液为沸点高、不易挥发、凝固点低和黏度低的液体（如轻柴油、低黏度润滑油、变压器油、甘油水溶液和乙二醇等），同时要求封液不与罐内液体发生反应。

　　当罐内气体处于正压状态时，气体由内环空间把封液挤入外环空间中，封液液位不断变化，当内环空间的液位与隔板的下缘相平时，罐内气体经过隔板下缘经封液以小气泡的形式逸入大气。相反，当罐内出现负压时，外环空间的封液将进入内环空间，大气将进入罐内。

　　机械呼吸阀及液压呼吸阀必须配有阻火器。

思考与练习题

1. 生产和储存物品的火灾危险性是如何分类的？
2. 生产装置的平面布置有哪些防火防爆措施？
3. 对引火源的控制主要有哪些方面？
4. 生产工艺的防火防爆控制主要有哪些方面？
5. 高架火炬的布置有哪些要求？
6. 厂址的消防安全布置应考虑哪些方面的影响？
7. 厂房及仓库的平面布置应符合哪些消防安全要求？
8. 工业建筑的防爆要求有哪些？
9. 工业建筑泄压设施的设置原则有哪些？
10. 各类阻火装置的应用范围是什么？
11. 各类阻火装置的阻火原理是什么？
12. 安全阀、爆破片、呼吸阀的应用范围分别是什么？
13. 安全阀、爆破片、呼吸阀的防爆原理分别是什么？
14. 应怎样组合使用安全阀和爆破片？

第二章
工业设备与作业消防安全

【学习目标】

1. 了解化学反应器的分类；熟悉化学反应器的火灾爆炸危险性；掌握化学反应器的防火防爆措施。

2. 了解压力容器、气瓶、锅炉的分类方法；熟悉压力容器、气瓶、锅炉的火灾爆炸危险性；掌握压力容器、气瓶、锅炉的防火防爆措施。

3. 了解加热与换热设备的分类；熟悉加热与换热设备的火灾爆炸危险性；掌握加热与换热设备的防火防爆措施。

4. 了解干燥设备的分类；熟悉干燥设备的火灾爆炸危险性；掌握干燥设备的防火防爆措施。

5. 了解蒸馏设备的分类；熟悉蒸馏设备的火灾爆炸危险性；掌握蒸馏设备的防火防爆措施。

6. 了解喷涂的设备及操作流程；熟悉喷涂作业过程中的安全隐患；能对喷涂作业过程中的常见突发事件进行处置，对企业在喷涂作业过程中出现的违规行为进行纠正。

7. 了解焊接的分类；熟悉和掌握焊条电弧焊和气焊的工作原理以及在操作过程中的防火防爆措施。

第一节　化学反应器的防火防爆

化学反应器是用来进行物质化学反应的容器设备，广泛应用于化工、炼油、冶金、轻工等工业部门。常见的反应器有发生器、反应釜、分解塔、合成塔、聚合釜等。反应器内的大多数反应是在高温、高压，甚至超高压条件下进行，参与反应的原料以及催化剂多为易燃、易爆的物质，反应过程中稍有不慎就会引发火灾和爆炸，事故发生率高。反应容器爆炸所产生的强大冲击波和由于易燃、易爆、有毒物料泄漏而引起的火灾易导致建筑物倒塌、人员大量伤亡，有的甚至引起连锁爆炸，将整个车间、厂区夷为平地。加强对化学反应器火灾爆炸事故的研究对预防此类事故的发生具有十分重要的意义。

一、化学反应器的分类

化学反应种类繁多，性质各异。化学反应器是化工生产的心脏部分，它们往往具有相差甚远的构形和尺寸，如窑炉、锅炉、釜、塔、混合器、高炉、回转窑等，实现化学反应为其共同点，在反应的同时还伴随着温度的变化，所以反应器内还装设一些加热或冷却装置，为了加速反应或使反应均匀，还装设催化剂筐或搅拌器等。反应器的类型繁多，根据不同的特性，可以有不同的分类方法。

（一）按反应物料的相态分类

反应器可分为单（均）相反应器和多（复）相反应器，后者也称为非均相反应器。单相可分为单一气相或单一液相，多相可分为液液相、气液相、气固相、液固相和气固液三相，也可能是两种以上流体相和固体相的反应、固体相之间的反应。

（二）按反应器的结构形式分类

反应器按照结构形式可分为管式、釜式、塔式、固定床和流化床等。管式反应器主要应用于快速的气相和液相反应，对有压力或超高压力的反应尤为适用，轻油裂解、高压聚乙烯等生产适用的结构形式就是管式反应器。釜式反应器是化工生产中使用最广泛的一种反应器形式，例如苯的硝化、氯乙烯聚合、顺丁橡胶聚合等生产适用的结构形式就是反应釜。氨合成、二氧化硫氧化等生产适用的结构形式是固定床反应器。

（三）按操作方式分类

反应器按生产操作方式可分为间歇反应器、连续反应器、半连续（或半间歇）反应器。

间歇反应器的特点是将进行反应所需的原料一次装入反应器，然后进行反应，反应器为一封闭系统，经一定时间后达到所要求的反应程度便全部卸出反应产物。它适用于反应速率慢的化学反应及产量小的化学品生产过程。连续反应器的特点是连续地将原料输入反应器，反应器为一开放系统，反应产物也连续地从反应器流出，大规模工业生产中的反应器大都是采用连续操作。半连续反应器的特点是原料和产物中只要有一种为连续输入或输出，而其余为分批加入或取出，均属于半连续或半间歇反应器，管式、釜式、塔式反应器都有采用半连续操作的。

根据反应器结构原理的特点划分，常见化学反应器的形式如图 2.1 所示，反应器的形式与特性见表 2.1。

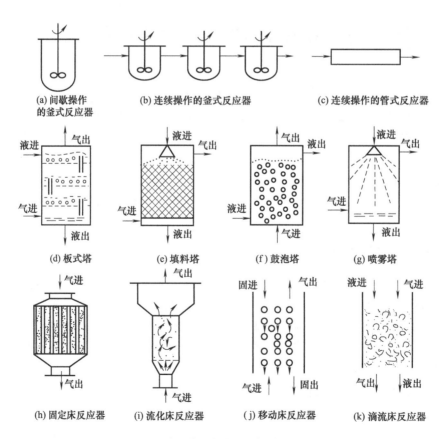

图 2.1　常见化学反应器的形式

表 2.1　化学反应器的形式与特性

形式	适用的反应	特点	应用举例
釜式	液相、液液相、液固相、气液固相	适用性强,操作弹性大,连续操作时温度和浓度易控制,产品质量均一,但高转化率时所需反应器容积大	苯的磺化,氯乙烯聚合,釜式高压聚乙烯,顺丁烯橡胶聚合
管式	气相、液相	返混小,所需反应器容积较小,传热面积大,但慢反应要求管要长,压降大	石脑油裂解,管式高压聚乙烯
板式塔	气液相	逆流接触,气液返混小,流速有限制,如需传热,常在板件另加传热面	苯连续磺化,异丙苯氧化
填料塔	液相、气液相	结构简单,返混小,压降小,有温差,填料装卸麻烦	化学吸收
鼓泡塔	气液相、气液固(催化剂)相	气相返混小,液相返混大,温度易调节,气体压降大,流速有限制,有挡板可减少返混	苯的烷基化,二甲苯氧化
喷雾塔	气液相快速反应	结构简单,液体表面积大,停留时受塔高限制,气体流速有限制	氯乙醇制丙烯腈,高级醇的连续磺化
固定床	气固(催化或非催化)相	返混小,高转化率时催化剂用量少,催化剂不易磨损,传热控温不易,催化剂装卸麻烦	乙炔法制氯乙烯,合成氨,乙烯法制醋酸乙烯
流化床	气固(催化或非催化)或气液相,特别是催化剂失活很快的反应	流体与固体接触面积大,传热好,温度均匀,催化剂有效系数大,固体颗粒容易加入和卸出,颗粒和器壁易磨损,返混大,影响转化率,操作条件限制大	硫铁矿的焙烧,活性炭的制造,化肥工业的氨合成塔
移动床	气固(催化或非催化)相,催化剂失活很快的反应	固体返混小,固气比可变性大,床内温差大,调节困难	石油催化裂化,矿物的燃烧或冶炼
滴流床	气液固(催化剂)相	催化剂带出少,容易分离,气液分布要求均匀,温度调节困难	焦油加氢精制和加氢裂解

1. 釜式反应器

釜式反应器也称反应釜或槽型反应器,其结构如图 2.2 所示。它主要由搅拌器、罐体、夹套、压出管、人孔、轴封、传动装置和支座等部分构成。

釜式反应器在有机化工生产和精细化工生产中应用十分广泛。不但用于酯化反应、皂化反应这样的均相反应,而且也广泛用于除气相反应以外的几乎所有的反应,如液相、液液相、液固相、气液固相反应等。

2. 管式反应器

管式反应器较多用于连续反应,有单管和多管之分,多管中又有多管平行连接和多管串联连接两种形式。几种典型的管式反应器如图 2.3 所示。管式反应器广泛应用于气相、液相反应,例如石油烃裂解制乙烯、丙烯,氯乙烯合成、环氧乙烷合成等生产。

3. 塔式反应器

塔设备除了广泛应用于精馏、吸收、

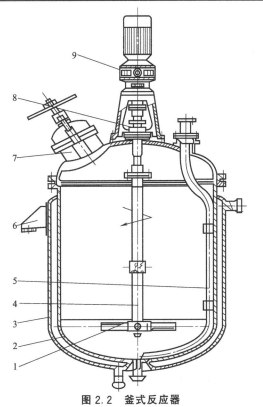

图 2.2　釜式反应器

1—搅拌器;2—罐体;3—夹套;4—搅拌轴;5—压出管;
6—支座;7—人孔;8—轴封;9—传动装置

解吸和萃取外，还可作为反应器应用于气液相反应。常见的有板式塔、填料塔、喷雾塔和鼓泡塔。板式塔和填料塔主要用于两种流体相反应的过程，如气液相反应和液液相反应。喷雾塔主要用于气液相反应，它使液体成雾滴状分散于气体中。鼓泡塔也是一种塔式反应器，气体以气泡的形式通过液层，用以进行气液相反应。如图2.4所示为设有挡板、塔外循环管和换热器的鼓泡塔。

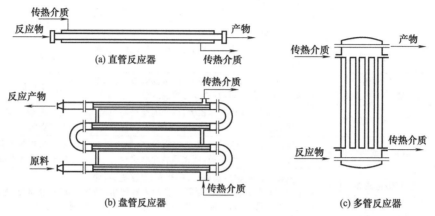

(a) 直管反应器

(b) 盘管反应器

(c) 多管反应器

图 2.3　几种典型的管式反应器

4. 固定床反应器

固定床反应器的特点为反应器内填充有固定不动的固体催化剂颗粒或固体反应物，在流体通过时静止不动，主要用于气固相催化反应。固定床反应器结构简单，需要的辅助设备少，操作容易，应用广泛。按反应中是否与外界有热量交换可以划分为绝热式和换热式两大类。如图2.5所示为绝热式固定床催化反应器和换热式固定床催化反应器。

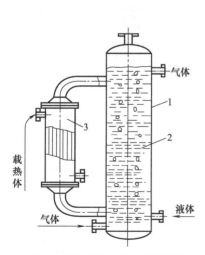

图 2.4　设有挡板、塔外循环管和
换热器的鼓泡塔

1—塔体；2—挡板；3—塔外换热器

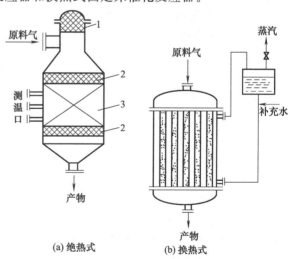

(a) 绝热式　　(b) 换热式

图 2.5　绝热式固定床催化反应器和
换热式固定床催化反应器

1—矿渣棉；2—瓷环；3—催化剂

5. 流化床反应器

流体自下而上通过固体颗粒床层，到流体速度增加到一定程度时，颗粒被流体托起作悬浮运动，这种现象叫固体流态化。利用流态化技术进行化学反应的装置叫流化床反应器。流化床反应器在工业中的应用可分为催化过程和非催化过程两大类。催化裂化是利用流化床反应器的规模最大的工业生产过程，矿物加工为非催化反应过程，如硫铁矿焙烧、石灰石焙烧等。图 2.6 所示为制取环氧乙烷的流化床反应器和工业石灰石煅烧炉。

6. 移动床反应器

移动床反应器也是一种有固体颗粒参与的反应器，与固定床反应器的不同之处是固体颗粒边反应边整体移动位置。如固体颗粒为催化剂，则用提升装置将其输送至反应器顶部后返回反应器内。反应流体与颗粒成逆流，此种反应器适用于催化剂需要连续进行再生的催化反应过程和固相加工反应。如图 2.7 所示为移动床反应器。

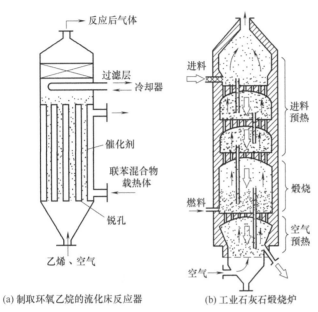

图 2.6　制取环氧乙烷的流化床反应器和工业石灰石煅烧炉

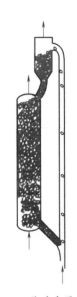

图 2.7　移动床反应器

7. 滴流床反应器

从某种意义上说，这种反应器也属于固定床反应器，当两股流体并流向下通过固定在反应器内的固体催化剂层时，称为滴流床（又叫涓流床）反应器，用于使用固体催化剂的气液相反应。如图 2.8 所示为重油加氢滴流床反应器。

二、化学反应器的火灾危险性

现代工业生产工艺流程十分复杂，往往伴随加热、冷却、加压、减压、分解、聚合等物理、化学变化，使生产中火灾、爆炸的危险性增大。因为高压能使反应设备变形、脱碳，使之受腐蚀，疏于维修或材质不好的反应设备爆裂，同时高压也会扩大可燃气体的爆炸浓度极限。高温能使金属反应设备机械强度降低，缩短使用寿命，处于高温的物料若超过自燃点，露于空气即会发生自燃，冷却到一定低温，会使反应设备变脆、易裂，使高凝固点的物质凝结，堵塞管道等。反应器爆裂多发生在结构的薄弱点上，如视镜、玻璃液面计、法兰结合处等，有时爆裂产生的压力可把反应器盖的固定螺栓拉断，造成器盖飞离，罐体焊缝开裂，同时大量反应物料喷泄出来，加大事故危害。

从多起火灾案例来看，化学反应器发生事故的主要原因有两个方面：一是设备存在缺

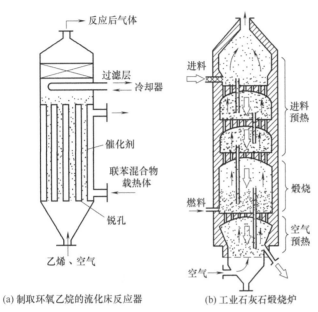

图中标注：反应后气体、过滤层、冷却器、催化剂、联苯混合物载热体、锐孔、乙烯、空气、(a) 制取环氧乙烷的流化床反应器；进料、进料预热、煅烧、燃料、空气预热、空气、(b) 工业石灰石煅烧炉

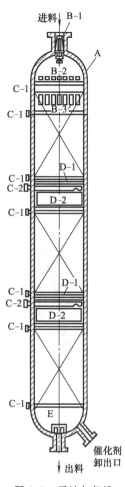

进料 B-1

A

B-2

C-1

C-1

B-3

D-1

C-1
C-2

D-2

C-1

D-1

C-1
C-2

D-2

C-1

C-1

E

催化剂
卸出口

↓出料

**图 2.8 重油加氢滴
流床反应器**

陷，二是操作失误。

设备缺陷方面主要表现在反应器设计考虑不周，安装不当，材料腐蚀，维修不善，机械强度降低或缺乏必要的安全防护装置，往往会造成容器破裂和反应物跑、冒、滴、漏等现象，而逸漏的易燃物料遇火源就可能着火；有的放热反应设备中没有良好的搅拌和移去热量装置，可能引起整个或者局部反应剧烈，温度剧增造成冲料起火或爆炸；安装检修设备系统时，不遵守动火制度，不做耐压试验和必要的技术鉴定及检验工作，造成设备存在缺陷。

操作方面，配料错误、投料和出料不当、温度压力控制不准是操作事故中三个主要因素。配料错误多是原料不合规格，原料发放不当，配料时各成分计算错误。投料和出料不当多是原料未经化验分析，含量不纯，有杂质混入，投料过快，使原料来不及全部反应，使反应器内反应物逐渐积聚过多而在瞬间引起剧烈反应形成高温，造成冲料起火。加料时机不当及加料顺序颠倒，比例失调，不适时出料等均能造成事故发生。停电、停水使冷却系统断水时，造成温度升高；催化剂添加不均匀引起局部过热；加压过高，引起设备故障；压力、温度观察错误都是造成压力、温度控制不准的原因。

三、反应器的防火防爆措施

（1）反应设备结构应视处理物料的物理、化学性质而定。如腐蚀性物料应用耐腐蚀材料制作或外用钢制外壳，内用搪玻璃、搪瓷、搪橡胶衬等。对于忌水的反应物料，反应器夹套和冷凝（却）器质量要好，保证无渗漏，最好是采用不与物料起反应的冷却介质。

（2）在一定压力下操作的设备，应具有较高的机械强度和安全系数；安装时要进行严格的水压试验和气密检验，不符合压力要求的坚决不能使用。易挥发、易燃、易中毒的物料，设备系统应密闭，保证不漏气，车间应有良好的通风排气设施。

（3）根据生产的火险程度，应当配备必要的防爆、阻火、排气、减压、防静电、防雷等安全装置。在一定压力下操作或生产中能产生一定压力的反应设备，应安装可靠的安全阀、防爆片以及室外减压的排气管。

（4）反应设备的操作人员，应严格遵守安全操作规定。特别把住配料、进出料、温度和压力这三个关口。配料要有专人负责，领发原料要有制度。在配料时应取样分析，对品名、规格、成分、数量逐一复核，除去原料中的有害杂质，以保证原料纯净、配料正确。投料前要注意检查仪表和安全装置是否准确好用；阀门、管路是否阻塞或渗漏；搅拌器运转是否正常；检查夹套、换热器是否漏水和漏气。开车后投料时，做到投料先后次序要准，投料数量配比要准，投料速度快慢要准，分批投料时间要准。

（5）定期清除设备内的污垢、焦状物、聚合物，以保证设备传热良好，并防止其堵塞设备管道和发生自燃。清除方法可用水冲刷器壁表面和管道，用氮气或水蒸气吹扫。清理时不得使用铁质工具或金属条，清理出来的污物必须送至安全地点处理掉。

（6）控制和消除工艺中的引火源。为了防止进出物料因静电火花发生燃烧爆炸，反应容器、管道、器具应采用导体连成一体，再进行接地，接地线必须连接牢靠，有足够机械强度，并定期检查。液体物料的输送，还应通过控制流速限制静电的产生。电气设备应符合防爆要求。

（7）配置防事故安全系统。反应容器应设防事故自动联锁系统，如设物料温度与催化剂加入量的联锁装置，压力或温度极限调节报警装置。当参数越出安全规定范围，能立即进行自动调节。若调节无效亦能发出报警信号，通告操作人员采取紧急措施排除故障，如故障排除不当或不及时，自动控制系统还能发出切换、放空、灭火等指令。危险性较大者还可采用二重、三重保护。反应容器应备有事故排放罐，或供排出反应物料的备用容器和放空管，在设备发生失控的紧急状态下，可将器内液体物料及时排入事故排放罐；气态物料通过放空管排出容器，防止事故扩大。

》 第二节　压力容器的防火防爆

压力是确定物质状态的基本参数，大多数物质的熔点、沸点随着压力的变化而变化，超高压下许多物质的性质和形态与常压时完全不同，压力还可以改变化学反应过程的速度和反应的转化率。几乎每一个化工工艺过程都离不开压力容器。在化工生产中普遍使用的塔、釜、罐、槽大多数属于压力容器，它们具有各种各样的形式和结构，从几十升的瓶、罐，到上万立方米的球形容器或高达上百米的塔式容器，其工作条件复杂，作用重要，危险性大，因此加强压力容器的安全管理是实现化工安全生产的重要环节之一。

一、压力容器概述

（一）压力容器的基本概念

压力容器是指盛装气体或者液体，承载一定压力的密闭设备。为了与一般容器（常压容器）相区别，只有同时满足下列三个条件的容器，才称之为压力容器。

（1）容器工作压力大于或者等于 0.1MPa（工作压力是指压力容器在正常工作情况下其顶部可能达到的最高压力，不含液体静压力）；

（2）内直径不小于 150mm 的容器；

（3）工作介质为气体、液化气体或最高工作温度高于或等于标准沸点的液体。

储运容器、反应容器、换热容器和分离容器均属压力容器。压力容器主要为圆柱形，少数为球形或其他形状。圆柱形压力容器通常由筒体、封头、接管、法兰等零件和部件组成。压力容器工作压力越高，筒体的壁就越厚。

（二）压力容器的分类

在化工生产过程中，为了有利于安全技术监督和管理，根据容器的压力等级、安装方式、安全重要度，将压力容器进行分类。

1. 按压力等级分类

按设计压力（p）大小，压力容器可分为低压容器、中压容器、高压容器、超高压容器四个等级。其压力划分范围如下。

(1) 低压（代号 L）容器，$0.1MPa \leqslant p < 1.6MPa$；

(2) 中压（代号 M）容器，$1.6MPa \leqslant p < 10.0MPa$；

(3) 高压（代号 H）容器，$10MPa \leqslant p < 100MPa$；

(4) 超高压（代号 U）容器，$p \geqslant 100MPa$。

2. 按安装方式分类

按安装方式压力容器可分为固定式压力容器、移动式压力容器两种。固定式压力容器是指容器具有固定的安装和使用地点，并用管道与其他设备相连。固定式压力容器使用环境相对稳定，常用于使用企业的生产、储存。移动式压力容器是指使用时不仅承受内压或外压载荷，搬运过程中还会受到由于内部介质晃动引起的冲击力，以及运输过程带来的外部撞击和振动载荷，因而在结构、使用、运输和安全方面均有其特殊的要求。包括铁路罐车（介质为液化气体、低温液体）、道路罐车、液化气体运输（半挂）车、低温液体运输（半挂）车、永久气体运输（半挂）车和罐式集装箱（介质为液化气体、低温液体）等。如液化石油气（LPG）、液化天然气（LNG）、压缩天然气（CNG）道路运输罐车属于移动式压力容器。

3. 按安全重要度分类

压力容器的危险程度与介质危险性及其设计压力 p 和全容积 V 的乘积有关，pV 值愈大，则容器破裂时爆炸能量愈大，危害性也愈大，对容器的设计制造、检验、使用、运输、管理的要求愈高。为了更有效地实施科学管理和安全监检，我国压力容器分类综合考虑了设计压力、几何容积、材料强度、应用场合和介质危害程度等影响因素，将压力容器划分为一类压力容器、二类压力容器、三类压力容器。

(1) 一类压力容器：非易燃或无毒介质的低压容器；易燃或有毒介质的低压分离容器和换热容器。

(2) 二类压力容器：中压容器；易燃介质或毒性程度为中度危害介质的低压反应容器和储存容器；毒性程度为极度和高度危害介质的低压容器；低压管壳式余热锅炉；搪瓷玻璃压力容器。

(3) 三类压力容器：毒性程度为极度和高度危害介质的中压容器和 pV（设计压力×容积）$\geqslant 0.2MPa \cdot m^3$ 的低压容器；易燃或毒性程度为中度危害介质且 $pV \geqslant 0.5MPa \cdot m^3$ 的中压反应容器；$pV \geqslant 10MPa \cdot m^3$ 的中压储存容器；高压、中压管壳式余热锅炉；高压容器。

二、压力容器爆炸危险性

压力容器是承压设备，内部聚集了大量的物质和能量，存在着爆炸的危险性。压力容器爆炸，也无外乎物理爆炸、化学爆炸，或者前两者兼而有之的混合型爆炸。

容器破裂时，气体膨胀所释放的能量，一方面使容器进一步开裂，并使容器或其所裂成的碎片以较高的速度向四周飞散，造成人身伤亡或撞坏周围的设备等；另一方面，它的更大一部分对周围的空气做功，产生冲击波，冲击波除了直接伤人外，还可以摧毁厂房等建筑物，产生更大的破坏作用。

如果容器的工作介质是有毒的气体，则随着容器的破裂，大量的毒气向周围扩散，产生大气污染，并可能造成大面积的中毒区。更严重的是容器内盛装的是可燃液化气体，在容器破裂后，它立即蒸发并与周围的空气相混合形成可爆性混合气体，遇到容器碎片撞击设备产生的火花或高速气流所产生的静电作用，会立即产生化学爆炸，即通常所说的容器二次爆炸，它产生的高温燃气向四周扩散，并引起周围可燃物燃烧，会造成大面积的火灾区。

压力容器破裂爆炸的危害，通常有下述几种：

1. 冲击波危害

容器破裂时的能量除了小部分消耗于将容器进一步撕裂和将容器或碎片抛出外，大部分产生冲击波。冲击波可将建筑物摧毁，使设备、管道遭到严重破坏，门窗玻璃破碎，导致周围人员伤亡。

2. 碎片的破坏作用

高速喷出的气体的反作用力把壳体向破裂的相反方向推出。有些壳体则可能裂成碎块或碎片向四周飞散而造成危害。

3. 有毒介质的毒害

盛装有毒介质的容器破裂时，会酿成大面积的毒害区。有毒液化气体则蒸发成气体，危害很大。

4. 可燃介质的燃烧及二次空间爆炸危害

盛装可燃气体、液化气体的容器破裂后，可燃气体与空气混合，遇到触发能量（火种、静电等）就会在器外发生燃烧爆炸，酿成火灾事故。其中可燃气体在器外的空间爆炸，其危害更为严重。

三、压力容器的破坏形式

压力容器及其承压部件在使用过程中，其尺寸、形状或材料性能发生改变，完全失去或不能良好实现原定功能，继续使用会失去可靠性和安全性，需要立即停用修复或更换，把这称作压力容器及其承压部件的失效。压力容器最常见的失效形式是破裂失效，有韧性破裂、脆性破裂、疲劳破裂、应力腐蚀破裂、蠕变破裂等几种类型。

1. 韧性破裂

韧性破裂是容器壳体承受过高的应力，以致超过或远远超过其屈服极限和强度极限，使壳体产生较大的塑性变形，最终导致破裂。容器的韧性破裂，爆破压力一般超过容器剩余壁厚计算出的爆破压力。如化学反应过载破裂，一般产生粉碎性爆炸；物理性超载破裂，多从容器强度薄弱部分突破，一般无碎片抛出。韧性破裂的特征主要表现在断口有缩颈，其断面与主应力方向成45°角，有较大剪切唇，断面多成暗灰色纤维状。当严重超载时，爆炸能量大、速度快，金属来不及变形，易产生快速撕裂现象，出现正压力断口。压力容器发生韧性破裂的主要原因是容器过压。

2. 脆性破裂

脆性破裂从压力容器的宏观变形观察，并不表现出明显的塑性变形，常发生在截面不连续处，并伴有表面缺陷或内部缺陷，即常发生在严重的应力集中处。因此，把容器未发生明显塑性变形就破坏的破裂形式称为脆性破裂。化工压力容器常发生低应力脆断，主要原因是热学环境、载荷作用和容器本身结构缺陷。所处理的介质易造成容器应力腐蚀、晶间腐蚀、氢损伤、高温腐蚀、热疲劳、腐蚀疲劳、机械疲劳等，使焊缝和母材原发缺陷易于扩展开裂，或在应力集中区易产生新的裂纹并扩展开裂，使容器承受的应力低于设计应力而破坏。

3. 疲劳破裂

压力容器长期在交变载荷作用下运行，其承压部件发生破裂或泄漏。与脆性破裂一样，容器外观没有明显的塑性变形，而且也是突发性的。容器的这种破坏形式称为疲劳破裂。疲劳破裂往往发生在应力较高或存在材料缺陷处，加之器壁总体应力不大，所以容器没有明显塑性变形。如果容器材料强度较低而韧性较好，不一定发生破裂，而是疲劳裂纹穿透器壁发生泄漏。如果容器材料强度偏高而韧性较差，则要发生爆破事故。疲劳一般要经历裂纹的产生、裂纹扩展到临界尺寸、剩余断面的失隐断裂三个阶段，断口也有三个区。由于裂纹始发部分占断口尺寸很小，观察到的较明显的是裂纹扩展区和最终断裂区两个区。前者有一个"磨亮"的平滑表面，能看到贝壳状纹理，汇聚于破裂起源点，即应力集中或原始缺陷处；后者则成放射及人字状花纹。容器发生疲劳破裂的先决条件是存在交变载荷，可以是开停车或间歇操作容器周期性的加压卸压；操作过程中较大的压力或温度波动等。其次，发生疲劳破坏的局部区域存在较大的应力变化幅度，因而，具备疲劳裂纹扩展的载荷条件，即交变应力范围。此外，该区域原来就可能存在裂纹性缺陷。

4. 应力腐蚀破裂

应力腐蚀破裂是指容器材料在特定的介质环境中，在拉应力作用下，经一定时间后发生开裂或破裂的现象。

5. 蠕变破裂

在高温下运行的压力容器，当操作温度超过一定限度，材料在应力作用下发生缓慢的塑性变形，塑性变形经长期累积，最终会导致材料破裂。蠕变破裂有明显的塑性变形和蠕变小裂纹，断口无金属光泽呈粗糙颗粒状，表面有高温氧化层或腐蚀物。

四、压力容器的安全装置

压力容器的安全装置专指为了使压力容器能够安全运行而装设在设备上的一种附属装置，又常称为安全附件。选用安全附件应满足两个基本要求，即安全附件的压力等级和使用温度范围必须满足承压设备工作状况的要求；制造安全附件的材质，必须满足承压设备内介质不发生腐蚀或不发生较严重腐蚀的要求。

压力容器的安全装置，按其使用性能或用途可以分为以下四大类型。

(1) 联锁装置：指为了防止操作失误而设置的控制机构，如联锁开关、联运阀等。

(2) 警报装置：指容器在运行过程中出现不安全因素致使容器处于危险状态时能自动显示声、光或其他明显报警信号的仪器，如压力报警器、温度监测仪等。

(3) 计量装置：指能自动显示容器运行中与安全有关的工艺参数的器具，如压力表、温度计、液面计等。

(4) 泄压装置：容器超压时能自动泄放压力的装置。在压力容器的安全装置中，最常用、最关键的是安全泄压装置。

五、压力容器超压的应急措施

杜绝压力容器超压运行，是操作人员的一项重要职责。根据压力容器不同的超压原因采取相应的措施。

(1) 避免操作失误而造成超压事故。对于压力来自器外压力源（如气体压缩机、蒸汽锅炉）的容器，超压大多是操作失误引起的。为了防止操作失误，除了装设联锁装置外，还应实行安全操作挂牌制度。在一些关键性的操作装置上挂牌，牌上注明阀口等的开闭方向、开闭状态、注意事项等。对于通过减压阀降低压力后才进气的容器，要密切注意减压装置的工作情况，并装设灵敏可靠的安全泄压装置。

（2）对于器内物料的化学反应而产生压力的容器，必须严格控制每次投料量及原料中杂质的含量，并有防止超量投料的严密措施。这是因为加料过量或原材料中混入杂质，往往使容器内反应后生成的气体密度增大或反应过速而造成超压。

（3）储装液化气体的容器，应严格按规定充装量充装，并防止容器意外受热。这类容器也常因超量充装或意外受热，温度升高而发生超压。

（4）储装易于发生聚合反应的碳氢化合物的容器，因容器内部物料可能发生聚合作用释放热量，使容器内气体急剧升温而压力升高。为了防止这类超压现象，应在物料中加入阻聚剂，并防止混入能促进聚合的杂质。同时，容器内物料储存时间不宜过长。

六、压力容器发生异常现象的应急措施

压力容器在运行过程中如发生下列异常现象之一时，操作人员应立即采取紧急停车措施，并按规定的报告程序，立即上报。

（1）压力容器工作压力、介质温度或壁温超过许用值，采取了各种措施仍不能得到有效控制，并有继续恶化的趋势时；

（2）压力容器的主要受压元件发生裂缝、鼓包、变形、泄漏等危及安全运行时；

（3）所在岗位发生火灾或相邻设备发生事故已直接威胁到压力容器安全运行时；

（4）安全装置全部失效，连接管件断裂，紧固件损坏等，难以保证安全操作时；

（5）发生安全生产技术规程中所不允许压力容器继续运行的其他情况时；

（6）高压容器的信号孔或警报孔泄漏时。

紧急停止运行的操作步骤是：迅速切断电源，使向容器内输送物料的运转设备，如泵压缩机等停止运行；联系有关岗位停止向容器内输送物料；迅速打开出口阀，泄放容器内的气体或其他物料；必要时打开放空阀，把气体排入大气中；对于系统性连续生产的压力容器，紧急停止运行时必须做好与前后有关岗位的联系工作；操作人员在处理紧急情况的同时，应立即与上级主管部门及有关技术人员取得联系，以便更有效地控制险情，避免发生大的事故。

七、气瓶

气瓶属于移动式的压力容器，气瓶在化工行业中应用广泛。气瓶是正常环境温度（−40～+60℃）下使用的，公称工作压力大于或等于0.2MPa（表压），且压力与容积的乘积大于或等于1.0MPa·L的盛装气体、液化气体和标准沸点等于或低于60℃的液体容器。

由于经常装载易燃易爆、有毒及腐蚀性等危险介质，压力范围遍及高压、中压、低压。因此，气瓶除了具有一般固定式压力容器的特点外，在充装、搬运和使用方面还有一些特殊的问题。如气瓶在移动、搬运过程中，易发生碰撞而增加瓶体爆炸的危险；气瓶在使用时，一般与使用者之间无隔离或其他防护措施。所以，要保证气瓶安全使用，除了要求符合压力容器的一般要求外，还有一些专门的规定和要求。

（一）气瓶分类

按盛装介质的物理状态不同，气瓶分为永久气体气瓶、高压液化气体气瓶、低压液化气

体气瓶、溶解气体气瓶等。

1. 永久气体气瓶

临界温度小于−10℃的为永久气体，盛装永久气体的气瓶称为永久气体气瓶，如盛装氧、氮、空气、一氧化碳、甲烷等气体的气瓶。由于永久气体在环境温度下始终呈气态，以较高压力将其压缩才能在气瓶较小容积中储存较多气体，因而，这类气瓶必须有较高的许用压力。常用标准压力系列为15MPa、20MPa及30MPa。

2. 高压液化气体气瓶

临界温度大于或等于−10℃且小于或等于70℃的为高压液化气体，盛装高压液化气体的气瓶称为高压液化气体气瓶，如盛装二氧化碳、氧化亚氮、乙烷、乙烯、氯化氢、氟乙烯气体等高压液化气体的气瓶。高压液化气体在环境温度下可能呈气液两相状态，也可能完全呈气态，因而也要求以较高压充装。常用的标准压力系列为8.0MPa、12.5MPa。

3. 低压液化气体气瓶

临界温度大于70℃的为低压液化气体，盛装低压液化气体的气瓶称为低压液化气体气瓶，如盛装液氯、液氨、硫化氢、丙烷、丁烷、丁烯及液化石油气等低压液化气体的气瓶。在环境温度下，低压液化气体始终处于气液两相共存状态，其气态的压力是相应温度下该气体的饱和蒸气压。按最高工作温度为60℃考虑，所有低压液化气体的饱和蒸气压均在5.0MPa以下，因此，这类气体可用较低压力充装，其标准压力系列为1.0MPa、2.0MPa、3.0MPa、5.0MPa。

4. 溶解气体气瓶

专指盛装乙炔的特殊气瓶。乙炔气体极不稳定，不能像其他气体一样以压缩状态装入瓶内，而是将其溶解于丙酮溶剂中。瓶内装满多孔性物质用作吸收溶剂。溶解气体气瓶的最高工作压力一般不超过3.0MPa。

（二）气瓶的颜色标记和钢印标记

1. 颜色标记

气瓶颜色标记是指气瓶外表面的瓶色、字样、字色和色环。气瓶喷涂颜色标记的目的主要是从颜色上迅速地辨别出盛装某种气体的气瓶和瓶内气体的性质（可燃性、毒性），避免错装和错用，同时也防止气瓶外表面生锈。

（1）字样。字样是指气瓶内介质的名称、气瓶所属单位名称。介质名称一般用汉字表示，凡属液化气体，在介质名称前一律冠以"液化""液"的字样。对于小容积的气瓶可用化学式表示。字样一律采用仿宋体。

（2）色环。色环是识别介质相同、但具有不同公称工作压力的气瓶标记。凡充装同一介质，公称工作压力比规定起始级高一级的气瓶加一道色环，高二级加二道，依此类推。

国家标准《气瓶颜色标志》（GB/T 7144）中，列出了盛装常用介质的气瓶的颜色标记，规定瓶帽、防护胶圈等的颜色应与瓶色一致。

2. 钢印标记

气瓶的钢印标记包括制造单位钢印标记和定检钢印标记。

（1）制造单位钢印。是气瓶的原始标记，由制造单位打在气瓶肩部、筒体、瓶阀护罩上的有关设计、制造、充装、使用、检验等技术参数的印章，钢印标记上的项目有气瓶制造单位代号、气瓶编号、公称工作压力、实际重量、实际容积、瓶体设计壁厚、制造年月等。

（2）定检钢印。是气瓶定期检验后，由检验单位打锉在气瓶肩部、筒体、瓶阀护罩上，或打铳在套于瓶阀尾部金属检验标记环上的印章。检验钢印标记上，还应按年份涂检验色标。

（三）气瓶安全附件

气瓶的安全附件有安全泄压装置、瓶帽和防震圈。

（1）安全泄压装置。气瓶的安全泄压装置主要是防止气瓶在遇到火灾等特殊高温时，瓶内介质受热膨胀而导致气瓶超压爆炸。其类型有爆破片、易熔塞及爆破片-易熔塞复合装置。

（2）瓶帽。瓶帽是为了防止瓶阀被破坏的一种保护装置。每个气瓶的顶部都应配有瓶帽，以便在气瓶运送过程中使用。

（3）防震圈。防震圈是防止气瓶瓶体受撞击的一种保护设施，它对气瓶表面的漆膜也有很好的保护作用。我国采用的是两个紧套在瓶体上部和下部的、用橡胶或塑料制成的防震圈。

（四）气瓶的安全使用与维护

（1）气瓶使用时，一般应立放，并应有防止倾倒的措施。

（2）使用氧气或氧化性气瓶时，操作者的双手、手套、工具、减压器、瓶阀等，凡有油脂的，必须脱脂干净后，方能操作。

（3）开启或关闭瓶阀时速度要缓慢，且只能用手或专用扳手，不准使用锤子、管钳、长柄螺纹扳手。

（4）每种气体要有专用的减压器，尤其氧气和可燃气体的减压器不得互用；瓶阀或减压器泄漏时不得继续使用。

（5）瓶内气体不得用尽，必须留有剩余压力。

（6）不得将气瓶靠近热源，安放气瓶的地点周围 10m 范围内，不应进行有明火或产生火花的作业。

（7）气瓶在夏季使用时，应防止曝晒。

（8）瓶阀冻结时，应把气瓶移至较温暖的地方，用温水解冻，严禁用温度超过 40℃ 的热源对气瓶加热。

（9）经常保持气瓶上油漆的完好，漆色脱落或模糊不清时，应按规定重新漆色。严禁敲击、碰撞气瓶，严禁在气瓶上进行电焊引弧，不准用气瓶做支架。

（五）气瓶事故及预防措施

1. 气瓶混装事故及其预防

混装是永久气体气瓶发生爆炸事故的主要原因，其中最危险而又最常见的事故是氧气等助燃气体与氢、甲烷等可燃气体的混装。防止因气瓶混装而发生爆炸事故，应做好以下两方面的工作。

（1）充气前对气瓶进行严格的检查。检查气瓶外表面的颜色标记是否与所装气体的规定标记相符，原始标记是否符合规定，钢印标记是否清晰，气瓶内有无剩余压力，气瓶瓶阀的出口螺纹形式是否与所装气体的规定相符，安全附件是否齐全。

（2）采用防止混装的充气连接结构。充装单位应认真执行国家标准《气瓶阀出气口连接形式和尺寸》，包括充气前对瓶阀出口螺纹形式（左右旋、内外螺纹）的检查以及采用标准规定的充气接头形式和尺寸。

2.气瓶超装事故及其预防

充装过量是气瓶破裂爆炸的常见原因,特别是低压液化气体气瓶,其破裂爆炸绝大多数是由于充装过量引起的。防止气瓶充装过量,可采取以下相应的措施:

(1)充装永久气体的气瓶,应明确规定在多大的充装温度下充装多大的压力;

(2)充装液化气体的气瓶必须按规定的充装系数进行充装;

(3)充装量应包括气瓶内原有的余液量,不得将余液忽略不计,不得用储罐减量法来确定充装量;

(4)充装后的气瓶,应有专人负责,逐只进行检查,发现充装过量的气瓶,必须及时将超装量妥善排出,所有仪表量具(如压力表、磅秤等)都应按规定的范围选用,并且要定期检验和校正。

3.气瓶使用不当引起的事故及预防措施

气瓶搬运、使用不当或维护不良,可以直接或间接造成燃烧、爆炸或中毒伤亡事故。为了预防气瓶由于使用不当而发生事故,在使用气瓶时必须严格做到以下几点。

(1)防止气瓶受剧烈震动或碰撞冲击。运输气瓶时,要将气瓶妥善固定,防止其滚动或滚落;装卸气瓶时要轻装轻卸,严禁采用抛装、滑放或滚动的装卸方法;气瓶的瓶帽及防震圈应齐全。

(2)防止气瓶受热升温。气瓶运输或使用时,不得长时间在烈日下曝晒。使用中,不要将气瓶靠近火炉或其他高温热源,更不得用高温蒸汽直接喷吹气瓶。瓶阀冻结时,应把气瓶移到较暖的地方,用温水解冻,禁止用明火烘烤。

(3)正确操作,合理使用。开阀时要缓慢,防止附件升压过速,产生高温,对盛装可燃气体的气瓶尤应注意,以免因静电的作用引起气体燃烧;开阀时不能用扳手敲击瓶阀,以防产生火花;氧气瓶的瓶阀及其他附件都禁止沾染油脂,若手或手套、工具上沾有油脂时,不要操作氧气瓶;每种气瓶要有专用的减压器。气瓶使用到最后时应留有余气,以防混入其他气体或杂质造成事故。

(4)加强维护。经常保持气瓶上油漆完好。瓶内混有水分会加速气体对气瓶内壁的腐蚀,如一氧化碳气瓶、氯气气瓶等,在充装前应对气瓶进行干燥。

八、锅炉

锅炉是利用热能来加热工质(一般为水)或产生蒸汽的设备,由"锅"和"炉"两个主要部分组成。它是一种能量转换设备,它把燃料中的潜在能量,通过燃烧放出热能,经过传热作用将热能传递给水,使水变成蒸汽或过热蒸汽。

锅炉具有复杂的锅内系统和炉内系统。锅内系统是指使水受热变成蒸汽的管道和容器,通常称汽水系统。炉内系统是指进行燃烧和热量交换的场所,通常称为燃烧系统或风煤系统。炉内系统通常由送风机、引风机、烟风管道、给煤装置、空气预热器、燃烧装置、除尘器和烟囱等组成。锅炉是汽水系统和燃烧系统的统一体。

锅炉工作原理是:燃料在"炉"内燃烧,放出热量,通过热传导、热辐射、热对流三种传热方式,将热量传递给"锅"内的水使之汽化,它是一种高温高压的特种设备,存在一定的爆炸危险。锅炉的爆炸大致可分为两种,一种是常见的发生在汽水系统的物理爆炸,另一种是发生在燃烧系统的化学爆炸。

（一）锅炉的种类

（1）按用途分类可分为：电站锅炉、工业锅炉、机车锅炉、船舶锅炉、生活锅炉。

（2）按装置方式分类可分为：固定式、移动式锅炉。

（3）按燃烧材料可分为：燃煤锅炉、燃油锅炉、燃气锅炉、原子能锅炉、废热（余热）锅炉。

（4）按锅炉结构可分为：火管锅炉、水管锅炉、水火管组合锅炉。烟气在管内流过，水在管外受热的叫做火管锅炉；水在管内受热，烟气在管外流过的叫做水管锅炉；采用水火管混合结构，兼有水管及火管锅炉某些共同特征的叫做水火管组合锅炉。

锅炉的安全装置是锅炉安全运行不可缺少的组成部件，其中安全阀、压力表和水位表被称为锅炉的三大安全附件。

（二）锅炉及锅炉房的火灾危险性

1. 锅炉房的火灾危险性

（1）烟囱靠近建筑物的可燃结构；

（2）炽热炉渣处理不当，引燃周围的可燃物；

（3）煤堆自燃引起火灾；

（4）烟囱飞火；

（5）锅炉房操作间和附属房间可燃物起火；

（6）燃烧系统的化学性爆炸，引起锅炉火灾。

2. 锅炉的火灾危险性

（1）汽水系统物理性爆炸。

这类爆炸事故在锅炉爆炸事故中，约占80%以上。锅炉爆炸的威力很大，0.7MPa（表压）、20t容量的锅炉，爆炸后的总热量相当于547kg硝铵炸药放出的热量。而锅炉爆炸后所形成的蒸汽体积，则相当于硝铵炸药的2倍。因此，锅炉爆炸后，大量的蒸汽和水从裂口处急速喷出，产生巨大的作用力，拉断固定螺栓和管道，致使锅炉腾空或平行飞出，有的甚至飞出数百米。锅炉房及其邻近建筑，由于爆炸气浪的作用，也往往被摧毁，甚至造成人员伤亡。

锅炉汽水系统发生爆炸，常见的原因主要如下：

① 锅炉缺陷导致爆炸。锅炉缺陷导致爆炸是指锅炉主要受压元件损伤，丧失或降低了承载能力，在锅炉承受的压力并未超过额定压力的情况下，突然发生的大面积破裂爆炸；锅炉运行中产生的缺陷，主要有腐蚀、变形、裂纹、渗漏以及水垢过厚、金属组织变化等。

② 锅内缺水导致爆炸。锅内缺水是指锅内水位低于最低许可水位的情况。造成锅炉缺水的原因很多，据统计资料分析，由于操作人员劳动纪律松弛与误操作所致的约占70%。诸如，长期忘记上水；排污后忘记关闭排污阀或关闭不严密；水位计不按时冲洗使水位计旋塞堵死，形成假水位等。其余30%是由于设备缺陷或其他故障而造成的，例如，给水设备突然发生故障，或者水源突然中断，停止给水等。

③ 锅炉超压造成爆炸。锅炉超压是指锅炉运行中的工作压力超过了最高许可工作压力。造成锅炉超压发生爆炸的原因，多属盲目地提高锅炉的工作压力或操作工擅离岗位致使运行失控，或出现操作错误等。超压是造成锅炉爆炸的主导原因，而安全泄压装置失效是爆炸发生的辅助要素。

(2) 燃烧系统化学性爆炸。

这类爆炸，能引起汽水系统的破坏，或伴生火灾。有时还会使炉墙和烟道损坏，甚至倒塌，造成严重的伤亡事故。

锅炉燃烧系统爆炸的主要原因，常见的有以下几种：

① 用油、可燃气、煤粉作燃烧的锅炉，在点火前未将存留在燃烧室或烟道内的爆炸性混合物排除，在点火时发生爆炸。

② 燃油锅炉的燃油雾化不良，炉膛温度过低，致使燃油未能完全燃烧，当未燃尽的油滴进烟道和尾部沉积，遇到起火条件，就会起火或爆炸。

③ 煤粉锅炉的煤粉和风量调整不当，造成未燃尽的煤粉被带出并堆积在烟道内部，当温度达到煤粉的燃点或烟道漏风时，就会发生燃烧或爆炸。

④ 燃烧室内负压过大，可燃物积聚过多，也会造成火灾爆炸。

⑤ 在燃料煤中混有采煤用的雷管等爆炸物品，进入燃烧着的炉膛时发生爆炸。

(三) 锅炉的防火安全措施

1. 一般要求

(1) 锅炉的设计、制造、安装、运行、检修、改造、检验等必须符合《蒸汽锅炉安全技术监督规程》及《热水锅炉安全技术监察规程》的规定。

(2) 锅炉操作人员必须经过专门培训，经考试合格，持证上岗，并能严格遵守锅炉安全运行的各项制度。

(3) 应经常检查锅炉水位表、压力表、安全阀等安全附件，确保它们的可靠性。

(4) 禁止在锅炉房堆放易燃可燃物，也不准在锅炉本体和蒸汽管道上烘烤任何物品。

(5) 禁止在锅炉内焚烧废纸、废油毡、废木材等杂物，以防造成烟囱飞火，引燃周围可燃物。

(6) 排出的热炉渣必须放置在炉渣场地上，并再洒水熄灭，不许将可燃杂物及垃圾堆放在炉渣周围。

(7) 锅炉运行中发生严重缺水，严重漏水，水位计、压力表和安全阀三大附件之一失效，给水装置全部失效以及受热而爆裂，严重变形、泄漏无法维持正常运行等情况时应紧急停炉。

2. 各类锅炉的防火措施

(1) 燃煤锅炉。对于燃煤锅炉，烧煤前一定要严格检查煤料，剔除混入的雷管等爆炸物品。烟囱的高度一般不应低于15m，以减少飞火对周围的危害。

(2) 燃煤粉锅炉。燃煤粉锅炉多为大型锅炉，需将煤块粉碎，研磨成粉状，然后用空气将煤粉喷入炉内燃烧。

在煤粉的制备和输送过程中，可能会因煤粉温度过高而发生自燃，或发生粉尘爆炸。所以，煤粉车间属乙类火灾危险性生产，电气装置和照明设备均应符合防爆要求；制粉系统在运行中，要严格控制煤粉的温度；在停止运行时，各道工序设备上积存的煤粉要彻底清除，车间内应安装半固定式的蒸汽或喷雾灭火设备。

(3) 煤气锅炉。煤气锅炉有两种，一种是附设煤气发生炉的小型锅炉，另一种是使用城市管道煤气的锅炉。

① 附设煤气发生炉的小型锅炉，如发生炉的煤气发生量与锅炉的用气量控制不当，过多的煤气积聚在发生炉内，或进入锅炉内燃烧时，均会发生爆炸燃烧事故。因此，必须在煤

気発生炉上设防爆门，并通向室外；锅炉也应设防爆门泄压。煤气发生炉和锅炉房应通风良好。

② 在煤气喷嘴前的进气管上，应装设压力表。在使用煤气锅炉时，必须使燃料从喷嘴喷出的速度大于其燃烧速度，即使炉膛保持正压，以防止回火。当煤气压力下降到最低限度时，应该立即将煤气进气管开关关闭，并停止使用。

③ 为了防止煤气锅炉在点火时发生爆炸，必须在点火前检查进气管中的煤气压力，当压力符合要求时，再使用鼓风机吹扫炉膛，清除炉膛内的爆炸性混合物；在点火时应严格遵守先点火，后开气的原则。

（4）燃油锅炉。燃油锅炉主要是以原油、重油、渣油为燃料。需要加热的储罐温度，原油以 50℃ 为宜，重油以 80℃ 为宜，温度过高时油品容易挥发，增加火灾和爆炸的危险。为防止炉膛内存有易燃蒸气，点火前应先向炉内吹风，然后才能点火，点火前还要检查防爆门开关是否灵活可靠。

（5）天然气锅炉。天然气锅炉一般是从外界天然气主管道接通气源后，经过调压站调整到所需要的压力，再通入锅炉炉膛中燃烧。使用这种锅炉要严格控制调压站的压力，压力太小有回火爆炸的危险，压力过大会造成天然气在炉膛或烟道内产生爆炸燃烧。

（6）液化石油气锅炉。液化石油气锅炉是将储罐内的液化石油气（或液化石油气残液经过汽化），调压后送入锅炉燃烧。

使用液化石油气有较大的火灾危险性。如有泄漏，遇到明火，会造成重大爆炸和伤亡事故。因此，使用液化石油气的锅炉要十分慎重。

第三节 加热与换热设备的防火防爆

加热与换热设备普遍应用于化工生产中，以精确地控制和调节工艺温度，促进化学反应速度和完成蒸馏、蒸发、裂解、干燥、熔融等单元的操作。根据物料所需温度不同，需采取不同的加热方法。加热和换热设备火灾危险性较大，由于加热热源引起的火灾爆炸事故时有发生，它一向是工厂企业生产过程中防火防爆的重点部位。

一、直接火加热

直接火加热是采用直接火焰或烟道气进行加热的方法，其加热温度可达到 1030℃。主要燃料有煤、天然气、液化石油气、燃料油等。所用受热设备主要有反应器、管子和转筒三种。

（一）加热设备和方法

1. **受热反应器**（反应锅）

将反应器置于炉灶上，受火焰直接作用加热，这种方法简单，主要适用于高温熬炼的生产作业。

2. **管式加热炉**

管式加热炉有方箱式、立式和圆筒式多种，炉内排列有许多管子，管内装被加热物料，管子直接受炉膛内火焰作用加热。此种设备多见于炼油和石油化工工业的生产装置中，处理量比较大。

3. 转筒式加热炉

这种加热设备主要是用于烘干物料。它主要由筒体、滚圈、托轮、齿轮、传动装置和装卸料装置组成。转筒稍倾斜支撑在两个托轮上，用动力带动回转。筒体一端通燃烧室的混合室内，热烟道气流由转筒一端通往，物料顺着筒体倾斜方向运动与烟道气接触被烘干，加热后干料从转筒另一端卸出。

按照热气流和物料流动方向划分，转筒烘干机有顺流式和逆流式两种。顺流式，热气流和物料从转筒同一端进入，向同一方向运动。逆流式，热气流和物料运动方向相反。

（二）直接火加热的火灾危险性和防火要求

直接火加热的火灾危险性：在处理易燃易爆物质时，火灾爆炸危险性大；温度控制不均，容易发生过热现象或设备烧穿，有物料泄漏的危险；由于加热不均、过热等原因，易发生液体蒸气燃烧爆炸危险；燃气、燃油加热设备，如果扫膛不净，点火易发生爆炸事故；设备不密闭，逸出的可燃气体或蒸气，接触明火会立即着火。所以，处理易燃易爆的生产操作不宜使用直接火加热方法。如果工艺或生产中必须使用时，应满足如下防火要求：

（1）尽量避免火焰直接接触设备。火焰长期接触设备，易使设备烧穿，造成物料泄漏，最好采用烟道气加热或火焰辐射方式加热可防止设备局部过热发生危险。

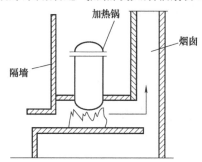

图 2.9 直接火隔热加热

（2）炉灶和设备之间应完全隔离。设备除了要密闭之外，为防止逸出的气体或蒸气与炉灶明火接触，应用隔墙分隔，且墙上不得开口，设备与炉膛接合部分应密封无隙。如图 2.9 所示。

（3）加热炉灶、烟道、烟囱等部位应采取防火措施。砌砖抹缝应严实，涂白漆或白灰便于查寻漏缝，这些部位不得与可燃结构或可燃物接触，并定期检查维修。

（4）容量较大的加热锅应备有事故排放罐。设备发生沸溢、漏料的紧急状态下，可将锅内物料及时排入事故排放罐，以防止事故扩大。

（5）加热锅内的残渣应清除。当加热锅内经常处理黏度大或混有固体粉料的液态物料时，锅内会出现沉积残渣或结有污垢，受热后易结焦，造成设备局部过热，引起锅底破裂，因此要定期清除残渣和污垢。

（6）设法控制温度。受热设备应安装测温仪表，必要时便于撤火，以控制物料在设备内的滞留时间来控制物料受热温度。

（7）防止烟道内夹带火星。用烟道气加热时，应防止燃烧室内的火星进入受热物料空间。用煤作燃料时，一般采用挡火墙来阻挡，如图 2.10 所示。

（8）对燃气和燃烧煤粉的管道应安装安全装置。在燃气管道上应安装阻火器以防止回火；煤粉输送管道上应装爆破片，防止爆炸时

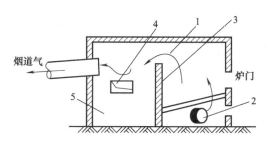

图 2.10 燃烧室示意图

1—燃烧室；2—进风管；3—挡火墙；
4—二次空气口；5—混合室

破坏设备。

（9）吹扫炉膛，防止爆炸。对燃油、燃气的加热炉，在炉子点火前，应检查供油、供气阀门的关闭状态，用蒸汽吹扫炉膛排除其中可能积存的爆炸混合气体，以免点火时发生爆炸。

二、水蒸气和热水加热

对于易燃易爆物质，采用水蒸气或热水加热，温度容易控制，比较安全，其加热温度可达到100～140℃。在处理与水会发生反应的物料时，不宜用水蒸气或热水加热。

（一）加热设备

用水蒸气或热水作载体进行加热的设备通常采用的是带有夹套的容器。它由罐体、罐盖和夹套以及进、出管组成。这种方法适用于温度不高的生产。图2.11所示为水蒸气加热的一种常见的设备。

（二）水蒸气和热水加热的防火要求

利用水蒸气、热水加热易燃易爆物质相对比较安全，存在的主要危险在于设备或管道超压爆炸，升温过快引发事故。

（1）设备和管道应有足够的耐压强度。使用水蒸气或过热水蒸气的设备和管道应能承受一定的压力，以防使用中炸裂。因此，要定期检验设备的耐压强度，并应在设备和管道上加装压力计和安全阀。

（2）高压水蒸气加热设备和管道应与可燃物隔离。高压水蒸气温度随着压力的升高而升高（见表2.2），因此要注意控制水蒸气压力，防止温度升高；加热设备和管道应有保温层，防止可燃物与之接触受热自燃。

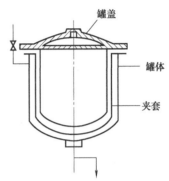

图 2.11　用水蒸气加热的设备

罐盖

罐体

夹套

表 2.2　高压水蒸气压力与温度的关系

压力/MPa	温度/℃	压力/MPa	温度/℃	压力/MPa	温度/℃	压力/MPa	温度/℃
0.1	99.09	0.7	164.17	1.3	190.71	1.9	208.81
0.2	119.62	0.8	169.61	1.4	194.13	2.0	211.38
0.3	132.88	0.9	174.53	1.5	197.36	2.1	213.85
0.4	142.92	1.0	179.04	1.6	200.43	2.2	216.23
0.5	151.11	1.1	183.20	1.7	203.35	2.3	218.53
0.6	158.08	1.2	187.08	1.8	206.14	2.4	220.75

三、载体加热

工业上，用高温而且必须控制温度的生产过程，当采用水蒸气、热水加热难以满足工艺要求时，通常使用载体加热方法，这种方法易控制，较稳定，加热效率高，加热均匀，在较小压力下能得到较高温度。如用联苯醚作载体，载体温度260℃时，其饱和蒸气压也只有0.05MPa，温度达350℃时，压力为0.43MPa。载热体通常采用的有油类、联苯醚、无机载体等。

（一）油作载体的加热（也称油浴）

1. 加热方式

油载体加热有三种方式。一是用直接火加热反应器的油夹套，油通过器壁加热物料。油由高位槽放进反应锅内的油夹套，用直接火加热夹套，油受热与锅内物料换热，如图 2.12 所示。二是油在车间外面被加热后，再将它输送到需要加热的设备进行循环。三是使用封闭式电加热器浸入夹套的油内加热，可以消除明火。

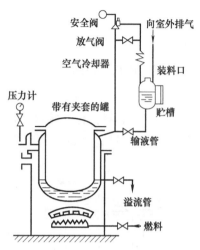

图 2.12　油浴加热设备

2. 油载体加热的防火要求

油类作载体加热时，若用直接火通过充油夹套进行加热，且在设备内处理有燃烧、爆炸危险的物质，则需要将加热炉门与反应设备用砖墙隔绝，或将加热炉设于车间外面，将热油输送到需要加热的设备内循环使用。油循环系统应严格密闭，不准热油泄漏，要定期检查和清除油锅、油管上的沉积物。

（二）联苯醚作载体的加热

联苯醚是联苯和二苯醚的混合物，分别占 26.5％ 和 73.5％，一般称为道生油，属于有机载体。常温下为液体，无色、有毒，熔点 13℃，闪点 102℃，自燃点 680℃。

联苯为无色鳞片结晶，不溶于水，熔点 70℃，闪点 113℃，自燃点 577℃，爆炸极限 0.7％～3.4％。

二苯醚为无色结晶，不溶于水，熔点 27℃，闪点 115℃，自燃点 695℃，爆炸极限 1.35％～2.5％。

1. 加热方式

联苯醚加热方式有：直接火加热夹套方式，多适用于小型负荷；夹套用电热棒加热。用联苯醚作载热体欲升高温度时，可在加压的情况下进行，加热温度在 255～350℃ 的范围内。

2. 联苯醚加热的火灾危险性

（1）联苯醚属可燃液体，但在生产条件下由于温度高于闪点，甚至高于沸点，这种条件下就变成了易燃液体。

（2）加热到闪点时，其蒸气可与空气形成爆炸性混合物。

（3）载体内混进水会发生爆炸。水混入载体的原因是反应器内含水物料渗入夹套内，或者载体内混有水分，或者停工时用水洗涤，水渗到夹层内。载体含水，当开工加热时，水会迅速汽化而使夹层内压力突升，以致发生物理性爆炸。

（4）联苯醚具有热膨胀性，温度升高，体积增大，导致炉内压力上升发生危险。

（5）联苯醚在高温下能分解，且有些分解产物具有燃烧爆炸危险。纯净的联苯醚在 350℃ 以下虽长期反复加热也不易分解，如果混有杂质，温度达到 350℃ 便分解、炭化结焦，产生锅垢，影响传热，如果堵塞排气管道，还容易使炉内压力升高，有发生爆裂的危险。

3. 采用联苯醚加热的防火要求

（1）容器和加热物质系统应该密闭，防止空气混入加热系统内。

（2）开车或检修后开工，系统内的水分应排净，新的或新加的载热体，要经脱水预热，排除水分。

（三）无机载体加热

这种方法加热温度可达 350～500℃。

1. 加热方法

（1）盐浴。载热体一般使用亚硝酸钠、硝酸钠和硝酸钾的混合物。其中亚硝酸钠占 40％，硝酸钠占 7％，硝酸钾占 53％。

（2）金属浴。载热体一般使用铅、锡、锑、汞等金属。除汞之外，其他金属的沸点都在 1300℃以上。

2. 无机载体加热的火灾危险性和防火要求

（1）用硝酸盐浴时，硝酸盐处于融熔状态，温度高、氧化性能加强，若硝酸盐漏入燃烧室，或硝酸盐与有机物料接触，均能发生燃烧、爆炸事故。因此，受热设备和夹套应定期检查和维修，防止焊缝开裂、腐蚀而导致泄漏事故。

（2）水和酸类流入高温的盐浴或金属浴中，有爆炸危险。因为水或酸类接触熔盐和熔融的金属会瞬间汽化，使夹套产生很高的压力，以致夹套受到破坏而发生危险。所以，操作中，应注意不使水进入有熔融盐和金属的设备中。

（3）设备和附件的材质要耐热，机械强度要足够，并要加强检查和维修。

四、电加热

电加热即采用电炉或电感进行加热，是比较安全的一种加热方式，一旦发生事故，可迅速切断电源。

（一）电炉加热

这是一种最普通最简单的加热方法，电炉丝一般镶嵌在耐火材料制作的绝缘体内，通电时电炉丝产生高温。电炉分为敞开式和封闭式两种。

电加热的主要危险是电炉丝绝缘受到破坏，受潮后线路短路以及接点不良而产生电火花、电弧，电线发热等引燃物料；物料过热分解产生爆炸。

用电炉加热易燃易爆物质时，应采用封闭式电炉，电炉丝与加热器壁应有很好的绝缘，防止短路击穿器壁，漏出物料发生着火、爆炸事故。

（二）电感加热

电感加热是在钢制的容器或管道上缠绕绝缘导线，通入交流电后，利用器壁或管道壁由电感涡流产生的温度而加热物料。

电感加热如果线圈绝缘破坏或受潮发生漏电、短路，产生电火花、电弧，或接触不良发热，均能引起易燃易爆物质着火、爆炸。

采取电感加热现在一般采取的安全措施有：使用粗导线，防止过负荷，并采取防潮、防腐、耐高温、厚绝缘层的导线，防止设备跑、冒、滴、漏等现象。如图 2.13 所示为电感加热器的示意图。

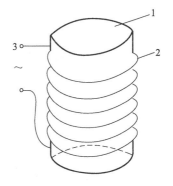

图 2.13　电感加热器的示意图
1—钢制容器；2—绝缘导线；
3—交流电源

五、换热设备

换热是两种介质彼此进行热交换，使热介质受到冷却，冷介质被加热，这种方法比较安全，工厂应用得较多。

（一）换热方法和设备

1. 沉浸式（蛇管式）换热器

它一般是把被冷却（或加热）液体的管道改为各种形状的蛇管放置在容器内，让容器内的液体将蛇管浸没，容器上下各有流体的进出口，蛇管内走的是热流体，管内的热流体在运动过程中与管外的冷流体进行热交换，见图2.14。

2. 喷淋式换热器

管内的是热流体，管外用冷却水喷在管外壁使热流体冷却，见图2.15。

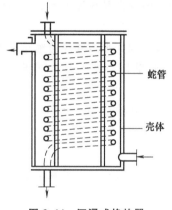

图2.14 沉浸式换热器

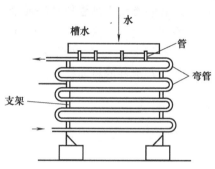

图2.15 喷淋式换热器

3. 套管式换热器

套管式换热器由两根不同直径的管子套在一起制成，根据工艺的要求，可以将几段这样的套管串联起来，上下排列固定在一个管架上，每段套管称为一程。热流体由上部进入内管由下部排出，而冷流体由外管下部向上流动，热流体就可被冷流体所冷却。套管式换热器如图2.16所示。

4. 列管式换热器

列管式换热器是应用最广泛的一种传热设备。它主要由壳体、管板、换热管、封头、折流板和隔板组成。换热时，一种流体由封头的连接管处进入，在管内流动，从另一端封头出口管流出，称为管程，另一种流体由壳体的接管进入，从壳体的另一接管处流出，称为壳程。管子较多时，为提高管内液体的传热系数，常在封头内设隔板，将全部平均分成若干

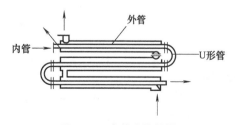

图2.16 套管式换热器

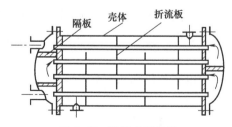

图2.17 列管式换热器

组，流体每次只流经一组管子，也就是采用多管程结构。为提高壳程流体速度，常在壳体内安装许多与管束垂直的折流板。见图 2.17。

（二）换热的火灾危险性和防火要求

1. 火灾危险性

（1）换热设备是工业常用的设备之一，适用于回收热量以使物料加热或冷却中间产品或产品。由于液体具有较高的温度，而冷流体的压力较大，如果换热器因腐蚀、热力作用等原因，有可能在壳内管连接处发生滴漏现象，器内管程破裂有发生两种流体窜流的危险，有可能造成火灾爆炸事故。

（2）冷凝、冷却设备工作失灵，未经冷凝、冷却的油品或油气进入储罐，会导致罐内油品（或罐内沉积水层）沸腾，或未经冷凝的易燃和可燃液体蒸气进入罐内，使大量油气在罐区扩散，会引起严重后果。

2. 防火要求

（1）换热设备要密闭。设备本身以及连接处要密闭，防止冷、热流体相互窜流，防止滴漏。

（2）换热器的进出管线应有控制温度和压力的仪表。

（3）冷却设备所用的冷却水不能中断。若冷却水中断，仍应保持水槽内有水。

（4）换热器设备区，应有防止油品流散的围堰。该区的下水道应设水封井，防止着火油品、可燃气体和蒸气蔓延。

（5）开车前，首先应清除换热器的污垢，通冷流体之后，再通高温流体。

（6）换热器应定期检查和维修，清扫和除焦。保持环境卫生，随时清除换热器上的油污和易燃杂物。

（7）换热器附近应备有蒸气灭火管线。

第四节　干燥设备的防火防爆

干燥是从潮湿或含水分的物料中除去水分（或其他溶剂）的单元操作。它的目的是使物料便于加工、输送、储藏和使用。干燥设备在化工生产中应用十分广泛，然而其火灾危险性较大，火灾爆炸事故时有发生，是企业生产过程中防火防爆的重点部位。

一、干燥方法和设备

（一）对流干燥设备

对流干燥是一个传热与传质相结合的过程。热气流通过与物料直接接触，将热量传给物料，使物料表面的湿分首先汽化，并随气流流走，同时，物料内部的湿分借助扩散作用到达物料表层，然后湿分蒸汽通过物料表面的气膜而扩散到热气流中去，随气流被带走。

这种干燥的特点是通过热气流与物料直接接触传热。其设备主要有厢式干燥器、气流干燥器、喷雾干燥器、沸腾床干燥器等。

1. 厢式干燥器

厢式干燥器是将物料放于箱内的支架上，通以热气流进行干燥的方法。如中药厂常用来干燥原料药材。

如图 2.18 所示，在一个外壁绝热的厢式干燥室，厢内支架上放有物料盘，或将盘装在小车上推入厢内，料层厚度一般为 10～100mm。新鲜空气由风机从上部一角抽入，经过预热器时被加热，并从物料盘或物料层之间通过，与湿料接触，从而起干燥作用，最后废气从干燥室的上部另一角排出。

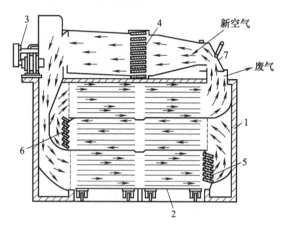

图 2.18 厢式干燥器
1—干燥室；2—小车；3—送风机；
4～6—空气预热器；7—蝶形阀

厢式干燥器的优点是：构造简单，制造较容易，适应性较强。适用于干燥粒状、膏状物料，较贵重的物料，批量小、干燥程度要求较高，不允许粉碎的脆性物料。

厢式干燥器的缺点是：干燥不均匀，由于物料层是静止的，故干燥时间较长，装卸物料劳动强度大，操作条件较差。

2. 气流干燥器

气流干燥器主要用于在潮湿状态时仍能在气体中自由流动的颗粒物料，可利用高速的热气流使粉、粒状的物料悬浮于其中，在气流输送过程中进行干燥。图 2.19 是它的流程示意图。空气经过滤并经预热器加热后进入气流干燥管内，热气流带着经螺旋加料器送进的湿物料在干燥管内高速流动，热气流向上的流速大于颗粒的沉降速度，物料随热气流一起流动并被输送，在流动过程中进行传质传热作用，进而被干燥。已干燥的颗粒经旋风分离器分离后作产品流出，废气则由风机排出。气流干燥管多数为直管，管径 300～900mm，直管高度一般都在 10m 以上。

气流干燥器的优点是：由于物料与空气的接触表面积大，故干燥速率较大；物料在干燥器内停留时间短，从而可在很高的温度下干燥；气流干燥器的散热面积小，热损失小，热能利用率高；设备紧凑，结构简单，造价低，占地面积小；由于操作连续且稳定，容易自动控制，适用于热敏性物料的干燥。

气流干燥器的缺点是：气流在系统中压降较大；干燥管较高，一般均在 10m 以上；物料在输送或干燥过程中与壁面或物料之间互相摩擦，易将产品磨碎，故不适用于晶粒不容许破坏的物料；由于全部产品是由气流带出经分离回收，所以分离器的负荷较大；在干燥易粉碎的谷物时，过高的温度和气流速度易引起粉尘爆炸。

综上所述，气流干燥适用于干燥含表面水分或非结合水分较多的无机盐结晶、有机塑料的原料等粒状物料。对

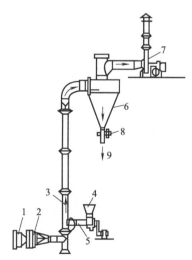

图 2.19 气流干燥器
1—空气过滤器；2—预热器；
3—气流干燥管；4—加料斗；
5—螺旋加料器；6—旋风分离器；
7—风机；8—气封；9—产品出口

于干燥程度要求严格的物料可采用与其他类型干燥器组合的方式进行操作。

3. 沸腾床干燥器

沸腾床干燥器又称流化床干燥器，是流化技术在干燥中的应用。如图2.20是单层沸腾床干燥器的示意图。散粒状的物料从床身的侧面加入，热气流从底部吹入并穿过多孔的分布板与物料接触，只要保持的气流速度在颗粒的流化速度和带出速度（即沉降速度）之间，颗粒既不会静止不动，又不会被气流带走，而是处于流化状态，在气流中上下翻动，使它们的传热传质的速率大大增加，从而达到干燥的目的。带有一部分粉尘的废气由顶部排出，经旋风分离器进行回收。干燥后，减小气流速度或间歇操作时切断电源，使干燥的物料重新落下并从出料管卸出。

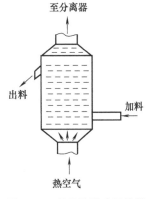

图2.20 单层沸腾床干燥器

沸腾床干燥器的主要优点是：颗粒在干燥器内停留时间比在气流干燥器内长，而且可以任意调节；空气的流速较小，物料与设备的磨损较轻，压降较小；气固接触良好，能得到较低的最终含水量；结构简单、紧凑，造价低，可动部分少，维修费用低。

沸腾床干燥器的缺点是：因颗粒在床中高度混合，可引起物料的短路和返混，物料在干燥器内停留时间不均匀，故干燥器的操作控制要求较高等。

4. 喷雾干燥器

喷雾干燥器主要是用来干燥含水量高达75％～80％以上的溶液，如悬浮液、浆状或熔融液。其原理是将料液在热气流中喷成细雾，使水分迅速蒸发而达到干燥成粉末，因此特别适用于如牛奶、蛋品、洗涤剂、血浆、抗菌素以及染料等热敏性物料的干燥，如图2.21所示。

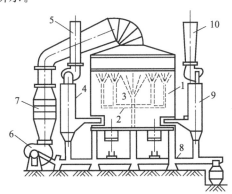

图2.21 喷雾干燥器

1—干燥室；2—旋转十字管；3—喷嘴；
4,9—袋滤器；5,10—废气排出管；
6—送风机；7—空气预热器；8—螺旋卸料器

喷雾干燥器的优点是：干燥时间短，操作稳定；能连续化、自动化生产；可由料液直接获得粉末产品，从而省去了蒸发、结晶、分离及粉碎等操作。

喷雾干燥器的缺点是：体积对流传热系统小；设备体积庞大；基建费用较大；操作弹性较小及热利用率低、能量消耗大；具有自热特性的粉状产品易自燃，因此，必须冷却后进行仓储。

（二）其他干燥设备

1. 滚筒式干燥器

滚筒式干燥器由一个或两个滚筒组成，前者称单滚筒式，后者称双滚筒式。筒内通过加热蒸汽，把料液加在双滚筒之间，当滚筒缓慢旋转时，物料呈薄膜状附着于滚筒外面而被干燥，当转到刮刀处时被刮刀刮下。干燥物料的厚度用两滚筒间的空隙来控制，如图2.22所示。

滚筒转速一般为2～8r/min，薄膜层厚度为0.1～1mm，这种设备适用于干燥稠厚而又不能承受长时间干燥的物料，如染料和塑料等。

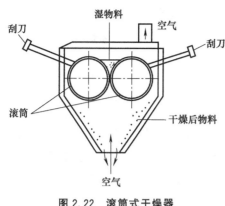

图 2.22　滚筒式干燥器

它有两种加料方式：浸没加料，滚筒可部分地浸在稠厚的悬浮液中；洒溅加料，把稠厚的悬浮液喷洒到滚筒表面。

2. 真空干燥箱

主要用于干燥易燃、易爆物料，或不耐高温或在高温下易于氧化、分解的物料。采用这种干燥设备较为安全，箱外主要通过夹套通入热蒸汽或烟道气加热。里面呈真空状态，空气被排出，挥发出来的易燃、可燃蒸气不会在干燥室内形成爆炸性混合物，并且在真空下干燥温度可控制低些，从而防止由于高温引起物料局部过热和分解。因此，大大降低了火灾、爆炸危险性。被处理的物料可以是浆状、膏状、粉状，甚至纤维状。

3. 电加热干燥器

电加热是利用电流通过有电阻的导体而产生热量的原理进行干燥的。电加热干燥器有移动式电烘箱、固定式电加热干燥装置、电加热烘炉等。电烘箱主要用来烘干小件物品和设备零件。固定式电加热干燥装置定型设备少，大都是根据生产需要而自选设计安装的。电加热烘炉主要用来烘烤一些电动机、发电机等电气设备。

4. 辐射干燥器

辐射干燥器的特点是热能以辐射波形式传给物料。如微波干燥、红外线干燥等。

二、干燥的火灾危险性和防火要求

（一）干燥的火灾危险性

干燥的火灾危险性同设备、被干燥物料的性质、干燥所采用的热源等都有着密切的关系，在气流干燥、沸腾床干燥以及滚筒式干燥中，多以烟道气、热空气为干燥热源。干燥过程中所产生的易燃气体和粉尘同空气混合易达到爆炸极限。在气流干燥中，物料由于迅速运动相互激烈碰撞、摩擦易产生静电。滚筒干燥中的刮刀有时同滚筒壁摩擦产生火花，沸腾床内物料易在角落内积聚，长期烘烤而发生分解。真空干燥过程中如发生误操作将空气引入泵内，或将物料泄入大气中，易形成爆炸性混合物。电加热干燥器发生短路、漏电而产生电火花引燃易燃易爆蒸气。干燥温度较高，干燥时间过长，干燥物料中含有自燃点很低的杂质，机械摩擦产生高热等都是干燥过程中潜在的火灾危险性。

（二）干燥过程中的防火要求

（1）烘房应单独设置，其建筑应为一、二级耐火等级，烘房门应为防火门；若确实因生产需要设在车间厂房内的烘房，烘房门应通向室外，并且应用砖墙与车间其他部位隔开，能产生大量可燃蒸气的物料烘房应设防爆安全门。

（2）严格控制干燥温度。各种干燥设备均应根据不同的情况安装温度显示控制装置，如温度计、温度自动调节系统和报警系统。并保证仪器、仪表灵敏和好用。

（3）使用干燥室或干燥箱（特别是采用金属烟道加热的干燥室）时，应注意防止可燃的干燥物直接接触热源引起燃烧，在干燥室内不得存放其他任何可燃物质。

（4）干燥物料中含有自燃点很低的可燃物质和其他有害杂质，必须在干燥前清除。非封闭的干燥器不得干燥能散发可燃蒸气的物料或用汽油以及其他溶剂洗过的零件。如果必须用烘箱烧烤零件，必须待零件上的汽油或溶剂挥发之后再烧烤。

（5）干燥易燃易爆物质，采用蒸汽加热的真空干燥器比较安全。

（6）沸腾床干燥器要有良好的接地，以导除静电；床内物料要经常清理，防止"死角"积聚的物料长期烘烤分解；清理时宜用有色金属或非金属工具，不用铁器，避免铁器撞击产生火花。

（7）箱式干燥器干燥有易燃易爆气体挥发出来的物料时，烘间内严禁气体再循环，应一次排气。物料盘及支架不宜用铁制作，防止摩擦产生火花。

（8）利用烟道气直接加热可燃物的转筒干燥器，应安装防爆片，以防烟道气混入可燃气体而爆炸。同时，要注意加料不能中断，滚筒中途不能停转，如果干燥过程中滚筒停止转动，应立即关掉烟道气，并充入氮气。

（9）利用电源的干燥器，工作结束时，应切断电源，以防长时间运行，温度升高，引燃物料。

（10）严格按规定控制干燥时间及操作步骤。

（11）干燥室内根据情况宜设置火灾自动报警及固定灭火装置。

（12）干燥室起火，可立即切断电源、热源，关闭其进出通风管道和所有门窗等，并视其情况做好冷却准备工作，使其窒息灭火。不可在灭火力量不足时，匆忙打开门窗导致空气对流加快，使火势迅猛发展。

第五节　蒸馏设备的防火防爆

石油、化工、轻工等生产过程中所要处理的原料、中间产物或粗产品，几乎都是由若干组分组成的混合物。在生产中，常常需要将一些液体混合物分离开，得到较为纯净的产品，这种分离常采用的方法就是用蒸馏。

蒸馏是利用各组分蒸气压（沸点）的差异在加热的情况下，使各组分先后蒸发，冷凝分离成较纯组分的一种操作。其过程是加热、蒸发、分馏、冷凝，得到不同沸点的产品。

一、蒸馏的分类

（一）按操作方法分类

根据蒸馏操作中采用的方法不同，蒸馏分为简单蒸馏、精馏和特殊蒸馏。

1. 简单蒸馏

简单蒸馏装置由蒸馏釜、冷凝器和馏出液容器组成。蒸馏操作将溶液加热使其部分汽化，然后将蒸气引出加以冷凝，这样的操作便称为简单蒸馏。简单蒸馏是分批（间歇）进行的，只适用于粗分，适用于挥发度相差很大的液体混合物的分离，或纯度要求不高的粗略的分离。图 2.23 是它的装置示意图。

简单蒸馏仅能使液体混合物得到有限的分离，适用于轻工业和原料预处理，通常不能满

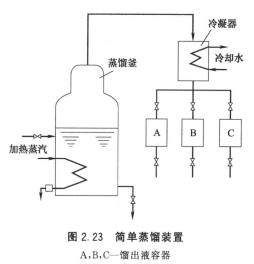

图 2.23　简单蒸馏装置

A,B,C—馏出液容器

足其他工业上的要求。从理论上说可用多次重复蒸馏的方法达到所要求分离的纯度，但却需耗费大量的能源用于加热及冷却，不够经济。为得到高纯度的产品，目前工业上常采用的方法是精馏。

2. 精馏

精馏广泛应用于化工、石油炼制等多种工业部门，如石油炼制过程中，从原油分离出汽油、煤油、柴油及其他产品，从煤焦油中分离出苯、甲苯、二甲苯等都需要用精馏方法完成。许多化工产品，特别是有机产品，只有经过精馏提纯才有实用价值。精馏操作还可用来分离通常条件下为气体的混合物，方法是先将其液化，再用精馏方法进行分离。

把经过简单蒸馏得到初步分离的馏出液，再次经加热釜加热汽化并冷凝，馏出液中组分的含量将进一步提高，如多次的部分汽化和部分冷凝的操作，称为连续精馏。

精馏设备的主要设备是精馏塔。它的外形是一个立式的容器，高度比其直径大得多，与塔相似，故称为塔设备或塔器，除了精馏塔之外，精馏设备还包括再沸器（蒸馏釜）、冷凝器、冷却器、预热器和储槽等。精馏的主要装置和流程如图 2.24 所示。精馏塔加料板以上部分称为精馏段，加料板以下（包括加料板）部分称为提馏段。生产时，原料液不断地经预热器预热到指定温度后进入加料板，与精馏段的回流液汇合逐板下流，并与上升蒸气密切接触，不断地进行传质和传热过程，最后进入再沸器的液体几乎全为难挥发组分，引出一部分作为馏残液送预热器回收部分热能后送往储槽。剩余的部分在再沸器中用间接蒸汽加热汽化，生成的蒸气进入塔内逐板上升，每经一块塔板时，都使蒸气中易挥发组分增加，难挥发组分减少，经过若干块塔板后进入塔顶冷凝器全部冷凝，所得冷凝液一部分作回流液，另一部分经冷却器降温后作为塔顶产品（也称馏出液）送往储槽。

综上分析，将液体混合物进行多次部分气化，难挥发组分便在液相中得到富集；将混合蒸气进行多次部分冷凝，易挥发组分则在气相中得到富集。精馏就是在同一设备（精馏塔）内，同时并多次地进行部分汽化和部分冷凝的操作过程，从而得到几乎纯易挥发组分的馏出液和几乎纯难挥发组分的馏残液。

为使精馏很好地进行，强化生产，减少、减小设备，就必须使气体和液体物料有尽可能多的接触机会，也就是说要在塔内创造尽可能多的接触面积。为此，在塔内设置各种构件，把液体物料分散成各种细小的气泡和液滴，塔内的结构不同就构成了各种塔

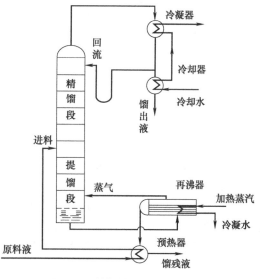

图 2.24　精馏的主要装置和流程

壁,一般来说分为填料塔和板式塔。如图 2.25 和图 2.26 所示。

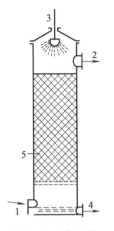

图 2.25　填料塔
1—气体进口；2—气体出口；3—流体进口；
4—流体出口；5—填料

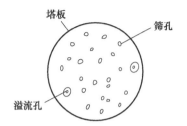

图 2.26　筛板型板式塔

3. 特殊蒸馏

特殊蒸馏是精馏的类型,包括蒸汽蒸馏、恒沸蒸馏、萃取蒸馏等。几种方法虽各有特点,但它们的基本原理都是在混合液中加入第三组分,以增大原来各组分之间的相对挥发度而使其分离。

蒸汽蒸馏,其特点是将水蒸气直接通入蒸馏釜内的混合液中,这样可以降低混合液的沸点,避免物质受热分解或采用高温热源,故常用于热敏性物料的蒸馏或高沸点物质与杂质的分离。但是,这些物质必须与水不互溶。例如,在常压下松节油的沸点高达 185℃,若采用蒸汽蒸馏,只需要 95℃就可以把松节油蒸馏出来。

恒沸蒸馏,又称共沸蒸馏,它的特点是在被分离的混合液中加入一种经过选择的第三组分,使其与原混合液中的一个或多个组分形成新的共沸混合物,且其沸点比原来任一组的沸点都要低,这样,蒸馏时新的共沸物从塔顶蒸出,而塔底产品则为一个纯的组分,从而达到了将原混合液分离的目的。这种蒸馏适用于分离具有共沸组成或相对挥发度接近于 1,用于一般蒸馏方法难以实现分离的混合液。

萃取蒸馏,它同恒沸蒸馏相似,也是向混合液中加入被称为萃取剂或溶剂的第三组分,以达到将混合液分离的目的。不过萃取剂不与原组分形成任何共沸物,而是与混合物互溶,并与其中某一组分具有较强的吸引力,使该组分的蒸气压显著降低,从而加大了原来组分之间的相对挥发度,使其容易分离。萃取剂的沸点比欲分离组分的沸点都要高,因此它基本上不汽化,且和混合液中的某一组分结合成难挥发组分从塔底排出。

(二) 按操作压力分类

在实际生产中,除根据所处理物料的沸点采取不同的加热温度外,操作压力也是一个重要因素,因为压力的改变能改变物质的沸点,亦即改变液体的蒸馏温度。因此,蒸馏根据操作压力不同又可分为常压蒸馏、减压蒸馏和高压蒸馏。

1. 常压蒸馏

工业上绝大多数蒸馏操作都是在常压下进行。一般蒸馏物料的沸点为 30～150℃。

2. 减压蒸馏（真空蒸馏）

在工业生产中，在处理难于挥发的物料（在常压下沸点为 150℃以上）时，应采用减压蒸馏，也称真空蒸馏，使难挥发物料的挥发速度加快。这样可以降低蒸馏温度，防止物料由于加热过高而发生变质、分解、树脂化和局部过热现象，发生意外情况。

3. 加压蒸馏（高压蒸馏）

对于常压下沸点低于 30℃的物料（常压下呈气态混合物），则其挥发速度快，采用常压下的蒸馏，难以得到高纯度的组分，因此应采用加压蒸馏，降低其挥发速度，提高蒸馏的效率，以得到高纯度的蒸馏组分。另外，高压蒸馏可提高蒸馏物料的沸点，使一些在常压下不易操作的蒸馏能方便地在高压下进行，例如：氯乙烯的沸点为 −13.9℃，如采用常压蒸馏则必须降温冷冻，若加压 0.5MPa 进行操作，其沸点可提高到 40℃，这样操作就可在常温下进行。

二、蒸馏设备的火灾危险性和防火要求

蒸馏设备所处理的物料在许多情况下是易燃的或可燃的，操作温度和压力不同，火险特点各异。由于工业中，多数蒸馏设备的负荷较大，一旦发生爆炸或火灾危害相当大，所以这类设备是消防保卫的重点部位。

（一）真空蒸馏的防火要求

真空蒸馏是一种比较安全的蒸馏方法。对于在高温下蒸馏能引起分解、聚合的物料，用减压蒸馏的方法，降低蒸馏温度，可确保安全。但真空蒸馏的火险特点在于，当设备中温度很高时，突然放入或漏入空气，对于某些易爆物质，有引起爆炸或着火危险。例如，某炼油厂减压塔在停工检修前，由于消除真空度过快，塔内油气很浓、温度很高，空气由放空阀大量吸入，导致爆炸事故，塔内有 14 层塔板被炸坏脱落。因此针对其火灾危险特点，对于真空蒸馏应采取相应的防火措施。

（1）真空蒸馏设备应具有密闭性，真空泵应装有单向阀，防止突然停车时空气回流入设备内。真空系统的排气管应通至厂房外，管上应安装阻火器。

（2）真空蒸馏应注意掌握如下操作顺序：先开真空阀门，再开冷却阀门，最后打开蒸气阀门。否则料会被吸入真空泵，引起冲料事故或使设备受压，甚至引起爆炸。

（3）蒸馏完毕后，要注意消除真空。对于特别危险的物质，应待蒸馏设备冷却充入惰性气体后，再停止真空泵的工作，以防止空气回流入蒸馏设备内与蒸馏物质混合，形成爆炸性混合物。

（4）蒸馏易分解的物质，应注意控制加热温度。当加热完毕停止供气时，应注意仔细查看供气阀是否关严，否则易引起受热分解的爆炸事故。

（二）常压蒸馏的防火要求

常压蒸馏的火险特点：一是爆炸，二是物料泄漏自燃或与明火接触而着火。

爆炸的主要原因有：蒸馏设备的出口管道被凝结堵塞，造成设备内部压力升高；保持高温的蒸馏设备内突然进入冷水，冷水瞬间大量氧化而使压力骤然升高，甚至将物料冲出。

自燃的主要原因是：高温物料泄漏出来遇空气引起自燃。蒸气逸出的主要原因是蒸气通过冷凝、冷却设备时，由于冷凝冷却不足致使大量蒸气经过储槽等部位逸出，从而构成火灾危险。

（1）蒸馏系统应密闭。处理有腐蚀性的物料时，要有防腐蚀的措施。如含硫物料在进入塔之前要经除硫处理。设备的各连接处要消除滴漏现象。

（2）操作中要时刻注意保持蒸馏系统的通畅，防止进出管道堵塞，造成危险。

（3）对于热的蒸馏系统，应防止冷水突然进入塔内。操作时，应先将塔内及蒸气管道内的冷凝水放尽后，才能使设备进入正常运转。

（4）直接用火加热蒸馏高沸点物质时，应控制温度，并要防止设备内的自燃点很低的树脂油焦状物遇空气自燃。

（5）冷凝器中的冷却水或冷冻盐水不能中断，防止高温蒸气使后面的设备温度增高，或逸出设备遇明火而引起火灾爆炸事故。

（6）通蒸汽加热时，汽门开启要适宜。防止因开启过大使物料急剧蒸发，大量蒸气排不出去而使压力增高，引起设备爆裂。

（三）高压蒸馏的防火要求

在高压蒸馏中，蒸气或气体在压力下更容易通过设备，管道不严密处向外逸出，造成火灾。

（1）设备应经过严格的耐压检查，必须安装安全阀及温度、压力调节控制装置。在大型石化企业中，安全阀的排放管应通向火柜装置。

（2）应注意消除静电（因为蒸馏物质沸点低、点火能量低，易遇火花爆炸）。

（3）室外蒸馏塔应安装避雷装置。

其余措施同常压蒸馏。

》 第六节　喷涂

喷涂是借助不同的工作原理将涂料雾化成细小的雾滴并送至被涂工件表面的一种涂装方式。喷涂作业过程主要的危险是火灾和爆炸，其次是所使用的设备、电气、带压力的涂料、沉重的涂料容器和噪声所带来的危险。

一、涂料的成分及火灾危险性

涂料是一种液态或固体粉末状的物质，将其均匀覆盖和附着在物体表面形成连续、致密的涂层，并经过自然或人工方法干燥固化，便会形成一层涂膜，涂膜对基体有保护、装饰或其他特殊作用。

（一）涂料的成分

大多数涂料都包含成膜物质、颜料、溶剂、助剂四个组分。

1. 成膜物质

成膜物质是组成涂料的基础，它具有黏结涂料中其他组分形成涂膜的功能，它对涂料和涂膜的性质起着决定性作用。由于早期涂料中使用的主要成膜物是植物油或天然树脂漆，所以常称涂料为油漆。虽然目前涂料中使用的主要成膜物已改为合成树脂，但习惯上有时仍将涂料称为油漆。在具体的涂料名称中有时还用"漆"字，如清漆、磁漆等。

2. 颜料

颜料是色漆中的主要成分，是不溶于水、溶剂及油类的细微粉末，不仅可使涂膜具有色彩，使涂膜对被涂物有更好的遮盖力，而且还能增强涂膜的韧性、耐久性能、抗冲击性等力学性能。有些颜料还能为涂膜提供如防腐蚀、导电、防延燃等特定功能。

3. 溶剂

溶剂是传统使用的涂料中必不可缺的组分，虽然涂料中使用的溶剂包括水，但通常指的是有机溶剂。溶剂在涂料中的作用主要有两个，一是在制备涂料时溶解成膜物质，配成溶剂型涂料，二是在施工过程中稀释涂料，用来改善涂料的可涂布性和改善涂膜的性能。

4. 助剂（添加剂）

助剂虽然在涂料中只占 1%～2%，但它对涂层的物理和化学性能起到非常关键的作用，是涂料中不可缺少的组成部分。

（二）溶剂型涂料和粉末涂料

1. 溶剂型涂料的组成

溶剂型涂料是用有机溶剂作溶剂的涂料，是目前应用最广泛、市场占有份额最大的涂料品种。由成膜物质、颜料、溶剂、助剂四种基本成分相互配合，可得到多种类型的溶剂型涂料。其中只由成膜物与有机溶剂组成的透明涂料称为清漆，在清漆中加入颜料得到的不透明体称为色漆（磁漆、调和漆、底漆），而加有大量体质颜料的稠厚浆状体称为腻子。

2. 粉末涂料的组成

粉末涂料的基本组成通常包括树脂（成膜物）、固化剂及其他助剂和颜料、填料几种成分。在典型的粉末涂料配方中，基料（包括树脂和固化剂）占 50%～60%，颜料及体质颜料占 30%～50%，流平剂及其他助剂占 2%～5%。通常使用的树脂是具有较高相对分子质量和较低官能度的高聚物，有热塑性和热固性之分。固化剂是具有较低相对分子质量和较高官能度的低聚物或化合物。粉末涂料用的颜料和体质颜料与前面介绍使用在溶剂型涂料中的基本相同，而加入的助剂包括固化促进剂、流平剂、增光剂、消光剂、光稳定剂、防结块剂等。

（三）涂料的防火防爆

1. 溶剂型涂料

在液态涂料中除了水基漆外，大多数都含有十分易燃的有机溶剂，它们在喷涂过程中会挥发，在空气中达到一定浓度后也易引起燃烧和爆炸，所以一定要做好通风工作，配备良好的排风系统。在清洗时使用的溶剂大多数是可燃的，使用不当遇到电火花就会引起火灾，因此使用时应特别小心，在涂装区域内不应积存废涂料、废溶剂，地面要清扫干净。为避免清洗过程中溶剂发生燃烧，应只把刚好够用的清洗溶剂带入喷涂区域，溶剂应装在带盖并接地的金属容器中，用于清洗的工具必须用不会产生电火花的材料制成。清洗完毕后，应及时把沾有涂料和溶剂的抹布、棉纱妥善处理，以免发生自燃。而且在喷涂区域一定严禁吸烟。

2. 粉末涂料

当粉尘在空气中的浓度达到一定程度后，就能发生燃烧和爆炸，而且由于粉末涂料在空气中处于流化状态，分散均匀，因此一旦发生燃烧和爆炸就会十分迅速。一般粉尘发生爆炸的浓度下限是 $30g/m^3$，只要超过此值就有爆炸的可能，因此用粉末涂料进行喷涂时特别应注意粉尘引起爆炸的危险，要认真过滤去除空气中的涂料粉尘。

二、喷涂的设备及安全注意事项

根据工作原理的不同，可以分为空气喷涂、高压无气喷涂和静电喷涂，以及由上述基本喷涂形式派生的各种组合方式。

（一）空气喷涂

空气喷涂是靠压缩空气气流从空气帽的中心孔喷出时在涂料出口处形成的负压，使涂料自动流出并在压缩空气的冲击混合下液-气相急骤扩散，涂料被微粒化并充分雾化，然后在气流推动下射向工件表面而沉积成膜的涂漆方法。

空气喷涂设备主要包括空气压缩机、油水分离器、空气喷枪、连接空气压缩机和喷枪的空气胶管及输漆罐等。如果是大批量施工，还应配备有排风装置的喷漆室。在空气喷涂设备中，喷枪是空气喷涂最关键的部件，其作用是把涂料喷成漆雾。目前我国生产的空气喷枪有PQ-1型（对嘴式）和PQ-2型（扁嘴式）两种，见图2.27、图2.28。

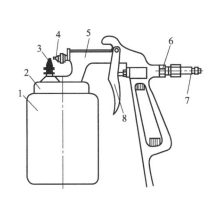

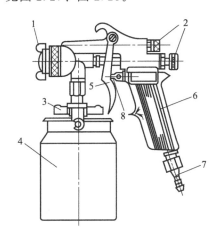

图2.27　PQ-1型空气喷枪结构

1—漆罐；2—罐盖；3—涂料喷嘴；

4—空气喷嘴；5—枪体；6—空气密封螺栓；

7—空气接头；8—枪机

图2.28　PQ-2型空气喷枪结构

1—空气喷嘴调节螺帽；2—输漆及空气调节阀；

3—压紧螺帽；4—涂料罐；5—扳机；

6—手柄；7—压缩空气；8—空气阀杆

（二）高压无气喷涂

高压无气喷涂是20世纪60年代以后兴起的一种喷涂技术，是通过高压泵把涂料加压到11~25MPa的高压，获得高压的涂料在喷枪喷嘴处喷到大气时压力骤减，体积发生剧烈膨胀，并以高达100m/s的速度与空气发生碰撞而雾化成极小的颗粒，被喷到工件表面形成均匀涂膜的喷涂工艺。

1. 高压无气喷涂的设备组成

高压无气喷涂设备主要由动力源、高压泵、蓄压过滤器、输漆管、涂料容器和喷枪组成，如图2.29所示。其中高压泵和喷枪是关键设备，前者为涂料施加高压，后者实现涂料的高压喷涂。

2. 安全注意事项

在使用高压无气喷涂时要特别注意安全，主要是防止高压射流对人体的危害和防止静电

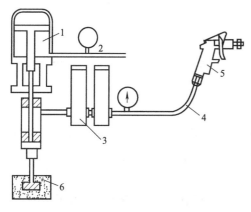

图 2.29　高压无气喷涂设备的组成

1—高压泵；2—动力源；3—蓄压过滤器；
4—输漆管；5—喷枪；6—涂料容器

产生的电火花的危害。

（1）防止高压射流的危害。

由于高压涂料射流的压力可高达 20MPa，它可以穿透人的皮肤，造成严重的内伤，涂料中溶剂会溶解脂肪组织和肌肉表皮神经，不适当的处理会导致坏疽和截肢。因此切记在高压喷涂的过程中不能把喷枪对准人体的任何部位，一旦被高压射流击伤，要立即接受治疗，不可掉以轻心，把伤口只看成一般外伤切口。要向医生说明受伤原因、致伤的涂料名称、其中含有的有机溶剂种类。

（2）防止静电火花的产生。

在高压喷涂系统中，由于液体在软管中高速流动，与管壁发生摩擦就会产生静电荷的积累，积累增加到一定程度就会产生电火花，并引起燃烧和爆炸，这是高压无气喷涂系统中的一种安全隐患。为防止电火花的产生，必须把积累的静电荷及时地释放掉，最好的方法就是使系统中所有的设备具有良好的接地性。不仅在无气喷涂中使用的喷枪和涂料等导管都要有良好的导电性能（涂料软管中埋有金属丝，使用的涂料软管不论长度是多少，在常压下总电阻不能超过 20MΩ），而且使用的高压泵、溶剂罐、涂料桶都应保持接地良好。高压泵运行时不能被置于不接地的平台上，要用接地导线把接地插孔与气动马达连接起来。

（三）静电喷涂

静电喷涂是利用电荷同性相斥、异性相吸的基本特性设计成的一种新型涂漆方法。它是借助直流高压电场的作用，使喷枪喷出的漆雾雾化得更细，同时使漆雾带电，通过静电引力而沉积在带异种电荷的工件表面形成均匀的漆膜，实现涂漆的目的，是将机械雾化与静电引力、斥力结合在一起的一种高效涂装方式。

1. 静电喷涂的设备组成

静电喷涂的主要设备包括高压静电控制器、高压静电发生器和静电喷枪，有些高压静电发生器就设在喷枪内，所以静电喷枪是静电喷涂的关键设备。以圆盘式静电喷涂为例，圆盘式静电喷是在旋杯式静电喷涂基础上发展起来的一种新技术。它的关键设备是一个圆盘式涂料雾化器。由于圆盘式静电喷涂一般是在 Ω 形喷涂室中进行的（由于工件在喷漆室前后的走向类似"Ω"而得名），所以又称 Ω 静电喷涂。Ω 形喷涂室的示意图如图 2.30 所示。

圆盘式静电喷涂设备包括室体、圆盘喷枪、喷枪操作装置及供漆装置等。在圆盘式静电喷枪中有一圆盘式涂料雾化器，它是一个有锐利边缘、直径为 200 ～

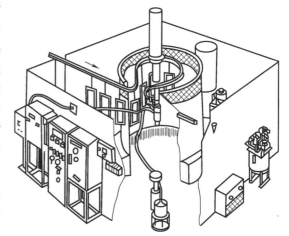

图 2.30　Ω 形喷涂室示意图

600mm、中心部位有一些向下凹陷的圆盘。涂料送入圆盘的中心部位，在旋转过程中从圆盘的边缘部分沿切线方向离心甩出并雾化。产生离心力的旋盘转速一般在 4000r/min，最高可达 6000r/min，在高转速形成的离心力作用下，涂料均匀分散并发生雾化。在高压电场中带上负电荷后进一步雾化，最后喷涂到工件上。通过旋转圆盘作上下往复运动，使挂具上所有的工件都能上下均匀地形成涂膜，工作原理见图2.31。

2. 安全注意事项

静电喷涂中主要的安全隐患是由于电火花引起的燃烧和爆炸，静电喷涂中产生电火花的来源有以下几种：

（1）由于工件接地不良，喷涂时会产生电火花，所以工件一定要良好接地。

（2）静电喷枪的放电极与工件距离太近产生放电火花，所以喷枪电极与工件间的最小安全距离应保持在 2.54cm/10000V 以上。

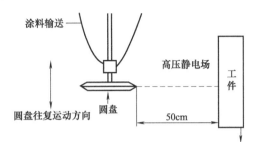

图2.31　圆盘式静电喷枪工作原理示意图

（3）喷涂区域周围的物体、设备、人体未良好接地也会产生电火花，因此静电喷涂时所有的物质（高压系统除外）都必须接地。操作手提式静电喷枪时，手必须裸露，不能戴手套，戴手套时也应将手套的指头套剪掉。工作人员不能穿绝缘性好的橡胶鞋，穿皮鞋可较好地将电荷送至大地，防止静电荷在人体中积累（喷涂导电性涂料时输漆系统不能接地，但要做好绝缘工作）。

（4）清洗过程中工具使用不当，会因摩擦产生电火花，所以应尽量减少工具间的摩擦。

（5）预热或烘干设备温度过高，超过涂料中溶剂的着火点会引起燃烧，因此要做好温控工作。

（6）静电喷涂系统使用多种电器并有高压电源，所以开关电器时有可能引发电火花，因此静电喷涂作业一停止就应立即切断高压电源，接地放电。

三、喷涂作业的防火措施

发生燃烧和爆炸必须具备三个条件：存在氧气，有易燃或可燃物和引爆的火种。由于喷涂环境中不可能做到隔绝氧气，所以只能从去除易燃、可燃物和火种着手避免燃烧和爆炸的发生。

1. 建筑物防火措施

根据我国的规定，喷漆作业厂房的耐火等级、防火距离、防爆和安全疏导措施应根据火灾危险类别符合现行的《建筑设计防火规范》（GB 50016）的要求。如喷漆室的建筑物应由非燃烧体材料组成，耐火等级为一、二级。喷漆室应布置在整个厂区的一侧，并用防火墙与其他车间隔开，在喷漆室的出、入口应装有防火门，与明火的防火间距不少于 30m。喷漆室应设置完善的安全疏散设施，如涂装车间一般应设有两个太平门安全出口，出口的门应向外开，车间内每 30m 应保证配备两个泡沫灭火器、一个 0.3~0.5m³ 容积的灭火沙箱、一套石棉防火服和一把铁铲等消防用具，并备有事故照明和安全疏散标志。在喷涂作业区内严禁使用明火，加热涂料等易燃物时应使用热水、蒸汽等热源，沾有涂料或有机溶剂的棉纱、抹布应放在带盖的金属桶中，并当班清除，严禁乱放。

2. 电气设备防火措施

喷涂作业场内的电热、电器、照明线路等电气设备必须符合防爆安全要求。如：应使用不会产生电火花的笼型电动机、增安型油浸变压器、空气开关、空气断路器。二次启动用的空气控制器应采用隔爆型，小型开关应采用充油型，操作盘和控制盘应采用正压型，配电盘应采用隔爆型，照明灯具也应采用增安型或隔爆型。

电气设备的表面最高温度应符合《爆炸危险场所安全规程》的要求，所有的电气设备、管线、容器都应实施有效接地，以防发生静电聚积和静电放电。电气线路应选用多股铜芯的绝缘导线，导线的截面积应不小于 $1.5mm^2$。

3. 喷漆室防火措施

喷涂作业一定要在专用的喷漆室中进行，严禁在厂房内喷涂，以防其他工区和待处理工件被污染。喷漆室应配备充足的供、排风设备，以消除挥发的溶剂和喷散的漆雾，防止可燃性干漆和挥发溶剂的积累。

喷涂易燃性涂料应尽量在湿式喷漆室中进行，并严禁与其他涂料在同一干式喷漆室内喷涂。如漆渣有高度可燃性的硝基漆，不能与漆渣有自燃发热性的油基合成树脂漆在同一干式喷漆室内喷涂，以免火灾发生。

4. 对可燃物的妥善保管

喷涂作业中使用的油漆和有机溶剂都属于易燃易爆物，所以必须加强管理，主要措施包括以下几点。

(1) 在定点库房妥善储存，库房内不能同时混放其他可燃材料，严禁携带火种进入库房内，要保持库房干燥通风，防止烈日暴晒。双组分聚酯涂料的有机过氧化物要单独存放。

(2) 装运时要小心，注意轻拿轻放，防止撞击，避免敲打、碰撞和摩擦，以免引起静电放电发生火灾。出现桶漏现象时应转移到安全地方换桶或修补，焊接时要远离可燃物。

(3) 配漆要在专门的配漆房进行，不准在仓库内调配油漆，调配场所应与库房有相当远的距离。配漆房周围不得有火源，并配备一定数量的消防设备。配漆房应通风良好、干燥、阴凉并保持合适的温、湿度。配好的漆要盖好桶口，防止溶剂挥发。由于在两个金属料桶间倒油漆或有机溶剂时，可能因产生静电火花而引燃，所以应使用一根长的导管将有机溶剂导入另一个桶的桶底。或将两个桶用金属导线连接起来并接地，消除静电后再倾倒。

(4) 取用量要控制适当。在涂装现场存放的油漆数量应足够一个工作日的需求为限，一般在厂房内最多存放 50L 的油漆和稀释剂，而且要存放在防火的材料箱（柜）中，存放的涂料和溶剂不用时均应将桶盖拧紧盖好，防止溶剂挥发。

(5) 用后残留的涂料和溶剂要妥善收集处理，易燃的涂料和溶剂严禁倒入下水道，废漆渣需深埋或作燃料使用处理掉，易燃的硝基漆残留液要避免与抹布等可燃物接触。半空的漆桶比装满的漆桶具有更大的爆炸危险性，所以绝不允许堆积在厂区内，必须每天及时清理。喷涂作业完毕后清洗喷枪、刷子和涂料容器，都应尽可能在带盖的清洗溶剂桶中进行，不使用时把溶剂桶盖严。

≫ 第七节　焊接

在各种产品制造工业中，焊接与切割（热切割）是一种十分重要的加工工艺。据工业发达国家统计，每年需要进行焊接加工之后才能成为使用产品的钢材占钢消耗总量的45%左右。焊接不仅可以解决各种钢材的连接，而且还可以解决铝、铜等有色金属及铬等特种金属材料的连接，因而广泛地应用于机械制造、造船、海洋开发、汽车制造、机车车辆、石油化工、航空航天、原子能、电力、电子技术、建筑及家用电器等部门。

按照族系法可以将焊接方法分为三类，即熔焊、压焊和钎焊。每一大类方法，例如熔化焊，按能源种类又可细分为电弧焊、气焊、铝热焊、电渣焊、电子束焊、激光焊等（图2.32）。本节介绍焊接方法中应用最广泛、最具代表性的焊条电弧焊和气焊。

一、焊条电弧焊

焊条电弧焊是各种电弧焊方法中发展最早、目前仍然应用最广的一种焊接方法。焊条电弧焊时，在焊条末端和工件之间燃烧的电弧所产生的高温使焊条药皮、焊芯及工件熔化，熔化的焊芯端部迅速形成细小的金属熔滴，通过弧柱过渡到局部熔化的工件表面，融合一起形成熔池，药皮熔化过程中产生的气体和熔渣，不仅使熔池和电弧周围的空气隔绝，而且和熔化了的焊芯、母材发生一系列冶金反应，保证所形成焊缝的性能。随着电弧以适当的弧长和速度在工件上不断地前移，熔池液态金属逐步冷却结晶，形成焊缝。

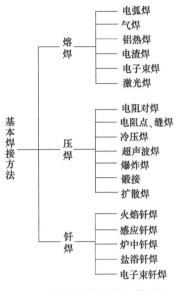

图 2.32 焊接方法分类（族系法）

（一）焊接设备

图2.33所示为焊条电弧焊的基本电路。它由交流或直流弧焊电源、电缆、焊钳、焊条、电弧、工件及地线等组成。

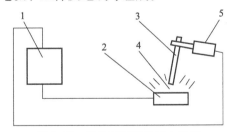

图 2.33 焊条电弧焊的基本电路
1—弧焊电源；2—工件；3—焊条；
4—电弧；5—焊钳

1. 弧焊电源

焊条电弧焊采用的焊接电流既可以是交流也可以是直流，所以焊条电弧焊电源既有交流电源也有直流电源。目前，我国焊条电弧焊用的电源有三大类：弧焊变压器、直流弧焊发电机和弧焊整流器（包括逆变弧焊电源）。前一种属于交流电源，后两种属于直流电源。

2. 焊条

涂有药皮的供焊条电弧焊用的熔化电极称为电焊条，简称焊条。焊条由焊芯和药皮（涂层）两个部分组成，其外形如图2.34所示。焊条

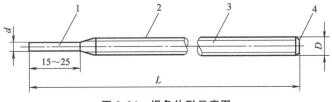

图 2.34 焊条外形示意图
1—夹持端；2—药皮；3—焊芯；4—引弧端

的一端为引弧端，药皮被除去一部分，一般将引弧端的药皮磨成一定的角度，以使焊芯外露，便于引弧。

3. 焊钳

焊钳是用以夹持焊条进行焊接的工具。主要作用是使焊工能夹住和控制焊条，同时也起着从焊接电缆向焊条传导焊接电流的作用。焊钳应具有良好的导电性、不易发热、重量轻、夹持焊条牢固及装换焊条方便等特性。焊钳的构造如图 2.35 所示，主要由上下钳口、弯臂、弹簧、直柄、胶木手柄及固定销等组成。

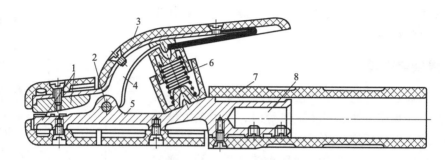

图 2.35　焊钳的构造

1—上下钳口；2—固定销；3—弯臂罩壳；4—弯臂；5—直柄；6—弹簧；7—胶木手柄；8—焊接电缆固定处

4. 常用辅具

焊条电弧焊常用辅具有焊接电缆、面罩、防护服、敲渣锤、钢丝刷和焊条保温筒等。

（二）安全与防护

焊条电弧焊的安全与防护主要包括防止触电、弧光辐射、火灾、爆炸和有毒气体与烟尘中毒等。

1. 防止触电

焊条电弧焊时，电网电压和焊机输出电压以及手提照明灯的电压等都会有触电危险。因此，要采取防止触电措施。

焊接电源的外壳必须要有良好可靠的接地或接零。焊接电缆和焊钳绝缘要良好，如有损坏，要及时修理。焊条电弧焊时，要穿绝缘鞋，戴电焊手套。在锅炉、压力容器、管道、狭小潮湿的地沟内焊接时，要有绝缘垫，并有人在外监护。使用手提照明灯时，电压不超过安全电压 36V，高空作业时不超过 12V。高空作业，在接近高压线 5m 或离低压线 2.5m 以内作业时，必须停电，并在电闸上挂警告牌，设人监护。万一有人触电，要迅速切断电源，并及时抢救。

2. 防止弧光辐射

焊接电弧强烈的弧光和紫外线对眼睛和皮肤有损害。焊条电弧焊时，必须使用带弧焊护目镜片的面罩，并穿工作服，戴电焊手套。多人焊接操作时，要注意避免相互影响，宜设置弧光防护屏或采取其他措施，避免弧光辐射的交叉影响。

3. 防止火灾

隔绝火星。6 级以上大风时，没有采取有效的安全措施不能进行露天焊接作业和高空作业，焊接作业现场附近应有消防设施。电焊作业完毕应拉闸，并及时清理现场，彻底消除火种。

在焊接作业点火源 10m 以内、高空作业下方和焊接火星所及范围内，应彻底清除有机灰尘、木材、木屑、棉纱棉丝、草垫干草、石油、汽油、油漆等易燃物品。如有不能撤离的易燃物品，诸如木材、未拆除的隔热保温的可燃材料等，应采取可靠的安全措施，如用水喷湿、覆盖湿抹布、石棉布等。

4. 防止爆炸

在焊接作业点 10m 以内，不得有易爆物品，在油库、油品室、乙炔站、喷漆室等有爆炸性混合气体的室内，严禁焊接作业。没有特殊措施时，不得在内有压力的压力容器和管道上焊接。在进行装过易燃易爆物品的容器焊补前，要将盛装的物品放尽，并用水、水蒸气或氮气置换，清洗干净；用测爆仪等仪器检验分析气体介质的浓度；焊接作业时，要打开盖口，操作人员要躲离容器孔口。

5. 防止有毒气体和烟尘中毒

焊条电弧焊时会产生可溶性氟、氟化氢、锰、氮氧化物等有毒气体和粉尘，会导致氟中毒、锰中毒、电焊尘肺等，尤其是碱性焊条在容器、管道内部焊接更甚。因此，要根据具体情况采取全面通风换气、局部通风、小型电焊排烟机组等通风排烟尘措施。

二、气焊

气焊是金属熔接应用最早最广泛的焊接方法之一，是由氧气及燃气按一定比例混合燃烧所提供热源。目前气焊主要应用于建筑、安装、维修及野外施工等条件下的钢铁材料焊接。

（一）焊接设备

1. 气体及钢瓶

气焊所用气体是由氧气加乙炔或丙烷、丙烯、氢气、炼焦煤气、汽油及装有添加剂的新型工业燃气混合而成，但在气焊效率及效果上其他燃气均不如氧乙炔气焊，这里主要介绍氧乙炔焊接。

工业用氧气瓶是储存及运输高压气态氧的一种高压容器，它是由优质碳素钢或低合金钢冲压而成的圆柱形无缝容器，头部装有瓶阀并配有瓶帽，瓶体上装有两道防振橡胶圈。氧气钢瓶外表为天蓝色，并用黑漆标以"氧气"字样，现用氧气钢瓶的主要技术参数如表 2.3 所示。

表 2.3　现用氧气钢瓶的主要技术参数

高度/mm	外径/mm	质量/kg	容积/L	工作压力/MPa	水压试验压力/MPa	名义装量/m³	瓶阀型号
1150±20		45±2	33			5	
1370±20	219	55±2	40	15	22.5	6	QF-2 铜阀
1490±20		57±2	44			6.5	

乙炔钢瓶是储存及运输乙炔的一种压力容器，其形状和构造如图 2.36 所示。瓶口安装专用的乙炔气阀，乙炔瓶内充满浸渍了丙酮的多孔物质。乙炔钢瓶外表是白色，并用红漆标以"乙炔"字样，其主要技术参数如表 2.4 所示。

表 2.4　乙炔钢瓶主要技术参数

容积/L	外径/mm	高度/mm	质量/kg	工作压力/MPa	冲装量/kg
41.0	260	1050	～60	1.55	6.3～7.0

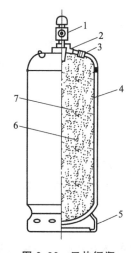

图 2.36　乙炔钢瓶

1—瓶阀；2—瓶颈；3—可溶安全塞；
4—瓶体；5—瓶座；6—溶剂；
7—多孔物质

2. 焊炬

氧气和乙炔通过焊炬的混合室按一定比例混合后由焊嘴喷出，我国目前按燃气和氧气的混合方式的不同，分为射吸式和等压式两种焊炬。

（1）射吸式焊炬。

氧气通过焊嘴以高速进入射吸管，将低压乙炔吸入射吸管。氧气与乙炔以一定的比例在混合室内混合后从焊嘴喷出，点燃混合气体成为所需要的焊接火焰。乙炔压力较低时，由于氧气高速射入吸管而产生的负压，也能保证正常工作（一般乙炔压力大于 0.001MPa 即可），其结构见图 2.37。

（2）等压式焊炬。

氧气和乙炔各自以一定压力和流量进入混合室混合后由焊嘴喷出，点燃后形成气焊火焰。等压式焊炬较射式焊炬结构简单，只要进入焊炬的气体压力不变，就可保证气焊火焰的稳定。等压式焊炬的乙炔压力较高，所以产生回火的概率比射吸式焊炬低。等压式焊炬结构见图 2.38。

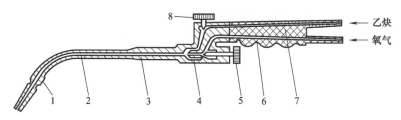

图 2.37　射吸式焊炬结构

1—焊嘴；2—混合室；3—射吸管；4—喷嘴；5—氧气阀；6—氧气导管；7—乙炔导管；8—乙炔阀

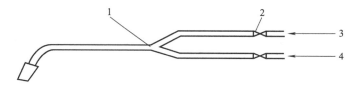

图 2.38　等压式焊炬结构

1—混合室；2—调节阀；3—氧气导管；4—乙炔导管

国产焊炬主要以乙炔燃气为主。近几年新型工业燃气的发展，现在国内部分企业也生产新型燃气焊炬、焊嘴，新型燃气焊炬和乙炔焊炬外形上是一样的，内部结构略有区别，主要是射吸喷嘴孔径加大，乙炔焊嘴为单孔道，新型燃气多孔道。

（3）回火防止器。

回火防止器是装在燃气系统上的一种安全装置。当燃气系统发生回火时，防止火焰或燃烧气体进入燃气管路或燃气源逆燃引起爆炸事故的一种安全装置。在使用乙炔气体的管路场合，必须装置回火防止器，且应设在乙炔源与焊炬之间部位。回火防止器分为干式和湿式两种，干式回火器的应用最为广泛。

干式回火防止器的工作原理及结构：①正常工作时，乙炔从进气管，经过滤网滤去杂质后，通过逆止阀、止火管周围空隙，由出气接头流出供焊炬使用。②当发生回火时，燃烧气体产生的高气压顶开泄压阀泄压，具有微孔的阻火管使火焰扩散速度迅速趋于零，高气压同时经阻火管作用于逆止阀，切断气源，从而阻止了回火的继续扩展。

（4）减压器。

减压器的作用是将钢瓶或管路内的高压气体调节成工作时所用的压力，并保持在使用过程中工作压力的稳定。减压器按使用气体的种类可分为氧气减压器及乙炔减压器及新型工业燃气减压器等。

（二）气焊工艺

乙炔的完全燃烧是按下列方程式进行的：

$$C_2H_2 + 2.5O_2 === 2CO_2 + H_2O + 1302.7kJ/mol \tag{1}$$

根据上述化学方程式，即1个体积的乙炔完全燃烧需要2.5个体积的氧。

燃烧过程中的氧来自焊炬和空气两个途径，反应式如下：

来自焊炬参加反应的氧

$$C_2H_2 + O_2 === 2CO + H_2 + 450.4kJ/mol \tag{2}$$

来自空气中参加反应的氧

$$2CO + H_2 + 1.5O_2 === 2CO_2 + H_2O + 852.3kJ/mol \tag{3}$$

由式（2）看出，1个体积的乙炔与由焊炬提供1个体积的氧气燃烧的火焰为正常焰。但实际上，由于一少部分氢与混合气中的氧燃烧成为水蒸气，以及氧气的不纯缘故，所以由焊炬提供的氧气要多一些，即达到氧气与乙炔的比例为1.1～1.2时才能调成正常焰。正常焰是气焊金属最合适的火焰，应用最广。正常焰从肉眼看有轮廓明显的焰心，焰心的端部成圆形。

当氧气与乙炔的混合比小于1:1时，火焰变成碳化焰。碳化焰的焰心轮廓不如正常焰明显。碳化焰具有较强的还原作用，也有一定的渗碳作用。轻微碳化焰适用于气焊高碳钢、高速钢、硬质合金钢、蒙乃尔合金钢、碳化钨和铝青铜等。

当氧气与乙炔的混合比大于1:2时，火焰变成氧化焰，焰心呈圆锥体形状。氧气过剩时由于氧化焰强烈，火焰的焰心及外焰都大为缩短。燃烧时带有强烈的噪声，噪声的大小决定于氧气的压力和火焰气体中的混合比，混合气中氧气含量越多，噪声越大。轻微的氧化焰适用于气焊黄铜、锰黄铜、镀锌铁等。三种火焰形状见图2.39。正常氧乙炔火焰距离内部焰心的火焰温度见表2.5。

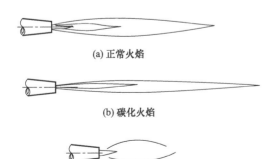

(a) 正常火焰

(b) 碳化火焰

(c) 氧化火焰

图 2.39 三种火焰形状

表 2.5 正常氧乙炔火焰距离内部焰心的火焰温度

距离内部焰心/mm	温度/℃
3	3050～3150
4	2850～3050
11	2650～2850
20	2450～2650

（三）安全与防护

由于乙炔化学性质很活泼，极易发生燃烧爆炸事故。

（1）纯乙炔，当温度＞200～300℃、压力＞0.3MPa时发生放热的聚合反应。当温度＞500℃、压力＞0.15MPa时，乙炔会发生爆炸性分解。压力越高，则聚合过渡爆炸的温度越低。温度越高，则爆炸性分解的压力越低。为了解决乙炔的聚合爆炸的危险性，将乙炔溶解在丙酮里，装在有填料的专用溶解乙炔钢瓶中。

（2）乙炔和铜或银及其盐类长期接触会生成乙炔铜或乙炔银，这两种物质都是极易爆炸的物质，因此规定制造乙炔器的零部件不能采用铜、银及其质量分数高于70％的合金。

（3）乙炔中有氧存在时，其爆炸能力增大。乙炔与空气或纯氧的混合物在常压下温度达到燃点即能爆炸。乙炔在空气中的燃点为305℃，在空气中的爆炸极限是2.3％～80.7％，在氧气中的爆炸极限是2.3％～93％，所以乙炔储存时绝对避免混进空气或氧气。

（4）乙炔的爆炸性与装乙炔的容器的形状、大小有关，容器直径越大越容易爆炸。乙炔不能直接装在使用的容器里，而乙炔气瓶制造工艺是很复杂的。

（5）乙炔由于燃烧速度非常快（空气中为4.7m/s，在氧气中为7.5m/s），回火的速度也相当快，所以规定乙炔各级管路部位均要加装中央回火防止器和岗位回火防止器，并要经常检查其安全性。

（6）发生回火时必须立即关闭乙炔阀，切断乙炔气源。回火排除以后再点火时，一定要先给一些氧气吹除残余碳粒。

思考与练习题

1. 化学反应器有什么样的火灾危险性？
2. 化学反应器的分类有哪些？
3. 化学反应器防火防爆安全措施有哪些？
4. 压力容器、气瓶、锅炉有什么样的火灾危险性？
5. 压力容器、气瓶、锅炉防火防爆安全措施有哪些？
6. 加热设备和换热设备有什么样的火灾危险性？
7. 加热设备和换热设备的分类有哪些？
8. 加热设备和换热设备防火防爆安全措施有哪些？
9. 干燥设备有什么样的火灾危险性？
10. 干燥设备防火防爆安全措施有哪些？
11. 蒸馏设备有什么样的火灾危险性？
12. 蒸馏设备防火防爆安全措施有哪些？
13. 粉末在空气中的浓度达到一定程度后，就会发生燃烧和爆炸，请再列出两个除喷涂作业外还可能会发生粉尘爆炸的生产场所。
14. 喷涂作业中防止静电火花的措施主要有哪几种？
15. 乙炔是如何储存在钢瓶中的，为何不采用加压液化的方式？
16. 使用氧气和乙炔进行焊接，开始时应该先打开氧气阀还是乙炔阀，结束后应该先关闭氧气阀还是乙炔阀？分析其原因。

第三章
石油炼制及储配消防安全

◯ 【学习目标】

1. 了解石油炼制的主要设备、工艺流程；熟悉石油的化学组成、理化性质及火灾危险性；掌握石油化工厂在生产过程中一些常见异常状况的处置措施。

2. 了解石油库的类型、储油方式和分级标准；熟悉石油库的火灾危险性；掌握石油库的防火措施和灭火救援准备工作对策。

3. 了解国内加油加气站的近况，种类和分级；熟悉国内加油加气站的火灾危险性；掌握国内加油加气站的防火管理措施。

4. 了解液化石油的用途及性质；熟悉液化石油气的爆炸特性及火灾危险性；掌握液化石油气站的防火管理措施。

石油化工行业是我国国民经济的支柱产业之一，在国民经济发展中有着不可替代的作用。石油炼制作为石油化工的重要组成部分，是提供能源，尤其是交通运输燃料和有机化工原料的最重要的工业。随着产能规模的进一步扩充、深冷、高温、高压等新技术及 LNG 等新能源不断出现，加之石油化工行业的生产、储存、运输每个环节均存在大量危险化学品，有关危险化学品的各类事故也频频发生，作为火灾防控的源头，加强石油化工企业及相关储配场所的防火防爆工作显得尤为重要。

本章以石油炼制防火防爆知识为龙头，根据产业链和相关国家标准规范，还分别介绍了石油库、汽车加油加气站及液化石油气供应站等与生产生活密切相关的、比较常见场所的防火防爆知识。

》》 第一节　石油炼制

石油化工指以石油和天然气为原料，生产石油产品和石油化工产品的加工工业。石油产品又称油品，主要包括各种燃料油（汽油、煤油、柴油等）和润滑油以及液化石油气、石油焦炭、石蜡、沥青等。生产这些产品的加工过程常被称为石油炼制，简称炼油。石油化工产品以炼油过程提供的原料油进一步化学加工获得。生产石油化工产品的第一步是对原料油和气（如丙烷、汽油、柴油等）进行裂解，生成以乙烯、丙烯、丁二烯、苯、甲苯、二甲苯为代表的基本化工原料。第二步是以基本化工原料生产多种有机化工原料（约 200 种）及合成材料（塑料、合成纤维、合成橡胶）。这两步产品的生产属于石油化工的范围。有机化工原料继续加工可制得更多品种的化工产品，习惯上不属于石油化工的范围。在有些资料中，以天然气、轻汽油、重油为原料合成氨、尿素，甚至制取硝酸也列入石油化工。

本节主要对炼油的工艺进行简介，在分析了火灾危险性后，着重学习相应的防火措施及处置对策，力求掌握石油炼制防火知识的能力，从而应用到石油化工行业的其他方面，为本章第二、三、四节的学习打下基础。

一、石油炼制工艺简介

炼油的基本工艺流程是原油经原油蒸馏装置蒸馏后，通过沸点不同得到轻组分、重组分油品（汽油、煤油、柴油组分），减压塔底渣油重组分经催化裂化装置、延迟焦化装置热裂解、聚合后打开分子链得到汽油、煤油、柴油等轻质油品。为进一步提高油品质量或生产芳烃组分，经原油蒸馏、催化裂化、延迟焦化装置得到的轻组分经催化重整、加氢裂化、汽油加氢、煤油加氢、柴油加氢装置得到高辛烷值的汽油、煤油、柴油燃料油或芳烃等产品，每一套装置内都会产生液化烃。

石油化工企业原油蒸馏装置称为一次加工装置，原油蒸馏装置产出的产品往往作为二次加工装置的原料。

二次加工装置一般包括：催化裂化、延迟焦化、催化重整、加氢裂化、酮苯脱蜡等，渣油加工还有热裂化或者减黏裂化、溶剂脱沥青、渣油加氢裂化等工艺。

生产辅助系统有热电装置、空分装置、循环水装置、产品储存、运输的油库、调运设施等。按生产工艺流程，本书着重对石油炼制的常减压、催化裂化、延迟焦化、催化重整及加氢五套装置进行介绍。

（一）常减压装置

常减压装置是将原油用蒸馏的方法分割成为不同沸点范围的组分，以适应产品和下游工艺装置对原料的要求。常减压蒸馏装置是炼油厂加工原油的第一个工序，在炼油厂加工总流程中有重要的作用，常被称为"龙头"装置。常减压蒸馏主要是通过精馏过程，在常压和减压的条件下，根据各组分相对挥发度的不同，在塔盘上气液两相进行逆向接触、传质传热，经过多次汽化和多次冷凝，将原油中的汽、煤、柴馏分切割出来，生产合格的汽油、煤油、柴油和蜡油及渣油等。

根据不同的原油和不同的产品，考虑不同的加工方案和工艺流程，常减压蒸馏装置可分为燃料型、燃料-润滑油型和燃料-化工型三种类型。这三者在工艺过程上并无本质区别，只是在侧线数目和分馏精度上有些差异。燃料-润滑油型常减压蒸馏装置因侧线数目多且产品都需要汽提，流程比较复杂；而燃料型、燃料-化工型则较简单。常减压装置如图 3.1 所示。

图 3.1　常减压装置

常减压蒸馏的工艺流程一般分为：初馏、常压蒸馏和减压蒸馏。如图 3.2 所示。

1. 初馏

脱盐、脱水后的原油换热至 215～230℃进入初馏塔，从塔顶蒸馏出初馏点－130℃的馏分冷凝冷却后，其中一部分作塔顶回流，另一部分引出作为重整原料或较重汽油，又称初顶油。

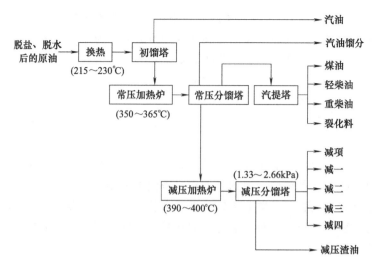

图 3.2 常减压蒸馏的工艺流程示意图

2. 常压蒸馏

初馏塔底拔头原油经常压加热炉加热到 350～365℃，进入常压分馏塔。塔顶打入冷回流，使塔顶温度控制在 90～110℃。由塔顶到进料段温度逐渐上升，利用馏分沸点范围不同，塔顶蒸出汽油，依次从侧一线、侧二线、侧三线分别蒸出煤油、轻柴油、重柴油。这些侧线馏分经常压汽提塔用过热水蒸气提出轻组分后，经换热回收一部分热量，再分别冷却到一定温度后送出装置。塔底约为 350℃，塔底未汽化的重油经过热水蒸气提出轻组分后，作减压塔进料油。为了使塔内沿塔高的各部分的气液负荷比较均匀，并充分利用回流热，一般在塔中各侧线抽出口之间，打入 2～3 个中段循环回流。

3. 减压蒸馏

常压塔底重油用泵送入减压加热炉，加热到 390～400℃进入减压分馏塔。塔顶不出产品，分出的不凝气经冷凝冷却后，通常用二级蒸气喷射器抽出不凝气，使塔内保持残压1.33～2.66kPa，以利于在减压下使油品充分蒸出。塔侧从一二侧线抽出轻重不同的润滑油馏分或裂化原料油，它们分别经汽提、换热冷却后，一部分可以返回塔作循环回流，一部分送出装置。塔底减压渣油也吹入过热蒸汽汽提出轻组分，提高拔出率后，用泵抽出，经换热、冷却后出装置，可以作为自用燃料或商品燃料油，也可以作为沥青原料或丙烷脱沥青装置的原料，进一步生产重质润滑油和沥青。

（二）催化裂化装置

催化裂化是炼油工业中最重要的一种二次加工工艺，在炼油工业生产中占有重要的地位，也是重油轻质化的核心工艺。催化裂化过程是以减压渣油、常压渣油、焦化蜡油和蜡油等重质馏分油为原料，在常压和 460～530℃，经催化剂作用，发生的一系列化学反应（裂化、缩合反应），转化生成气体、汽油、柴油等轻质产品和焦炭的过程。催化裂化装置一般由三部分组成：反应-再生系统、分馏系统和吸收-稳定系统。催化裂化工艺流程示意如图3.3所示。

（三）延迟焦化装置

延迟焦化是通过热裂化将石油渣油转化为液体和气体产品，同时生成浓缩的固体炭材

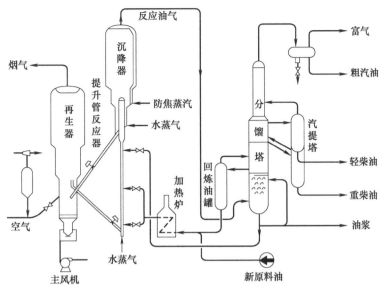

图 3.3 催化裂化的工艺流程示意图

料——石油焦。在该过程中通常使用水平管式火焰加热炉加热至 485~505℃的热裂化温度。由于反应物料在加热炉管中停留时间很短,焦化反应被"延迟"到加热炉下游的焦化塔内发生,称为延迟焦化。

延迟焦化简要工艺流程如下:原料经换热后进入加热炉对流段,加热到 340℃左右进入焦化分馏塔下部,与来自焦炭塔顶部的高温油气进行换热,原料与循环油从分馏塔底抽出,送至加热炉辐射段加热到 500℃左右再进入焦炭塔,在焦炭塔内进行深度裂解和缩合,最后生成焦炭和油气,反应油气从焦炭塔顶进入分馏塔,而焦炭则聚结在焦炭塔内,当塔内焦炭达到一定高度后,加热炉出口物料经四通阀切换到另一个焦炭塔,充满焦炭的经过大量吹入蒸汽和水冷后,用高压水进行除焦。分馏塔则分离出气体、粗汽油、柴油、蜡油,气体经分液后进入燃料气管网,汽油组经加氢精制作为化工原料,焦化柴油经加氢后生产柴油,焦化蜡油则作为催化原料。其工艺流程如图 3.4 所示。

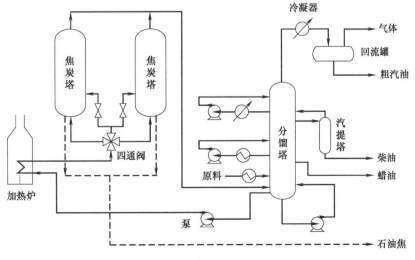

图 3.4 延迟焦化简要工艺流程

（四）催化重整装置

所谓催化重整，就是指原料中的烃分子，在催化剂的作用下，重新排列或转化成新的分子结构的过程。催化重整是炼油工艺中重要的二次加工方法之一，它以石脑油、常减压汽油为原料，制取高辛烷值汽油组分和苯、甲苯、二甲苯等有机化工原料，同时副产廉价氢气。

根据催化剂的再生方式不同，装置主要分为固定床半再生催化重整和催化剂连续再生的连续重整。根据目的产品不同可分为以生产芳烃为目的、以生产高辛烷值汽油为目的、以及二者兼而有之的三种装置类型。

（五）加氢装置

加氢装置的目的是为了提高汽油、柴油的精度和质量。可分为加氢裂化和加氢精制两种类型，加氢裂化是在高温、高压及加氢裂化催化剂存在下，通过一系列化学反应，使重质油品转化为轻质油品，其主要反应包括：裂化、加氢、异构化、环化及脱硫、脱氮和脱金属等。

加氢精制主要用于油品精制，其目的是在高温（250～420℃）、中高压力（2.0～10.0MPa）和有催化剂的条件下，在油品中加入氢，使氢与油品中的非烃类化合物等杂质发生反应，从而将后者除去。以常压蒸馏装置提供的直馏柴油和催化裂化装置提供的催化柴油为原料，新氢由催化重整装置提供，经过加氢精制工艺生产柴油，作为优质柴油调和组分送往调和罐区，副产的精制石脑油作为重整预处理装置的原料。

二、常见生产装置火灾危险性

（一）原料、中间体及产品的易燃易爆性

石油炼制，从原料到产品，包括工艺过程中的半成品、中间体、各种溶剂、添加剂、催化剂、引发剂、试剂等，绝大多数属于易燃易爆物质，这些物质多以气体和液体状态存在，极易泄漏和挥发，尤其在加工生产过程中，工艺操作条件苛刻，有高温、深冷、高压、真空，许多加热温度都达到和超过了物质的自燃点，一旦操作失误或因设备失修，便极易发生火灾爆炸事故。

（二）生产装置的火灾危险因素

从生产方式来看，装置一旦投入生产，不分昼夜，不分节假日，长周期连续作业。在联合企业内、厂际之间、车间之间、工段之间、工序之间，管道互通，原料产品互通互供，上游的产品是中游的原料，中游的产品又是下游的原料，形成相互依存、不可分割的有机整体。任何一点发生泄漏，可燃易燃物料都有发生爆炸燃烧的可能，而任何一点发生爆炸燃烧，都可以引发更大范围的爆炸燃烧，形成连锁反应，导致泄漏、着火、爆炸、设施倒塌等连锁性复合型灾害，如工艺及消防措施不到位，极易引发系统的连锁反应和多种险情。

石油化工生产装置都是以管道、反应容器、加热炉、分馏塔等为基础，布置相应框架构成一个整体的装置进行生产，框架的布局从下到上依次是泵（液相、提供动力）—换热器（热能交换）—回流罐（气液分离）—空冷器（初级降温），危险性也在逐步递增。但每套装置又有其特殊的火灾危险性。

1. 常减压装置火灾危险性

常减压装置由炉区、热油泵房、塔区及换热区四个部分构成。

炉区包括常压炉、减压炉。这个区域属于高温区、明火区。一是常压炉的加热介质为初馏塔底油，减压炉的主要介质为常压重油，介质为重质组分，炉管内易结焦，造成局部过热导致炉管破裂引起漏油着火。二是加热炉的燃料为燃料油或煤气，如果在开停工过程中操作错误，会发生炉膛爆炸的事故。

热油泵房主要包括常压塔底泵和减压塔底泵，介质分别是 350~360℃ 的常压塔底油和380~390℃ 的减压塔底油，这两种介质都高于该油品的自燃点，油泵高速运转时一旦出现泄漏会立即自燃起火，发生大面积的火灾事故。

2. 催化裂化装置火灾危险性

反再系统中反应器与再生器间有再生斜管和待生斜管连通，两器必须保持微正压，如果两器的压差和料位控制不好，将出现催化剂倒流，流化介质互串而导致设备损坏，或发生火灾爆炸事故。分馏系统高温油气从反再系统通过大油气管线系统进入分馏塔，含有催化剂的粉末的油气在高速流动下容易冲蚀管线及设备，造成火灾事故。吸收稳定系统压力高，而且介质均为轻组分，硫化物也会聚集在该系统，易造成设备腐蚀泄漏或硫化亚铁自燃，而发生火灾爆炸事故。从物料上看，吸收稳定系统含有液化烃，易发生爆炸。硫化氢属于剧毒物质，在该装置内三个系统中的火灾风险最高。

3. 延迟焦化装置火灾危险性

焦化塔是延迟焦化装置的火灾危险性较大的部位，主要危险点：一是下部的四通阀，因受物料中的焦炭摩擦和黏附的影响，极易泄漏，而泄漏的油品的温度已超过自燃点，容易造成火灾；二是焦化塔上盖由于控制系统失灵，使塔电动阀门自动开启，高温油气冒出，自燃着火；三是正在生产运行的焦化塔下口法兰泄漏着火。由于下口法兰紧固力不均匀，存在偏口现象，但生产料位的提高，塔下门法兰处所承受的压力增大，紧固螺栓伸长，或者垫片质量问题，都会导致焦炭塔下口泄漏，高温渣油遇空气自燃。

4. 催化重整装置火灾危险性

催化重整装置反应过程中伴随有氢气产生。氢气为甲类可燃气体，爆炸极限为 4.0%~75.6%，因装置问题和操作不当易引发爆炸。该装置火灾危险性较大的设备：一是反应器，预加氢反应和重整反应都在反应器内进行，器内不仅有昂贵的催化剂，而且充满着易燃易爆烃类、氢气等物质，操作温度高，压力较大，如反应器超温、超压，处理不当或不及时，将会使反应器及其附件发生开裂、损坏，导致泄漏，而引起火灾爆炸事故；二是高压分离器，反应物质在高压分离器进行油、气、水三相分离，同时该分离器又是反应系统压力控制点，如液面过高，会造成循环氢带液，而损坏压缩机，使循环氢泄漏；液面过低，容易出现高压串低压，引发设备爆炸事故。还有各安全附件，如安全阀、液面计、压力表、调节阀、控制仪表等任何一项失灵，都有可能导致爆炸事故的发生。

5. 加氢装置火灾危险性

加氢装置的火灾危险性在于大量气/液态的氢气存在于炉、塔及各种容器内，若压力失衡则易引发氢气泄漏，而氢气的爆炸极限较宽，燃烧时不易察觉。因此在处置该类型火灾时，必须分梯次进入现场，携带侦检仪器，实时监测氢气含量，做好防爆工作。处置过程中严禁使用直流水对加氢反应器进行射水，选择阵地时尽量使用移动炮以减少现场处置人员。

（三）特殊工艺过程的火灾危险性

石油化工生产的开车、停车、检修或生产过程中，通过置换、清扫对设备、工艺管线、生产车间内的易燃易爆、有毒物质进行处置，有利于生产的安全。但置换、清扫清洗作业本身具有特殊的火灾危险性，置换、清扫清洗不彻底，取样分析结果不符合标准，置换后可燃气体没有排入安全场所，以及操作人员责任心不强等，都可能导致火灾或爆炸事故。

石油化工生产检修作业中，动火作业是一种常用的补焊修复方法。实际操作中，因动火作业手续不全、动火前进行动火分析的时间不符合要求或分析化验结果不明确、动火作业前的隔离措施不当、不按动火作业规程进行动火焊接补漏、监护措施不得力等因素，都可能酿成火灾或爆炸事故。

（四）生产装置设备材质为金属构造，联合布局易发生垮塌，消防作业场地受限

石化生产装置塔、釜、泵、罐、槽、炉、阀、管道等设备及承载框架大多为金属构造，以 2000kt/a 重油催化装置为例，各种金属设备总重达 16000t。金属在火灾状况下强度下降，易发生变形倒塌，装置区域内换热器、冷凝器、空冷器、蒸馏塔、反应釜，以及各种管廊管线和操作平台等成组立体布局，造成灭火射流角度受限制，受地面有流淌火影响阵地选择困难，设备中间部位着火设备及其邻近设备的一般灭火与冷却射流的作用有限。

三、防火措施

针对石油化工行业原料的火灾爆炸危险性和生产装置的及工艺过程中的火灾爆炸危险性特点，石油化工企业的安全设计及防火防爆措施应遵守现行国家有关标准、规范和规定。

本书根据《石油化工企业设计防火规范》（GB 50160），按照规范"先一般后特殊"的原则，限于篇幅原因，着重介绍一般规定和特别重要的强制性条文，有关储运的知识将在下一节的内容涉及。

需要指出的是，工艺本身设计、本质安全条件、技术成熟度及企业自身运行管理水平往往是火灾防控最为重要的关键点，消防设计、固定消防设施往往解决火灾已经发生的初期阶段，而灭火救援则是火灾防控的最后一道防线。因此，在进行整体设计时，应牢牢把握工艺优先，突出消防，为灭火救援创造条件的原则进行，不能生搬硬套照搬规范。此外，防火和灭火救援工作应根据不断发展的新技术、新工艺进行相应的调整。

（一）区域规划与工厂总平面布置、厂区道路、厂内铁路

1. 区域规划

石油化工企业的生产区宜位于邻近城镇或居民区全年最小频率风向的上风侧，且宜邻近天然水源；在山区或丘陵地区，应避免布置在通风不良的地段；在沿江岸布置时，宜位于邻近江河的城镇、大型锚地、船厂等重要建筑物或构建物的下游。公路和地区架空电力线路严禁穿越生产区。地区输油（输气）管道不应穿越厂区。

2. 工厂总平面布置

根据上述石油化工企业的生产特点，为了安全生产，满足各类设施的不同要求，防止或减少火灾的发生及相互间的影响，在总平面布置时，应结合地形、风向等条件，将上述工艺装置、各类设施等划分为不同的功能区，既有利于安全防火，也便于操作和管理。

3. 厂区道路

工厂主要出入口不应少于两个，且应设于不同的方位。厂区道路应尽量作环状布置，对火灾危险性大的工艺生产装置，储罐区及桶装易燃、可燃液体堆场，在其四周应设道路。消防车道的路面宽度不应小于 9m，路面内缘转弯半径不宜小于 18m，路面上净空高度不应低于 5m。

4. 厂内铁路

易燃及可燃液体和液化石油气及危险性的铁路装卸线应为平直段。甲、乙类生产区域内

不宜设有铁路线。

（二）工艺装置和系统单元

工艺设备（以下简称设备）、管道和构件的材料应符合下列规定：

（1）设备本体（不含衬里）及其基础，管道（不含衬里）及其支、吊架和基础应采用不燃烧材料，但储罐底板垫层可采用沥青砂；

（2）设备和管道的保温层应采用不燃烧材料，当设备和管道的保冷层采用阻燃型泡沫塑料制品时，其氧指数不应小于 30；

（3）建筑物的构件耐火极限应符合《建筑设计防火规范》（GB 50016）的有关规定。

此外，根据石油化工生产特点，《石油化工企业设计防火规范》（GB 50160）还从装置内布置、泵和压缩机、污水处理厂和循环水厂、泄压排放和火炬系统及钢结构耐火保护等火灾防控的关键点进行详细规定，限于篇幅原因，本书将不再展开。

（三）管道布置

1. 厂内管线综合

全厂性工艺及热力管道宜地上敷设；沿地面或低支架敷设的管道不应环绕工艺装置或罐组布置，并不应妨碍消防车的通行。管道及其桁架跨越厂内铁路线的净空高度不应小于 5.5m；跨越厂内道路的净空高度不应小于 5m。在跨越铁路或道路的可燃气体、液化烃和可燃液体管道上不应设置阀门及易发生泄漏的管道附件。

可燃气体、液化烃、可燃液体的管道横穿铁路线或道路时应敷设在管涵或套管内。永久性的地上、地下管道不得穿越或跨越与其无关的工艺装置、系统单元或储罐组；在跨越罐区泵房的可燃气体、液化烃和可燃液体的管道上不应设置阀门及易发生泄漏的管道附件。

2. 工艺及公用物料管道

进、出装置的可燃气体、液化烃和可燃液体的管道，在装置的边界处应设隔断阀和 8 字盲板，在隔断阀处应设平台，长度等于或大于 8m 的平台应在两个方向设梯子，以利迅速关闭阀门。

3. 含可燃液体的生产污水管道

生产污水管道互通，若可燃气体串入其他区域时，与点火源可能发生爆炸，沿下水道蔓延几百米甚至 1000m，数个井盖崩起，难于扑救、难于研判，对现场处置人员造成了较大的风险。排水管道在各区之间用水封隔开，确保某区的排水管道发生火灾爆炸事故后，不致串入另一区。因此做出如下规定。

生产污水管道的下列部位应设水封，水封高度不得小于 250mm：

（1）工艺装置内的塔、加热炉、泵、冷换设备等区围堰的排水出口；

（2）工艺装置、罐组或其他设施及建筑物、构筑物、管沟等的排水出口；

（3）全厂性的支干管与干管交汇处的支干管上；

（4）全厂性支干管、干管的管段长度超过 300m 时，应用水封井隔开。

（四）消防

1. 消防水源及泵房

当消防用水由工厂水源直接供给时，工厂给水管网的进水管不应少于两条。当其中一条发生事故时，另一条应能满足 100% 的消防用水和 70% 的生产、生活用水总量的要求。消防用水由消防水池（罐）供给时，工厂给水管网的进水管，应能满足消防水池（罐）的补充水和 100％的生产、生活用水总量的要求。

消防水泵应设双动力源；当采用柴油机作为动力源时，柴油机的油料储备量应能满足机组连续运转 6h 的要求。

2. 消防站的位置

（1）消防站的服务范围应按行车路程计，行车路程不宜大于 2.5km，并且接火警后消防车到达火场的时间不宜超过 5min。对丁、戊类的局部场所，消防站的服务范围可加大到 4km；行车车速按每小时 30km 考虑，5min 的行车距离即为 2.5km。

（2）应便于消防车迅速通往工艺装置区和罐区。

（3）宜避开工厂主要人流道路。

（4）宜远离噪声场所。

（5）宜位于生产区全年最小频率风向的下风侧。

3. 火灾报警系统

石油化工企业的生产区、公用及辅助生产设施、全厂性重要设施和区域性重要设施的火灾危险场所应设置火灾自动报警系统和火灾电话报警。

此外，消防给水管道及消火栓，消防水炮、水喷淋、水喷雾，低倍数泡沫灭火系统，蒸汽灭火系统，灭火器设置等均应满足相关的规范标准。

需要特别指出的是，从火灾防控角度出发，需要特别关注液化烃的消防安全，尤其是涉及液化烃的装置、管道、储罐等，这是由液化烃本身的火灾危险性决定的，国家标准规范中很多都是专门针对液化烃提出的，因此在实际的防灭火工作中也应尤为注意。

四、火灾爆炸事故的处置对策措施

在石油化工生产中，当发生突然停电、停水、停汽、停风溢料和泄漏等紧急情况时，生产装置就要停车处理，此时若处理不当，就可能发生事故。

（一）停电

电力中断，会使水泵、搅拌机停转，冷却水无法供应，物料混合不匀，反应无法移出等危险。对电力中断的处置，最好的方法是迅速恢复电力供给（石油化工生产工艺要求关键设备一般都应具备双电源联锁自控装置），如因电路发生故障装置全部无电时，应迅速采取人工搅拌、压入高压水（工艺许可情况下）、紧急排料等处置措施，控制反应温度、速度及副反应、过反应的发生，及时抑制事故的继续发展。

（二）停水

局部停水可视情况减量或维持生产，如大面积停水则应立即停止生产进料，注意温度压力变化，如超过正常值时，应视情况采取放空降压措施。

（三）停汽

停汽后加热设备温度下降，汽动设备停运，一些在常温下呈固态而在操作温度下为液态的物料，应防止凝结堵塞管道。另外，应及时关闭物料连通的阀门，防止物料倒流至蒸汽系统。

（四）停风

当停风时，所有以气为动力的仪表、阀门都不能动作，此时必须立即改为手动操作。有些充气防爆电器和仪表也处于不安全状态，必须加强厂房内通风换气，以防可燃气体进入电器和仪表内。

（五）溢料和泄漏

溢料和泄漏是生产操作中经常发生的异常现象，设备损坏、管道破裂、人为操作失误、反应失去控制等原因都会造成溢料和泄漏。若溢出物或泄漏物为可燃物，则发生火灾或爆炸的危险性极大，石油化工行业许多事故都是由此引发的。操作中如发生溢料，应先控制一切火源，限制溢料流淌或汽化扩散。同时采取冷却降温或导料等措施防止物料继续溢出。对溢出的物料应尽快予以收集或采取稀释、排除等方法处理干净，有条件时可采用大量喷水系统在装置周围和内部形成水雾，以达到冷却有机蒸气，防止可燃物泄漏到附近装置中的目的。

泄漏的应急处置措施包括堵漏、防止泄漏物质扩散、加强监督、管理好火源等。对微小泄漏一般采取紧固、拆换垫圈、及时补焊、带气烧焊等措施及时堵漏；对大量泄漏要利用防火堤、围堰、围墙等设施或采取水枪喷雾的方法将泄漏物限制在局部范围内。此外，应在易产生泄漏的容器、设备或库房内安装检测报警系统，并加强维护，做到泄漏早期及时报警。

第二节　石油库

自从有了石油的开采，就有了石油的储运问题。石油储运中关键是"储"，它是"运"的基础，而储运油料的主要场所即为石油库。它具有协调各种油品生产、处理和销售转运等多种功能，是连接石油及其产品生产、加工、储存、运输、供应的纽带，是国家的能源储备能力及整体国民经济发展的重要保证。石油库、化工液体储罐区一般由固定顶、外浮顶、内浮顶、液化烃等储罐构成。从储存介质看，储存有原油、成品油及其他易燃可燃、有毒的液体危险化学品，容量大，介质杂。从运行工艺上看，各个罐组上下游关联紧密，易引发连锁反应。因此，做好石油库防火安全工作，对国家的能源战略安全和社会稳定具有十分重要的意义。

一、石油库的种类和分级

石油库是指收发、储存原油、成品油及其他易燃和可燃液体化学品的独立设施。化工液体储罐区一般位于石化仓储企业（也称化工液体仓储企业）内。

从使用性质上看，石油库可分为企业附属石油库和单独的油品储存企业。前者作为石化企业的一部分，为其生产或运行服务；后者作为单独的企业，储存油品进行期货交易或为下游企业提供原料。

从储存的介质上看，专门储存原油的称为石油储备库；企业附属石油库则一般储存原油、成品油及其他易燃和可燃液体化学品；石化仓储企业除储存易燃和可燃液体化学品外，还可能储存有毒、有腐蚀（如浓硫酸、浓盐酸）等危险化学品。石油库一般指企业附属石油库、石油储备库。

（一）企业附属石油库

企业附属石油库是指设置在非石油化工企业界区内并为企业生产或运行服务的石油库，

是化工原料、中间产品及成品的集散地，是大型化工企业的重要组成部分，也是石化安全生产的关键环节之一。其主要储存大量的原油、各种型号的成品油（汽油、煤油、柴油、润滑油等）、半成品油（待调制及加工油）、液化烃，还储存大量的有机化工原料和基本合成有机原料，如三烯（乙烯、丙烯、丁烯）、三苯（苯、甲苯、二甲苯）、氢气、氧气、氨、丙酮、乙醇、环氧乙烷、环氧丙烷等。图3.5为某石化企业装置区与储罐区平面图。

图3.5　某石化企业装置区与储罐区平面图

企业附属石油库一般分为原料区、中间罐区及成品罐区。各个罐区通过管廊管线与相应的生产装置相连，根据各个企业生产工艺的不同，原料罐区一般储存原油、渣油、重油、石脑油等工艺流程的上游原料；成品罐区一般储存汽油、煤油、柴油等合格产品；中间罐区储存装置在运行过程中产生的各类中间产品。此外，装置生产中产生的液化烃则由液化烃罐区进行储存。

（二）石油储备库

石油储备库是国家石油储备库和企业石油库的统称。国家石油储备库是指国家投资建设的长期储存原油的大型油库，企业石油库是指企业自主经营的储存原油的大型油库。某石油储备库如图3.6所示。

图3.6　某石油储备库

（三）化工液体储罐区

化工液体储罐区除储存有各类易燃的油品外，还储存有毒、有腐蚀性的各类危险化学品。化工液体位于石化仓储企业内，石化仓储企业是指专门针对石化原料及产品的装卸、接收、储存、中转、分输、分装、运输的企业，是连接石化产品供应方和需求方的纽带。需要指出的是，化工液体储罐区作为一类单独的石化仓储企业，目前国家标准规范并未对其作出定义，一般参照石油储备库进行相关设计。

（四）石油库的分级

从安全防火的角度考虑，将油库容量按大小分为六级（表3.1）。

表 3.1 油库等级划分

等级	石油库储罐计算总容量 TV/m^3	等级	石油库储罐计算总容量 TV/m^3
特级	$1200000 \leqslant TV < 3600000$	三级	$10000 \leqslant TV < 30000$
一级	$100000 \leqslant TV < 1200000$	四级	$1000 \leqslant TV < 10000$
二级	$30000 \leqslant TV < 100000$	五级	$TV < 1000$

二、石油库火灾危险性

石油库及化工液体储罐区常见事故形式包括泄漏、燃烧、爆炸、中毒等；常见火灾形式包括管线阀门及软管交换站泄漏燃烧爆炸、储罐及罐组燃烧爆炸、流淌火、池火等。一旦发生事故，若对单一点的事故处置不当（如单个罐、管线阀门发生事故），极易引发罐区火灾，其特点如下。

（一）多种介质并存，火场情况复杂

罐区内储存有各类液态危险化学品，储存容量较大，且理化性质各异：各类油品易燃易爆，重质油品易发生沸溢喷溅，轻质油品燃烧热辐射强烈；液化烃一旦发生泄漏极易汽化发生空间闪爆；各类有毒、有害、有腐蚀危化品对周围及现场处置人员危害极大；有的危化品燃烧受热后释放出剧毒物质，如硫化氢、光气等易造成人员大面积伤亡。以上几种特性的危化品并存于同一罐区，火灾危险性不同，着重防范的风险点有所侧重，情况较为复杂。

（二）储罐类型多样，火灾形式各异

罐区内固定顶、外浮顶、内浮顶（易熔盘、单盘、双盘）、液化烃（全压力、半冷冻、全冷冻）、制冷罐、保温储罐并存，每种类型储罐的本质安全条件和火灾形式特点各异。储罐事故的灾害类型、处置方法、手段、措施、装备、防范风险点有所不同，对处置技术和处置能力要求较高。

（三）罐组相互关联，易引发连锁反应

石化仓储企业罐组之间、石化生产企业罐组与装置通过管道相互关联，一旦发生事故，易引发上下游罐组、装置发生连锁反应。受热辐射、流淌火等因素影响，单个罐组内、相邻罐组间储罐易发生爆炸燃烧，不同形式的火灾可能同时出现，要综合考虑考虑邻近罐组乃至整个罐区的火灾防范风险点。

三、石油库的防火措施

（一）石油库安全布局

（1）石油库的选址应当慎重考虑城镇规划、环境保护、消防安全、交通条件、油品的流向、地质地形条件等因素，且一、二、三级石油库的库址，不得选在地震基本烈度为9度及以上的地区。

石油库与周围居住区、工矿企业、交通线等的安全距离，不得小于表3.2的规定。

表3.2 石油库与周围居住区、工矿企业、交通线等的安全距离　　　　　　　m

序号	名称	石油库等级				
		一级	二级	三级	四级	五级
1	居住区及公共建筑物	100	90	80	70	50
2	工矿企业	60	50	40	35	30
3	国家铁路线	60	55	50	50	50
4	工业企业铁路线	35	30	25	25	25
5	公路	25	20	15	15	15
6	架空通信线路(或通信发射塔)	1.5倍杆(塔)高				
7	架空电力线路	1.5倍杆(塔)高,且电压35kV及以上的不应小于30				
8	爆破作业场地(如采石场)	300				

(2) 油库内各区域的位置应根据功能及作业性质、重要程度以及可能与邻近(构)筑物之间或给下游带来的影响合理布局，且建、构筑物之间的防火间距应严格执行石油库设计规范的要求，以保证油品的储运有一个安全环境。

① 库区布置。石油库内的设施宜分区布置。行政管理区、消防泵房、专用消防站、总变电所宜位于地势相对较高的场地上。行政管理区与生产区之间应设用不燃烧材料建造的围墙，围墙下部0.5m高度范围内应为无孔洞的实体墙。行政管理区应设单独对外的出入口。石油库内绿化，不应妨碍消防操作和影响消防安全。

② 库区道路。储罐总容量大于或等于300000m³的浮顶罐组应设环行消防道路；同一个环行消防道路内的固定顶罐组、内浮顶罐组以及固定顶储罐和浮顶储罐、内浮顶储罐的混合罐组的储罐总容量不应大于240000m³；油罐组周边的消防道路路面标高宜高于防火堤外侧地面的设计标高，其高度不宜小于0.5m。位于地势较高处的消防道路路堤高度可适当降低，但不应小于0.3m；两个路口间的消防道路长度大于300m时，该消防道路中段应设置供火灾施救时用的回车场地。

(二) 防火防爆基本措施

1. 储罐

储罐应集中布置。当地形条件允许时，储罐宜布置在比卸车地点低、比灌桶地点高的位置，当储罐区地面标高高于邻近居民点、工业企业或铁路线时，应采取加固防火堤等防护措施。

2. 储罐区

(1) 除有特殊要求外，石油库的储罐应地上设置。

(2) 地上立式储罐、高架储罐、地上卧式储罐不应布置在同一个储罐组内。

(3) 同一个储罐组内储罐的总容量应符合下列规定：固定顶储罐组及固定顶储罐和浮顶、内浮顶储罐的混合罐组不应大于120000m³，其中浮顶、内浮顶储罐的容量可折半计算；内浮顶储罐组不应大于240000m³；浮顶储罐组不应大于600000m³。

（4）同一个储罐组内的储罐数量应符合下列规定：当单罐容量等于或大于 1000m³ 时，不应多于 12 座；单罐容量小于 1000m³ 的储罐组和储存丙 B 类液体的储罐组内的储罐数量不限。

（5）罐组内相邻可燃液体地上储罐的防火间距不应小于表 3.3 的规定。

表 3.3　罐组内相邻可燃液体地上储罐的防火间距

液体类别	储罐形式			
	固定顶储罐		外浮顶、内浮顶储罐	卧罐
	≤1000m³	>1000m³		
甲 B、乙 B 类	0.75D	0.6D	0.4D	0.8m
丙 A 类	0.4D			
丙 B 类	2m	5m		

注：1. 表中 D 为相邻较大罐的直径，单罐容积大于 1000m³ 的储罐取直径或高度的较大值；

2. 储存不同类别液体的或不同形式的相邻储罐的防火间距应采用本表规定的较大值；

3. 现有浅盘式内浮顶罐的防火间距同固定顶储罐；

4. 可燃液体的低压储罐，其防火间距按固定顶储罐考虑；

5. 储存丙 B 类可燃液体的外浮顶、内浮顶储罐，其防火间距大于 15m 时，可取 15m。

3. 防火堤

（1）地上油罐组应设防火堤。堤内的有效容积，不应小于油罐组内一个最大储罐的公称容积。

（2）防火堤耐火极限不应低于 3h，若耐火极限低于 3h 应采取在堤内侧培土或喷涂隔热防火涂料等保护措施。

（3）防火堤每一个隔堤区域内均应设置对外人行台阶或坡道，相邻台阶或坡道之间的距离不宜大于 60m。台阶或坡道高度大于或等于 2m 时，应设护栏。

（4）地上立式储罐的防火堤实高应高于计算高度 0.2m，防火堤高于堤内设计地坪不应小于 1.0m，高于堤外设计地坪或消防道路路面（按较低者计）不宜大于 3.2m。地上卧式储罐的防火堤应高于堤内设计地坪不小于 0.5m。

4. 工艺及管道

（1）石油库内工艺及热力管道宜地上敷设，也可采用敞口管沟敷设；必须采用封闭管沟敷设时，管沟内应充沙填实，并在进、出易燃和可燃液体泵房、灌桶间和储罐组防火堤处设密封隔断墙；管沟内的污水应经水封井排入生产污水管道。

（2）地上管道不应环绕罐组布置，且不应妨碍消防车的通行。设置在防火堤与消防道路之间的管架高度不宜大于 3.2m。

（3）输送易燃和可燃介质的埋地管道不得穿越电缆沟，如不可避免时应设套管；当管道介质温度超过 60℃ 时，在套管内应充填隔热材料，使套管外壁温度不超过 60℃。

（4）在输送腐蚀性液体、有毒液体管道上，不宜设放空和排空设施。如必须设放空和排空设施，应密闭收集凝液。

5. 消防设施

（1）消防给水：

① 一、二、三、四级石油库应设独立消防给水系统，且一、二、三级石油库储罐区的消防给水管道应环状敷设，进水管道不应少于 2 条，每条管道均能通过全部消防用水量。

② 石油库设有消防水池时,其补水时间不应超过96h。水池容量大于1000m³时,应分隔为两个池,并应用带阀门的连通管连通。

③ 消防冷却水系统应设置消火栓。移动式消防冷却水系统的消火栓设置数量,应按储罐冷却灭火所需消防水量及消火栓保护半径确定,消火栓的保护半径不应大于120m,且距着火罐罐壁15m内的消火栓不应计算在内;固定式消防冷却水系统所设置的消火栓的间距不应大于60m。

(2) 应按照现行国家标准《建筑灭火器配置设计规范》的有关规定配置灭火器。

(3) 应按灭火时储罐最大需要量配备水罐车和泡沫车,且车库位置需满足接到火灾报警后,消防车到达火场的时间不超过5min的要求。

(4) 石油库内应设消防值班室。消防值班室内应设专用受警录音电话和报警电话。

6. 其他

(1) 排水。

① 石油库的含油与不含油污水,必须采用分流制排放。含油污水应采用管道排放,未被液体污染的地面雨水和生产废水可采用明渠排放。但在排出石油库围墙之前必须设置水封装置。水封装置与围墙之间的排水通道必须采用暗渠或暗管。

② 储罐区防火堤内的含油污水管道引出防火堤时,应在堤外采取防止液体流出罐区的切断措施。

③ 在石油库污水排放处,应设置取样点或检测水质和测量水量的设施。

(2) 防静电。

① 储存甲、乙、丙A类液体的钢储罐,应采取防静电措施。

② 铁路液体装卸栈桥的首、末端及中间处,应与钢轨、输油(油气)管道、鹤管等相互做电气连接并接地。

③ 石油库专用铁路线与电气化铁路接轨时,电气化铁路高压电接触网不宜进入石油库装卸区。

④ 地上或管沟敷设的输油管道的始端、末端、分支处以及直线段每隔200~300m处,应设置防静电和防感应雷的接地装置。

⑤ 在甲、乙、丙A类液体的泵房门外、储罐的上罐扶梯入口处、装卸作业区内操作平台的扶梯入口处、码头上下船的出入口处等作业场所应设消除人体静电装置。

四、火灾爆炸事故的处置对策措施

石油库储罐区火灾随着灾情的不断扩大,应急响应力量从操作岗位、班组、车间、企业专职消防队、辖区大中队、支队、总队、跨区域增援不断升级,处置过程时刻贯彻"科学处置、专业处置、安全处置、环保处置"理念。

(一) 工艺措施

工艺措施有:紧急停工、紧急停输、转移船车、紧急排液、关阀断料、注氮惰化保护(储罐或管线)、导罐转输、隔堤分隔、封堵雨排、停止加热、强制制冷、管线排空、紧急放空等措施。

(二) 消防措施

罐区发生火灾,灾情由单个储罐向其他储罐、罐组升级,要摒弃"冷却相邻罐"的惯性思维，深刻理解各种罐型的本质安全条件与防控理念。通过对火场情况的侦察研判，抓住火场核心，准确对最可能发生的最大险情进行研判，石油库储罐区火灾处置要遵守集中使用力量，合理部署兵力；先控制后消灭，分布有序实施；冷却降温，预防爆炸；消除残火，防止复燃的战术理念。

消防处置包括启动固定、半固定灭火系统和实施相关技战术两个方面。

发生事故时，应及时启动固定灭火系统。固定系统失效时，灭火救援力量要及时利用半固定系统注入泡沫、氮气等以达到灭火、惰化保护的战术目的。常见的固定、半固定灭火系统有：

① 固定顶、外浮顶、内浮顶、液化烃的消防喷淋（水喷雾）、消防水炮等；

② 固定顶、外浮顶、内浮顶的固定、半固定泡沫灭火系统等；

③ 低温罐集液池高倍数泡沫系统；

④ 码头岸防系统消防水炮、泡沫炮、干粉炮、消防水幕、消防喷淋等。

消防主要处置措施及适用灾情见表3.4。

表3.4 消防主要处置措施及适用灾情一览表

处置措施	适用灾情
高喷车灭火	固定顶储罐呼吸阀、量油孔火灾；内浮顶储罐呼吸阀、量油口、通风口（通风帽）火灾
登罐灭火	外浮顶储罐密封圈初期火灾
泡沫钩管推进；泡沫管枪合围	固定顶储罐、内浮顶储罐罐体检修人孔法兰巴金密封损坏导致的地面流淌火、池火；外浮顶储罐管线破坏的地面流淌火、池火
利用半固定泡沫灭火系统注入泡沫	固定顶储罐、外浮顶储罐、内浮顶储罐固定泡沫系统失效不能启动
注氮惰化保护、抑制窒息	固定顶储罐、易熔盘内浮顶储罐氮封系统损坏。量油孔、进油管道、通风孔紧急注氮
注水止漏	全压力液化烃储罐发生底部泄漏，固定注水系统失效或未设置固定注水系统，利用半固定注水系统注水止漏

（三）安全防护

事故处置过程中，在做好个人安全防护的同时，重点做好防火、防爆、防毒、防灼伤、防冻伤的"五防"工作，应提前做好紧急避险、紧急撤离准备。

罐区火灾情况复杂，单个储罐发生火灾，至少要考虑罐组内其他储罐的冷却和灭火。要根据不同罐型、储存方式、储存介质、本质安全条件等制定相应的战术措施。

处置时要特别注意关闭事故罐区、事故厂区雨排，注意厂区事故污染水池容量，严防危险化学品入海、江、河、地下水，对水体和下游带来严重污染，防止发生环境污染次生灾害事故。长时间作战易使事故水池溢满，现场应考虑循环消防用水或是在空阔地带开新的水池等应急措施来储存废水。

》第三节 加油加气站

目前我国城镇、工厂以加油站数量居多，这是由我国能源结构中，石油燃料仍占主体地位决定的。近年来，随着新能源新技术的不断发展，采用 LNG、CNG、锂电池、燃料电池等作为新能源的汽车发展迅猛。加油站、加气站、充电桩及互相间的结合，尤其是后两者的火灾防控将会是未来的热点问题。

一、加油加气站工艺简介

（一）理化性质

汽、柴油、CNG、LNG 性质简介见表 3.5。

表 3.5　汽、柴油、CNG、LNG 性质简介

名称	组分	火灾危险性	主要理化性质
汽油	$C_5 \sim C_{12}$ 脂肪烃和环烷烃类、一定量芳香烃	易燃易爆	常温下为无色至淡黄色的易流动液体，难溶于水，易燃，馏程为 $30 \sim 220$℃，空气中含量为 $74 \sim 123 \mathrm{g/m^3}$ 时遇火爆炸，热值约为 44000kJ/kg
柴油	复杂烃类（碳原子数约 $10 \sim 22$）混合物	易燃易爆	沸点范围和黏度介于煤油与润滑油之间的液态石油馏分。易燃易挥发，不溶于水，易溶于醇和其他有机溶剂
CNG	甲烷	易燃易爆	压缩到压力大于或等于 10MPa 且不大于 25MPa 的气态天然气，是天然气加压并以气态储存在容器中
LNG	甲烷	易燃易爆、低温窒息	无色、无味、无毒且无腐蚀性，超低温储存（-162℃），其体积约为同量气态天然气体积的 1/600，重量为同体积水的 45% 左右，热值为 $52 \mathrm{mmBtu/t}$（$1 \mathrm{mmBtu} = 2.52 \times 10^8 \mathrm{cal} = 1.05 \times 10^9 \mathrm{J}$）

（二）种类

加油加气站是加油站、加气站、加油加气合建站的统称。加油加气站一般由站房、加油加气作业区及辅助服务区三部分组成。

1. 加油站

加油站是指具有储油设施，使用加油机为机动车加注汽油、柴油等车用燃油并可提供其他便利性服务的场所。

2. 加气站

加气站是指具有储气设施，使用加气机为机动车加注车用 LPG、CNG 或 LNG 等车用燃气并可提供其他便利性服务的场所。目前我国加气站主要加注上述三种燃料，此外，还有二甲醚（DME）加气站、氢气加气站及复合加注站（组合提供各种燃料的加油加气合建站）等。

3. 加油加气合建站

加油加气合建站是指具有储油（气）设施，既能为机动车加注车用燃油，又能加注车用燃气，也可提供其他便利性服务的场所。加油加气合建站也俗称为"二合一"。

电动汽车是国家政策大力推广的新能源汽车，利用加油站、加气站网点建电动汽车充电设施（包括电池更换设施）是一种便捷的方式。《汽车加油加气站设计与施工规范》（GB 50156）规定加油站、加气站可与电动汽车充电设施联合建站，俗称为"三合一"。

（三）工艺简介

1. 加油站

加油站的工艺主要由卸油系统、供油系统和油气回收系统组成。

卸油系统为通过管道将槽车与卸油口相连，并利用连通器的原理，将汽油和柴油从地上的槽车卸到地下的储罐中。卸油时需将导静电接地器与槽车相连，以免卸油时因静电发生火灾。

供油系统有正压式和负压式两种。这两种系统的主要区别在于动力选择的不同，正压式主要采用潜油泵，负压式则采用自吸泵，前者可实现"一泵多机"，后者则每只加油枪要配一个泵，因此受系统可靠性、安全及投资等方面的影响，目前我国加油站大多采用正压式供油系统。正压式供油系统通过潜油泵将油输送到加油机中，其中潜油泵与加油机是联锁控制的，平时潜油泵是关闭的，当潜油泵检测到加油机打开的信号以后，潜油泵启动并给加油机送油；加油完毕后，潜油泵检测到加油机关闭的信号，潜油泵停泵。

油气回收系统分为一次油气回收系统、二次油气回收系统和三次油气回收系统，一次油气回收系统为卸油的油气回收，二次油气回收系统为加油的油气回收，三次油气回收系统为油气排放的油气回收，目前大部分加油站都配备了一次油气回收系统和二次油气回收系统，三次油气回收系统由于成本太高，一般都很少配备。一次油气回收系统是通过管道将槽车与储罐相连，槽车卸油时将储罐内的气体补充到槽车中。二次油气回收系统分为集中式和分散式两种。集中式二次油气回收系统通过一个油气回收真空泵，集中收集加油时产生的油气，将收集的油气经过一套专用的油气回收管网送回最低牌号汽油油罐。分散式油气回收系统的油气回收真空泵安装在各个汽油加油机内，而集中式的油气回收系统有一个专门的油气回收真空泵，设置在专门的基础平台或汽油储罐人孔井内。集中式油气回收系统如图3.7所示。

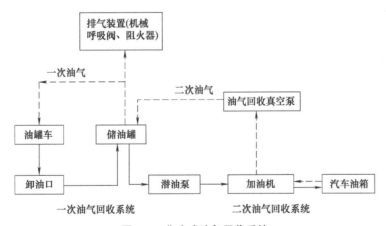

图 3.7　集中式油气回收系统

除撬装式加油装置所配置的防火防爆油罐外，加油站的汽油罐和柴油罐应埋地设置。油罐设有钢制人孔、高液位报警装置等，钢制人孔上方设有操作井便于检修。

撬装式加油站（集装箱）是集储油罐、加油机、视频监控为一体的地面可移动加油站。如图3.8所示。

撬装式加油装置的油罐内安装防爆装置，采用双层钢制油罐，采用卸油和加油油气回收系统。四周应设防护围堰或漏油收集池，防护围堰内或漏油收集

图 3.8　撬装式加油站

池的有效容量不应小于储罐总容量的 50%。防护围堰或漏油收集池应采用不燃烧实体材料建造,且不应渗漏。

2. LPG 加气站

LPG 加气站主要包括:储罐区(储罐、残液灌、过梯、防护墙等),压缩机房(压缩机及相关电机),汽槽装卸台(原料来源装卸地方),变配电房(变配电设备),加气岛(加气机等),避雷塔,消防设施等。LPG 加气站的主要工艺流程有接收、加气及残液回收等。

(1)接收。

液化石油气自气源厂用槽车输送到储配站,利用压缩机等设备将液化石油气卸入储罐;当采用管道输送时,液化石油气自气源厂用烃泵加压输送到储配站,经接收装置过滤、计量后输入储罐。工艺流程如图 3.9 所示。

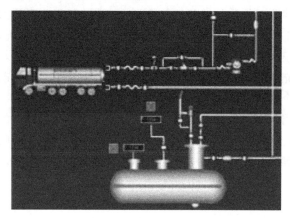

图 3.9　液化石油气接收工艺流程

(2)加气。

为 LPG 汽车加气,储罐的液化石油气通过烃泵加压后,输送到加气岛,用加气机进行加气。

(3)残液回收。

残液回收是通过残液回收装置将残液回收到残液灌内。残液回收的方法目前多采用抽真空法。

3. CNG 加气站

CNG 加气站一般分为常规站、子站和母站,三者关系如图 3.10 所示。

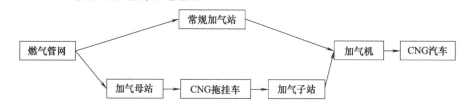

图 3.10　CNG 加气站常规站、母站及子站关系

(1)常规站。

CNG 常规加气站是从站外天然气管道取气,进站压力 0.4MPa,天然气经过脱硫、脱水等工艺,进入压缩机进行压缩,经过压缩后压力为 25MPa。然后进入售气机给车辆加气。通常常规加气量在 600~1000m³/h(标准状态下)。

(2)母站。

母站从天然气线管线直接取气,进站压力 1~1.5MPa,经过脱硫、脱水等工艺,进入压缩机压缩,然后经有储气瓶(25MPa)的槽车运输到子站给汽车加气,它也兼有常规站的功能。母站多建在城市门站附近,母站的加气量在 2500~4000m³/h(标准状态下)。

(3)子站。

子站是建在加气站周围没有天然气管线的地方,一般建设在城市内,以方便车辆加气,或者建设在没有燃气管道敷设的乡镇的工业区,供给天然气作为能源。母站利用压缩机将天然气加压储存,再由专用运输车将 25MPa 压缩天然气运往子站,子站再给 CNG 汽车加气。

4. LNG 加气站

一般分为标准式加气站、L-CNG 加气站、LNG 撬装站等。

（1）标准式加气站（通常称为 LNG 加气站）。

其工艺流程主要有卸车、加气、储罐调压及泄压等。

① 卸车流程。由加气站 LNG 潜油泵将 LNG 运输槽车内 LNG 卸至加气站 LNG 低温储罐。

② 加气流程。储罐内 LNG 由 LNG 潜油泵抽出，通过 LNG 加气机向汽车加气。

③ 储罐调压流程。卸车完毕后，用 LNG 潜油泵从储罐内抽出部分 LNG，通过增压气化器气化且调压后进入储罐，当储罐内压力达到设定值时停止气化。

④ 储罐卸压流程。主要是指在卸车、加气以及加气站的日常运行过程中，当储罐压内的压力随着加气站蒸发气体（BOG）的产生逐渐增大，安全阀打开，释放储罐中的蒸气，降低压力，以保证储罐安全。

图 3.11 为 LNG 加气站的工艺流程框图。

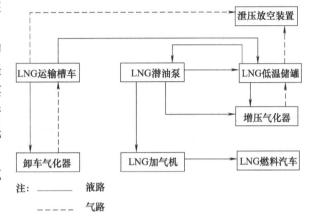

图 3.11　LNG 加气站的工艺流程

（2）L-CNG 加气站。

① 卸车流程。由加气站 LNG 泵或加气站的 CNG 储气装置中的部分气体通过调压阀将 LNG 槽车内 LNG 卸至加气站 LNG 储罐。

② 加气流程。LNG 液相高压泵从 LNG 储罐内抽取 LNG 进行加压，进入 LNG 增压气化器后进入 CNG 储气装置。CNG 储气装置的天然气通过 CNG 售气机向 CNG 汽车加气。

③ 储罐泄压流程。当 CNG 储气装置内压力超过某一设定压力值时，安全阀自动打开，释放储气装置内的气体，降低压力以保证安全。图 3.12 为 L-CNG 加气站的工艺流程框图。

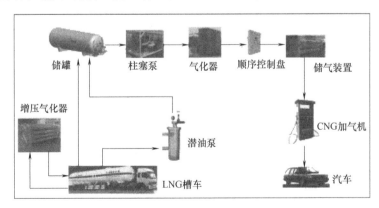

图 3.12　L-CNG 加气站工艺路线

LNG 加气站和 L-CNG 加气站的原料及储存方式是一致的，都是通过 LNG 槽车运输到站内，储存到 LNG 储罐，动力设备的前端都是一样的。

区别是：LNG 加气站通过储罐—潜油泵—LNG 加气机向车辆加注 LNG，整个过程是低压输送。L-CNG 站是通过柱塞泵将 LNG 加压到 20～23MPa，再通过增压气化器气化成 CNG，由顺序控制盘储存到高压储气瓶组（或井），最后由 CNG 加气机向车辆加 CNG。

（3）LNG 撬装站。

与汽油撬装站类似，LNG 撬装站是将 LNG 储罐、空温式气化器、BOG 加热器、调压器、流量计、加臭机、一次仪表、安全控制装置等设备仪表集于一体或不同模块的一整套供气终端设备或装置。如图 3.13 所示。

图 3.13　LNG 撬装站

二、汽车加油加气站的火灾危险性

汽车加油加气站是储存和经营易燃、易爆油品、气体的场所，分布广泛，要想有效预防加油加气站火灾事故的发生，必须先了解加油加气站火灾事故产生的原因。

（一）加油站火灾危险性

1. 人为操作不当

常见事故有油罐漫溢起火。

在卸油、加油时，对液位检测不及时或因操作不当，造成油品外溢，与空气混合达爆炸极限，遇火花引起爆炸燃烧。

2. 静电起火

（1）在卸油时，油罐车无接地装置，或采用喷溅式卸油，易造成静电积聚放电，点燃油蒸气。

（2）油罐车到站后未待静电消除就开盖作业，易引起静电起火。

（3）量油时，如果在气压低、无风的环境中，穿化纤类服装，易摩擦产生静电火花，点燃油蒸气。

（4）在加油站清洗油罐时，如无法彻底清除罐内油蒸气和沉淀物，遇静电、摩擦易导致火灾。

3. 管理缺陷

（1）在加油站管沟、电缆沟、下水道等低洼处，易积聚油蒸气，形成一个爆炸危险区域。

（2）由于老化、腐蚀、制造缺陷、法兰未紧等原因，易发生滴、漏现象。

（3）明火、电气设备管理不当，引发火灾。

（二）加气站火灾危险性

1. 设备高压，易泄漏

加气站整个工艺过程都处于高压状态，若设备在技术要求上稍有疏忽，易造成气体泄漏，发生爆炸火灾事故。

2. 存在多火源

（1）外部火源。

因加气站四周环境较复杂，受外部火源威胁性大，如烟囱飞火、出入车辆、人为用火、化纤衣服静电、使用工具不当等都是引火源。

（2）内部火源。

加气站设备控制系统的电气火花，气体管道中的静电火花，使用工具时的摩擦、撞击火花等。

三、汽车加油加气站的防火措施

（一）等级划分

1. 汽车加油站

按汽车加油站中汽油、柴油储存罐的容积划分的汽车加油站等级见表3.6。

表3.6　加油站的等级划分

级　别	油罐容积/m³	
	总容积	单罐容积
一级	$150 < V \leqslant 210$	$\leqslant 50$
二级	$90 < V \leqslant 150$	$\leqslant 50$
三级	$V \leqslant 90$	汽油罐$\leqslant 30$，柴油罐$\leqslant 50$

注：V 为油罐总容积，柴油罐容积可折半计入油罐总容积。

2. 汽车加气站

（1）液化石油气（LPG）加气站。

液化石油气（LPG）加气站等级见表3.7。

表3.7　液化石油气（LPG）加气站的等级划分

级　别	LPG罐容积/m³	
	总容积	单罐容积
一级	$45 < V \leqslant 60$	$\leqslant 30$
二级	$30 < V \leqslant 45$	$\leqslant 30$
三级	$V \leqslant 30$	$\leqslant 30$

（2）天然气（CNG）加气站。

天然气（CNG）加气站储气设施的总容积，应根据加气汽车数量、每辆汽车加气时间、母站服务的子站个数、规模和服务半径等因素综合确定。在城市建成区内，储气设施的总容积母站不应超过120m³；常规加气站不超过30m³。

CNG加气站的气源有固定储气设施，采用储气瓶时不超过18m³，采用储气井时不应超过 24m³。

（3）LNG 加气站。

LNG 加气站的等级划分见表 3.8。

表 3.8　液化天然气（LNG）加气站的等级划分

级　别	LNG 罐容积/m³	
	总容积	单罐容积
一级	120<V≤180	≤60
二级	60<V≤120	≤60
三级	V≤60	≤60

3. 汽车加油加气合建站

（1）按汽油、柴油储存罐和液化石油气储气罐的容积划分见表 3.9。

表 3.9　加油和液化石油气（LPG）加气合建站的等级划分

级　别	LPG 储罐总容积/m³	LPG 储罐总容积与油品储罐总容积合计/m³
一级	V≤45	120<V≤180
二级	V≤30	60<V≤120
三级	V≤20	V≤60

注：1. V 为油罐总容积和液化石油气罐总容积，柴油罐容积可折半计入油罐总容积。

2. 当油罐总容积大于 90m³ 时，油罐单罐总容积不应大于 50m³；当油罐的总容积小于或等于 90m³ 时，汽油油罐单罐总容积不应大于 30m³，柴油罐单罐容积不应大于 50m³。

3. 液化石油气罐单罐的容积不应大于 30m³。

（2）按汽油、柴油储存罐和天然气（CNG）储气罐的容积划分见表 3.10。

表 3.10　加油和天然气（CNG）加气合建站的等级划分

级　别	油品储罐总容积/m³	常规 CNG 加气站储气设施总容积/m³	加气子站储气设施/m³
一级	90<V≤120	V≤24	固定储气设施总容积≤12 可停放 1 辆车载储气瓶组拖车
二级	V≤90		可停放 1 辆车载储气瓶组拖车
三级	V≤60	V≤12	可停放 1 辆车载储气瓶组拖车

注：1. 柴油罐容积可折半计入油罐总容积。

2. 当油罐总容积大于 90m³ 时，油罐单罐容积不应大于 50m³；当油罐总容积小于或等于 90m³ 时，汽油罐单罐容积不应大于 30m³，柴油罐单罐容积不应大于 50m³。

（二）站址选择

1. 选址原则

（1）应当符合城镇建设规划、环境保护和防火安全要求。

（2）要选择交通便利，方便汽车加油加气的地方。

（3）不影响道路通行能力。

2. 防火间距

加油加气站的油罐、加油加气机、通气管管口等设施或地点与站外建、构筑物，站内设施之间等要符合《汽车加油加气站设计与施工规范》（GB 50156）的防火距离要求。

架空电力线路不应跨越加油加气站的加油加气作业区。架空通信线路不应跨越加气站的加气作业区。

加油加气站应根据站内工艺设施与站外建筑物之间距离的不同，设置不低于 2.2m 不燃烧实体围墙或非实体隔离墙，面向车辆入口和出口道路的一侧可设非实体围墙或不设围墙。

（三）站内平面布置

（1）车辆入口和出口应分开设置。

（2）加油加气作业区与辅助服务区之间应有界线标识。

（3）在加油加气合建站内，宜将柴油罐布置在 LPG 储罐或 CNG 储气瓶（组）、LNG 储罐与汽油罐之间。

（4）加油加气作业区内，不得有"明火地点"或"散发火花地点"。

（5）柴油尾气处理液加注设施的布置，应符合下列规定：

① 不符合防爆要求的设备，应布置在爆炸危险区域之外，且与爆炸危险区域边界线的距离不应小于 3m。

② 符合防爆要求的设备，在进行平面布置时可按加油机对待。

（6）电动汽车充电设施应布置在辅助服务区内。

（7）加油加气站内设置的经营性餐饮、汽车服务等非站房所属建筑物或设施，不应布置在加油加气作业区内，其与站内可燃液母体或可燃气体设备的防火间距，应符合规范相关规定。经营性餐饮、汽车服务等设施内设置明火设备时，则应视为"明火地点"或"散发火花地点"。其中，对加油站内设置的燃煤设备不得按设置有油气回收系统折减距离。

（四）工艺及设施的防火

1. 加油工艺及设施防火

（1）储油罐。

① 加油站的汽油罐和柴油罐（橇装式加油装置所配置的防火防爆油罐除外）应埋地设置，严禁设在室内或地下室内。

② 当油罐受地下水或雨水作用有上浮可能时，应采取防止油罐上浮的措施。

③ 油罐的顶部覆土厚度不应小于 0.5m。油罐的周围，应回填中性沙或细土，其厚度不应小于 0.3m。

④ 卸油时应采取防满溢措施。油料达到油罐容量 90% 时，应能触动高液位报警装置；油料达到油罐容量 95% 时，应能自动停止油料继续进罐。

（2）工艺系统安全设施。

① 油罐车必须采用密闭卸油方式。

② 加油机应满足防爆要求，且不得设在室内。

③ 加油枪应采用自封式，流量不应大于 50L/min。

④ 加油站内的工艺管道除必须露出地面的以外，均应埋地敷设。当采用管沟敷设时，管沟必须用中性沙子或细土填满、填实。埋地工艺管道的埋设深度不得小于 0.4m，且不得穿过站房等建（构）筑物。

⑤ 当采用卸油油气回收系统时，卸油油气回收管道的接口宜采用自闭式快速接头。采用非自闭式快速接头时，应在靠近快速接头的连接管道上装设阀门。

2. 加气工艺及设施防火

（1）地面上的泵和压缩机应设置防晒罩棚或泵房（压缩机间）。

（2）液化石油气储罐的进液管、液相回流管和气相回流管上应设止回阀。

（3）加气机不得设在室内，加气软管上应设拉断阀。

（4）加气机附近应设防撞柱（栏），其高度不应低于 0.5m。

（五）电气装置防火

1. 供配电

（1）信息系统供电应设置不间断供电电源，且在泵房、营业室、罩棚等处设置事故照明。

（2）采用外接电源有困难时，可采用小型内燃发电机组，但必须在排烟管口安装阻火器。

（3）电气设备选型、安装，电力线路敷设等应符合现行国家《爆炸和火灾危险环境电力装置设计规范》（GB 50058）的规定。

2. 防静电

（1）地上或管沟敷设的油品、液化石油气和天然气管道，应设防静电和防感应雷的共用接地装置，其接地电阻不应大于 30Ω。防静电接地装置单独设置时，接地电阻不应大于 100Ω。

（2）使用静电接地仪，防止罐车卸车时发生静电事故。

（3）在爆炸危险区域内工艺管道上的法兰、胶管两端等连接处，应用金属线跨接。当法兰的连接螺栓不少于 5 根时，在非腐蚀环境下可不跨接。

3. 报警系统

（1）加气站、加油加气合建站在储罐区、储瓶间（棚）、泵房和压缩机房（棚）等场所应设置可燃气体检测报警系统。

（2）可燃气体检测器一级报警设定值应小于或等于可燃气体爆炸下限的 25%。

（六）消防设施

（1）加油加气站的液化石油气设施应设置消防给水系统。

（2）加油加气站的灭火器材配置应符合下列规定：

① 每 2 台加气机应设置不少于 2 具 4kg 手提式干粉灭火器。

② 每 2 台加油机应配置不少于 2 具 4kg 手提式干粉灭火器，或 1 具 4kg 手提式干粉灭火器和 1 具 6L 泡沫灭火器。

③ 储罐、储气设施，须设 2 台 35kg 推车式干粉灭火器。地下储罐应配置 1 台不小于 35kg 推车式干粉灭火器。当两种介质储罐之间的距离超过 15m 时，须分别设置。

④ 一、二级加油站须配置灭火毯 5 块，沙子 2m³。加油加气合建站应按同级别的加油站配置灭火毯和沙子。

⑤ 加气泵、压缩机操作间（棚），应按建筑面积每 50m² 配置不少于 2 具 4kg 手提式干粉灭火器。

其余建筑的灭火器材配置须符合现行国家标准《建筑灭火器配置设计规范》（GB 50140）的规定。

（3）加油加气站的排水应符合下列规定：

① 加油加气站排出建筑或围墙的污水、雨水，在建筑物墙外或围墙内应分别设水封井（独立的生活污水除外）。水封井的水封高度不应小于 0.25m；水封井应设沉泥段，沉泥段高度不应小于 0.25m。

② 清洗油罐的污水应集中收集处理，不应直接进入排水管道。液化石油气储罐的排污（排水）应采用活动式回收桶集中收集处理，不应直接接入排水管道。

③ 加油站、液化石油气加气站，不应采用暗沟排水。

四、火灾爆炸的处置对策措施

（一）工艺措施

（1）关阀断料。当发生泄漏或火灾时，应首先切断储罐至加气机间的阀门，打开紧急切断阀，确保安全阀处于开启状态。

（2）倒罐输转。当储罐发生泄漏并且量较大时，考虑用倒罐的方法将事故罐余液导入至槽罐车或其他容积储罐。

（二）消防技战术

（1）灭火剂选择。汽柴油、LPG、CNG、LNG 都可用干粉进行扑救。汽柴油也可用低倍数泡沫进行扑灭。LPG、CNG、LNG 发生泄漏时，要用高倍数泡沫进行处置。

（2）排烟。加油站储罐一旦发生火灾，因为埋地设置，空气不足，短时间内可能产生大量黑烟浓雾，为人员搜救及灭火带来极大困难。因此要采用正压送风对加油机、经营区附近可能有人员伤亡的地方进行通风排烟，也可采取喷雾灭火水枪进行稀释排烟。

（3）稀释抑爆。当发生气相泄漏形成蒸气云时，应利固定水炮、移动摇摆炮及屏障水枪等喷射雾状水，对泄漏区扩散的液化烃蒸气云实施不间断稀释，使其浓度降低至爆炸下限以下，抑制其燃烧爆炸危险性。

》 第四节　液化石油气供应站

液化石油气供应站是具有储存、装卸、灌装、气化、混气、配送等功能，以储配、气化（混气）或经营液化石油气为目的的专门场所，是液化石油气厂站的总称，本节所涉及内容是储存容积小于或等于 10000m³ 城镇液化石油气供应工程，主要面向城镇居民使用，不包括石油化工企业等工业生产和储存。

一、液化石油气储配站工艺简介

（一）液化石油气理化性质

1. 基本理化性质

液化石油气（Liquefied Petroleum Gas，简称 LPG），是一种透明、低毒、有特殊臭味的无色气体或黄棕色油状液体；闪点 -74℃，沸点 -42～+0.5℃，引燃温度 426～537℃；爆炸极限 1.5%～9.65%；不溶于水，气化时体积扩大 250～350 倍。液化石油气气态密度较大，约为空气的 1.5～2 倍。

液化石油气有低毒，中毒症状主要表现为头晕、头痛、呼吸急促、兴奋或嗜睡、恶心、呕吐、脉缓等，严重时会出现昏迷甚至窒息死亡。直接接触液化石油气会造成冻伤，对人体有麻醉作用和刺激作用。

液化石油气的主要成分是 C3、C4，主要包括丙烷、正丁烷、异丁烷、丙烯、1-丁烯、异丁烯、顺 2-丁烯、反 2-丁烯 8 种。

2. 储存方式

液化烃的储存方式分为全压力储存、半冷冻储存、全冷冻储存三种，这三种储存方式也称为常温压力、低温压力、低温常压储存。液化石油气属于液化烃的一种，目前也有这三种储存方式。

（1）全压力储存（常温压力储存）。

采取常温和较高压力储存液化烃或其他类似可燃液体的方式，全压力储存时常采用球形或卧式储罐。全压力储存时，液化烃储罐的设计温度为常温，储存压力为其对应的饱和蒸气压，且要求储罐内部工作压力高于常压下的储存方式。

（2）半冷冻储存（低温压力储存）。

采取较低温度和较低压力储存液化烃或其他类似可燃液体的方式，半冷冻储存时常采用带保温层的球形储罐。在低温条件时，液化烃的饱和蒸气压较低，储存容器的设计压力也相对较低，因此，储罐建设过程中能降低钢材消耗量，降低投资，在气温较低的北方采取这种工艺，可以有效节省制冷等设备操作运行费用。

（3）全冷冻储存（低温常压储存）。

采取低温和常压储存液化烃或其他类似可燃液体的方式，全冷冻储存时常采用地上拱顶双层壁的圆筒形储罐。

全冷冻储存是将液化烃降低至其沸点温度以下，并保持冷冻状态，使得液化烃对应的气相压力与大气压力相同或相近，从而可以采用常压容器（双层低温罐）装盛储存，以降低储罐建设投资。

（二）分类

液化石油气供应站包括储存站、储配站、灌装站、气化站、混气站、瓶组气化站和瓶装供应站。各种类型间关系如图 3.14 所示。

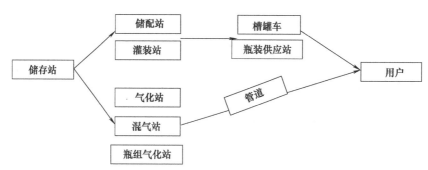

图 3.14　各类液化石油气供应站间关系

根据液化石油气供应站的性质、工艺等方面，将液化石油气供应站划分为四大类，分别为储存站、储配站及灌装站一类，气化站和混气站一类，瓶组气化站一类，瓶装供应站一类。

（三）工艺简介

1. 液化石油气储存站、储配站及灌装站

这类型的液化石油气供应站主要涉及储存、装卸及灌装的相关设备及工艺流程。

（1）储存。液化石油气的储存工艺主要涉及储罐，常见的储罐有球形罐和卧式储罐两种，当采用全冷冻方式储存时，则是拱顶双层壁的圆筒形储罐。

球形储罐［图 3.15（a）］的底部设有液相进出物料管线、排污阀、紧急注水等装置，在进出物料管线均安装有紧急切断阀。顶部设有气相管线、安全阀、液位计等。气相管与安全阀相连，在大型石油化工企业设有火炬的情况下，气相管线连接火炬线，当储罐压力升高时，超压气体从安全阀直接经火炬线（也称为紧急放空线）引至地面火炬或高架火炬安全焚烧，如图 3.15（b）所示；当不设火炬时，安全阀起跳后直排大气，如图 3.15（c）所示。

(b) 直通火炬

(a) 球形液化石油气储罐

(c) 直排大气

图 3.15　球形液化石油气储罐及安全泄压装置

相比于球形储罐，卧式储罐的容量更小，进出物料管线相似，即底部液相，顶部气相，此外还设有人孔、法兰接管、管托架、液位计等。值得注意的是，当储罐压力上升时安全阀起跳，若此时压力持续升高，卧式储罐的椭圆形封头处为该类储罐最脆弱的地方，存在崩开的风险。图 3.16 所示为液化石油气卧罐外形。

（2）装卸。常用的装卸方法有压缩机装卸法、烃泵装卸法、加热装卸法、静压差装卸法和压缩气体装卸法等。

压缩机装卸法原理是利用压缩机抽吸和加压输出气体的性能，将需要灌装的储罐（或罐车）中的气相液化石油气通入压缩机的入口，经压缩升压后输送到准备卸液的罐车（或储

图 3.16　液化石油气卧罐外形

罐）中，从而降低灌装罐（或罐车）的压力，提高卸液罐车（或储罐）中的压力，使二者之间形成装卸所需的压差（0.2～0.3MPa），液态液化石油气便在压力差的作用下流进灌装的储罐（或罐车），以达到装卸液化石油气的目的。工艺操作流程如图 3.17 所示。

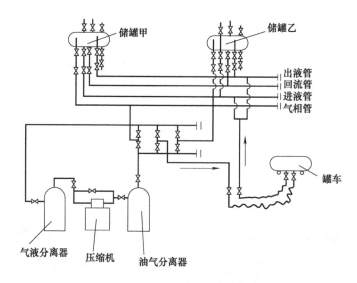

图 3.17　压缩机装卸法的工艺操作流程

　　烃泵装卸法原理是利用烃泵输送液体的性能，将需卸液的罐车或储罐中液态液化石油气通过烃泵加压输送到储罐（或罐车）中。烃泵装卸法的工艺操作流程如图 3.18 所示。卸车时，使罐车的液相管与烃泵的入口管接通，烃泵的出口管与储罐的液相管相通，按烃泵的操作程序启动烃泵，罐车的液化石油气在泵的作用下，经液相管进入储罐，从而完成卸车作业。

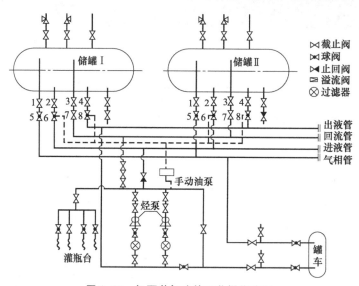

图 3.18　烃泵装卸法的工艺操作流程

1～4—储罐根部阀，处于常开状态；5～8—储罐操作阀

　　加热装卸法原理是利用液化石油气受热后饱和蒸气压显著提高的特性，以蒸汽或热水作为加热源，在不改变容器容积的条件下，使液化石油气的压力增高，在罐车与储罐之间形成一定的压力差，作为装卸液化石油气的动力。

　　静压差装卸法原理是利用两个液化石油气容器之间的位置高低之差产生的静压差，使液化石油气从位置处于高位置的容器中流往低位置容器，达到装卸的目的。其卸车工艺操作流程如图 3.19 所示。

压缩气体装卸法是将与液化石油气混合后不会引起爆炸的不凝、不溶的瓶装高压气体，送入准备倒空的罐车（或储罐）中，使其与灌装储罐（或罐车）之间产生一定的压差，从而将液化石油气从倒空容器流入灌装容器之中。压缩气体装卸法工艺如图 3.20 所示。

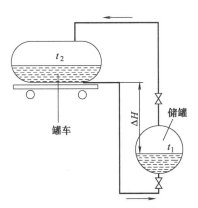

图 3.19　静压差装卸法的工艺操作流程

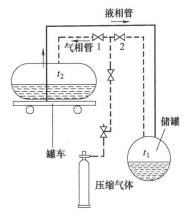

图 3.20　压缩气体装卸法的工艺操作流程

（3）灌装。灌装的原理与装卸原理相似，为将储罐中的液化石油气灌注到钢瓶中去，一般采用烃泵抽吸储罐中液态的液化石油气，有时也利用压缩机给储罐中液化石油气加压，使液化石油气压力高于钢瓶内压力，将液化石油气灌注到钢瓶中。

综上，液化石油气储存站是由储存和装卸设备组成，以储存为主，并向灌装站、气化站和混气站配送液化石油气为主要功能的专门场所。储配站和灌装站与储存站类似，但储罐站的主要功能是装卸，而灌装站的主要功能则为灌装。

2. 液化石油气气化站和混气站

气化站和混气站的核心工艺都是将液态的液化石油气气化后直接或参入一定比例的空气经管道向用户供气。LPG 的气化分为两种：自然气化和强制气化。因 LPG 气化时需吸收大量热量，除居民使用的瓶装 LPG 采用自然气化外，其余为强制气化。

（1）气化站。气化站的工艺流程为：液化石油气储罐 →气化器 →气液分离器→调压器组（根据压力不同，分为高-中压、中-低压调压器组）→管道→用户。其中气化和防止液化石油气再液化是其量大核心工艺点。

供城镇居民使用气化站的气化方式分为等压强制气化、加压强制气化和减压强制气化。在我国 LPG 气化站中普遍采用等压强制气化。其工艺原理是利用储罐中 LPG 自身的压力进入气化器，LPG 在气化器中升温气化，然后进入调压阀调压外输。

在一定压力下同一组分 LPG 气体温度降低至露点以下将会液化。相对南方而言，我国北方冬季寒冷、气温很低，加热强制气化的 LPG 气体易发生再次液化，而无法作为燃料气使用。因此针对不同工艺流程段及不同压力输送管道要采取相应的措施：气化器与调压器之间的管道不宜过长，减小散热；调压器前要设气液分离器，以分离冷凝液。中压管段露点较低，管道一般较长，在冬季应选用丙烷含量较高的液化石油气，对管道采取保温措施。

（2）混气站。液化气混空气也称"代天然气"（也称 LPG-AIR），其热力性质与天然气相似，更适合长距离配送，是我国北方暂时没有天然气源地区的理想气源。此外，在天然气管网压力不足时，将事先储存的液化石油气经气化减压后与一定比例的空气混合后及时补充到管网中，使供气管网保持足够的运行压力，是确保正常供气的一种有效应急措施。

混气站内分生产区和生产辅助区，生产区内一般可分为 LPG 装卸区、LPG 储存区、气化混气区、LPG-AIR 储存或缓冲区（根据混气工艺不同，也可以简化）。混合供应方式主要分引射式、面积开口比例式、流量比例式等方式，混气比例设定在爆炸上限 1.5 倍以上的任意比例，一般为 LPG：AIR＝40：60、45：55 或 50：50。

3. 液化石油气瓶组气化站、瓶装供应站

瓶组气化站是指配置 2 个或以上液化石油气钢瓶，采用自然或强制气化方式将液态液化石油气转换为气态液化石油气后，经稳压后通过管道向用户供气的专门场所。

液化石油瓶装供应站是经营和储存瓶装液化石油气的专门场所。

二、液化石油气供应站的火灾危险性

焊缝处、安全附件失效、阀门法兰处泄漏，过量充装及违反安全操作都易导致液化石油气泄漏，进而发生火灾爆炸事故。液化石油气供应站均属甲类场所，其火灾危险性如下：

（1）液化石油气具有较高的燃爆性。从其理化性质看，液化石油气属于一级可燃气体，点火能量小，火焰温度高达 2120℃，热辐射很强，极易引燃、引爆周围的易燃、易爆物质，使火势扩大。液化石油气各组分的爆炸下限都低于 10％，同时存在物理性爆炸（容器爆炸）和化学性爆炸的可能性。

（2）地处城市边缘或中心，波及范围广，社会影响大。储存站、储配站及灌装站大都位于城市边缘，气化站、混气站通过管道直通用户，而瓶装供应站则一般位于小区附近，人员密集，一旦发生事故易造成群死群伤。

（3）安全管理操作要求高。在供应站运行过程中，充装卸料操作流程、控制火源、防爆防静电等方面要求高。稍有不慎，容器管道阀门"跑冒滴漏"，液化石油气泄漏后在低洼处聚集，一遇火源易发生爆炸。此外料位计、安全阀及压力表等损坏导致的过量充装事故也时有发生。

三、液化石油气供应站的防火措施

根据《液化石油气供应工程设计规范》（GB 51142），按照"先定性后定量"的原则，根据液化石油气供应工程分类采取不同措施。

（一）等级、爆炸危险区域划分

1. 等级划分

液化石油气供应站按储气规模分为 8 级，等级划分应符合表 3.11 的规定。

表 3.11　液化石油气供应站分级

级别	储罐容积/m³	
	总容积(V)	单罐容积
一级	5000＜V≤10000	
二级	2500＜V≤5000	≤1000
三级	1000＜V≤2500	≤400
四级	500＜V≤1000	≤200
五级	220＜V≤500	≤100
六级	50＜V≤220	≤50
七级	V≤50	≤20
八级	≤10	

2. 爆炸危险区域划分

液化石油气场所的爆炸危险区域范围和等级是根据释放源级别和通风等条件来划分的。液化石油气生产场所内灌瓶间的气瓶灌装嘴、铁路槽车和汽车槽车装卸口、码头装卸臂接口的释放源属第一级释放源，其所在区域划为 1 区；其余爆炸危险场所的释放源属第二级释放源，其所在区域划为 2 区。另外，根据通风等条件可对区域等级进行调整，当通风条件良好时，可降低爆炸危险区域等级；当通风不良时，宜提高爆炸危险区域等级；有障碍物、凹坑和死角处，宜局部提高爆炸危险区域等。

（二）储存站、储配站和灌装站

1. 选址

二级及以上的液化石油气储存站、储配站和灌装站应设置在城镇的边缘或相对独立的安全地带，并应远离居住区、学校、影剧院、体育馆等人员集聚的场所；应选择地势平坦、开阔、不易积存液化石油气的地段，且应避开地质灾害多发区；应具备交通、供电、给水排水和通信等条件；宜选择所在地区全年最小频率风向的上风侧。

2. 平面布置

（1）液化石油气储存站、储配站和灌装站站内总平面应分区布置，并应分为生产区（包括储罐区和灌装区）和辅助区。生产区宜布置在站区全年最小频率风向的上风侧或上侧风侧。

（2）边界应设置围墙。生产区应设置高度不低于 2m 的不燃烧体实体围墙，辅助区可设置不燃烧体非实体围墙。

（3）液化石油气储存站、储配站和灌装站的生产区和辅助区应各至少设置 1 个对外出入口；当液化石油气储罐总容积大于 1000m³ 时，生产区应至少设置 2 个对外出入口，且其间距不应小于 50m。对外出入口的设置应便于通行和紧急事故时人员的疏散，宽度均不应小于 4m。

（4）除采取了防止液化石油气聚集措施，严寒和寒冷地区需设地下消火栓。生产区内严禁设置地下和半地下建筑。

（5）生产区应设置环形消防车道；当储罐总容积小于 500m³ 时，可设置尽头式消防车道和回车场，且回车场的面积不应小于 12m×12m。消防车道宽度不应小于 4m。

（三）气化站和混气站的设置

1. 选址

液化石油气气化站和混气站的站址，应选择所在地区全年最小频率风向的上风侧，且应是地势平坦、开阔、不易积存液化石油气的地段，同时，应避开地震带、地基沉陷和废弃矿井等地段。

2. 平面布置

（1）液化石油气气化站和混气站总平面应按功能分区进行布置，即分为生产区（储罐区、气化、混气区）和辅助区。生产区宜布置在站区全年最小频率风向的上风侧或上侧风侧。

（2）液化石油气气化站和混气站的生产区应设置高度不低于 2m 的不燃烧体实体围墙。辅助区可设置不燃烧体非实体围墙。储罐总容积等于或小于 50m³ 的气化站和混气站，其生产区和辅助区之间可不设置分区隔墙。

（3）气化站和混气站的液化石油气储罐与站内建（构）筑物的防火间距应符合《城镇燃气设计规范》（GB 50028）的要求。

（4）液化石油气气化站和混气站内消防车道应设置环形消防车道，宽度不应小于 4m，当储罐总容积小于 500m³ 时，可设置尽头式消防车道和面积不小于 12m×12m 的回车场。液化石油气气化站和混气站的生产区和辅助区至少应各设置 1 个对外出入口。当液化石油气储罐总容积超过 1000m³ 时，生产区应设置 2 个对外出入口，其间距不应小于 50m，对外出入口宽度不应小于 4m。

3. 储罐区布置

气化站和混气站的全压力式液化石油气储罐不应少于 2 台。液化石油气储罐和储罐区的布置要求与供应基地的储罐区的要求基本相同，但气化站和混气站的地下储罐宜设置在钢筋混凝土槽内，槽内应填充干沙。

总容积不大于 10m³ 的气化站储罐，可设置在独立建筑物内，但应符合下列要求：

（1）储罐之间及储罐与外墙的净距，均不应小于相邻较大罐的半径，且不小于 1m。

（2）储罐室与相邻厂房（耐火等级为一、二级）之间的防火间距不应小于 12m。

（3）储罐室与相邻厂房的室外设备之间的防火间距也不应小于 12m。

（4）设置非直火式气化器的气化间可与储罐室毗连，但应采用无门、窗洞口的防火墙隔开。

（四）瓶装供应站的设置

瓶装供应站设置便于运瓶汽车进出的道路。瓶装液化石油气供应站的供应按其气瓶总容积分为三级（见表 3.12）。

表 3.12 瓶装液化石油气供应站的分级

名　　称	气瓶总容积 V/m^3
Ⅰ级站	$6 < V \leqslant 20$
Ⅱ级站	$1 < V \leqslant 6$
Ⅲ级站	$V \leqslant 1$

（1）Ⅰ、Ⅱ级液化石油气气瓶供应站的瓶库宜采用敞开或半敞开式建筑。瓶库内的气瓶应分区存放，即分为实瓶区和空瓶区。

（2）Ⅰ级瓶装供应站出入口一侧的围墙可设置高度不低于 2m 的非燃烧实体围墙，其底部实体部分高度不低于 0.6m，其余各侧应设置高度不低于 2m 的不燃烧实体围墙。

（3）Ⅰ级瓶装液化石油气供应站的瓶库与修理间或生活、办公用房的防火间距不应小于 10m。管理室可与瓶库的空瓶区侧毗连，但应采用无门、窗洞口的防火墙隔开。

（4）Ⅱ级瓶装液化石油气供应站由瓶库和营业室组成，两者宜建成一幢建筑，之间应采用无门、窗洞口的防火墙隔开。

（5）Ⅱ级瓶装液化石油气供应站的四周宜设置非实体围墙，其底部实体部分高度不低于 0.6m。围墙应采用不燃烧材料。

（6）Ⅲ级瓶装液化石油气供应站可将瓶库设置在与建筑物（住宅、重要公共建筑和高层民用建筑除外）外墙毗连的单层专用房间，并应符合下列要求：房间应符合建筑耐火等级二级，通风良好，室温不高于 45℃，且不低于 0℃；室内地面的面层应是撞击时不发生火花的面层；相邻房间应是非明火、散发火花地点；照明灯具和开关应采用防爆型；配置燃气浓度检测报警器；至少应配置 8kg 干粉灭火器 2 只。

（五）防雷措施

1. 储罐

（1）液化石油气储罐可不装接闪器，罐体本身可作接闪器与接地装置相连，但储罐的放散口附近必须设置独立的避雷针保护。

（2）液化石油气储罐必须作环形防雷接地，接地点不应少于两处，其弧形距离不应大于 30m。

（3）接地体距罐壁的距离应大于 3m，当罐顶装有避雷针或利用罐体做接闪器时，每一接地点的冲击接地电阻不应大于 10Ω。

2. 建（构）筑物

（1）建（构）筑物的防雷设施的接闪器、引下线一般直接设在被保护物上，其冲击接地电阻均不大于 10Ω，并应和电气设备接地装置相连。

（2）为防止感应雷击所产生的高电压危害，应将建（构）筑物内所有的金属物（设备、管道、金属构架）等与接地装置相连。

（3）建（构）筑物内的接地干线与接地装置的连接不应少于两处。

（4）码头钢引桥也应进行电气连接并设置防静电、防雷接地装置，接地装置的接地电阻大于 10Ω。

3. 管线（架）和电缆

（1）液化石油气管线可用其自身做接闪器，其法兰、阀门的连接处应设金属跨接线。当法兰用 5 根以上螺栓连接时，法兰可不用金属线跨接，但必须构成电气通路。

（2）管路系统的所有金属件，包括金属包覆层，必须接地。管路两端和每隔 200～300m 处，以及分支处、拐弯处，均应有一处接地，接地点宜设在管墩处。

（3）液化石油气的放空管路必须装设避雷针，避雷针的保护范围应高出管口不少于 2m，避雷针距管口的水平距离不得小于 3m。

（4）引入室内的架空管道，在入户处应和接地装置相连。对于架空管道，在距建筑物 25m 处还应接地一次。

（5）平行敷设的金属物（如管道、构架、电缆外皮等）其相互间的净距小于 100mm 时，应每隔 20～30m 用金属线跨接一次。

（六）安全操作规程

1. 瓶装供应站

（1）对进站的实瓶应逐个检查并称重，发现不合格的气瓶应及时退回液化石油气供应基地，对进站空瓶进行检查，并标明应倒残的空瓶。

（2）对实瓶库用嗅觉和检测仪器进行经常性的检查，发现漏气瓶，应及时处理。

（3）不准在站内倒瓶或向下水道倾倒残液。实瓶应单层码放，空瓶可双层码放。

（4）装卸气瓶应轻拿轻放，不得摔、磕、碰、撞，气瓶存放处应设防止气瓶滚动倒落的设施。

（5）严禁用汽车槽车在站内直接灌瓶。

（6）非营业时间，瓶库内存有液化石油气气瓶时，应有人值班。

（7）瓶装供应站提供的液化石油气钢瓶应符合《液化石油气钢瓶》（GB 5842）的规定。

2．气化站和混气站

（1）汽车槽车在站内卸车时，应检查是否与静电接地线相连。

（2）当槽车停稳后，应在车轮下放置三角木，以防槽车滑动造成事故。

（3）汽车槽车不得在气化站和混气站内当储罐使用，严禁用槽车在站内或站外直接充瓶。

（4）气化站和混气站内不得随意停放槽车，禁止未卸或未卸完的槽车停放在槽车库内。

（5）严禁储罐超量储存液化石油气。

（6）气化站和混气站内的储罐和管道应按规定定期进行检验和维修。

四、火灾爆炸的处置对策措施

（一）工艺措施

1．关阀断料

当储罐、管道发生泄漏时，应及时关闭事故罐进出气（液相）阀、旁通管阀门、截止阀、紧急切断阀阻止泄漏，断绝液化石油气泄漏扩散源。关闭管道阀门时，必须在喷雾射流保护下进行。

2．倒罐输转

倒罐输转是指将事故罐液化烃通过输转设备和管线以液相倒入安全装置或容器内，以减少事故罐的存量及其可能的危险程度。倒罐技术依靠的是液化烃储罐的输送装卸工艺设施，常用的方法有输送管线烃泵加压法、静压高位差法和临时铺设管线导出法等。

3．注水排险

液化石油气全压力罐底部泄漏，可以利用水比液化石油气密度大的特性，通过向罐内加压注水，抬高储罐内液化烃液位，将罐内液位上浮到漏口之上，使罐底形成水垫层并从破裂口流出，隔断液化烃的泄漏，缓解险情。注入罐内水位一般不超过2m，根据储罐的泄漏情况，可采取边倒液化石油气边注水的方法。

（二）消防技战术

1．稀释抑爆

当发生气相泄漏形成蒸气云时，在采取控制火源的同时，应利用固定喷淋、固定水炮或移动摇摆炮、屏障水枪等喷射雾状水，对泄漏区扩散的液化烃蒸气云实施不间断稀释，使其浓度降低至爆炸下限以下，抑制其燃烧爆炸危险性。在泄漏点侧风向，宜设置移动摇摆炮、移动无线遥控水炮；在泄漏点下风向，应设置屏障水枪以扇形水幕墙稀释，设置距离应根据现场情况确定。

2．堵漏封口

管道泄漏或罐体孔洞型泄漏时，应使用专用的管道内封式、外封式、捆绑式充气堵漏工具进行堵漏，或用金属螺钉加黏合剂旋拧，或利用木楔、硬质橡胶塞封堵。法兰泄漏时：若螺栓松动引起法兰泄漏，应使用无火花工具，紧固螺栓，制止泄漏；若法兰垫圈老化导致带压泄漏，可利用专用法兰夹具，夹卡法兰，并在螺栓间钻孔高压注射密封胶堵漏。

3．水流切封

当泄漏口呈火炬状燃烧时，可组织数支喷雾、开花水枪或移动摇摆水炮，以并排或交叉方式射出密集水流，集中对准火焰根部下方及其周围实施高密度水流切封，同时由下向上逐渐抬起水射流，利用水汽化吸收大量的热能，在降低燃烧温度的同时稀释泄漏液化烃的浓度，隔断火焰与空气的接触，使火焰熄灭。

4. 干粉灭火

干粉扑救液化烃火灾灭火速度快。干粉灭火剂的使用量应根据火势大小、压力高低和冷却效果好坏等因素确定，在水枪射流冷却降温罐体的配合下，干粉灭火效果更为显著。

（三）安全防护

1. 个人防护

进入现场操作时要着全棉防静电内衣，做好个人安全防。

2. 紧急避险

应预先确定紧急避险、紧急撤离的方向和线路，标识和联络方式，并授权各中队、各阵地指挥员遇到险情不需请示的撤退指挥权。撤退时不收器材，不开车辆，主要保证人员安全撤出。

3. 防爆、防静电

现场处置时要尤其做好防爆工作，现场应采取措施，消除事故现场区域内的一切火源，包括明火、电火、静电火花、撞击摩擦火花等。对讲机应选用本质防爆型。

思考与练习题

1. 按分馏过程，石油的馏分组成通常分为哪几种？
2. 石油加工前为什么要脱盐脱水？
3. 石油化工企业的溢料和泄漏如何处置？
4. 试从防火防爆角度分析石油及其产品的危险特性？
5. 如何做好加油站的安全评价？
6. 如何加强加油站的人员管理？
7. 如何做好液化石油气站的气瓶管理？
8. 液化石油气站消防设计审核应该注意哪些问题？

第四章
化工行业消防安全

○ 【学习目标】

1. 了解乙炔生产的工艺流程；熟悉乙炔、电石、丙酮的危险特性，瓶装乙炔的结构和火灾危险性；掌握乙炔充装过程防火安全措施、电气防火措施及火灾扑救措施。

2. 了解氧气生产的工艺流程和工艺过程；熟悉氧气的危险特性及精馏塔发生爆炸的部位、时间和原因；掌握氧气在压缩、输送、储存和灌装过程的火灾危险性和防护安全措施，熟悉氧气厂的建筑防火安全措施。

3. 了解煤气生产的工艺流程和工艺过程；熟悉煤气生产的火灾爆炸危险性；掌握煤气生产的防火安全措施。

4. 了解氯气生产的工艺流程；熟悉氯气的火灾危险性、氯气生产的建筑防火安全要求；掌握氯气生产中的防毒措施。

5. 了解合成树脂生产、聚氨酯制品生产的工艺过程；熟悉合成树脂生产、聚氨酯制品生产等过程的火灾危险性；掌握合成树脂及聚氨酯制品等生产的防火安全措施。

6. 了解合成橡胶的工艺流程；了解合成橡胶生产的火灾危险性；掌握合成橡胶生产的安全措施和防火防爆措施。

化工伴随着人类文明的发展而进步，人类早期的生活更多地依赖于对天然物质的直接利用，渐渐地这些物质的固有性能满足不了人类的需求，于是产生了各种加工技术，有意识有目的地将天然物质转变为具有多种性能的新物质，并且逐步在工业生产的规模上付诸实现。广义地说，凡运用化学方法改变物质组成或结构，或合成新物质的，都属于化学工艺，所得的产品被称为化学品或化工产品。人类已经彻底进入化工时代，在现代生活中，几乎随时随地都离不开化工产品，从衣食住行等物质生活到文化艺术、娱乐等精神生活，都需要化工产品为之服务。

化学工业主要包括石油化工、煤化工、盐化工、氟化工、磷化工、精细化工等。按原理又分为有机化工和无机化工。各种类型原料不同、产业链不同，得到的产品也有所不同。石油化工工业是化学工业中最重要的组成之一，通常简称石油化工。石油化工发展迅速，产业链较长，工艺流程复杂，是我国国民经济的支柱产业之一，在国民经济发展中有着不可替代的作用。随着产能规模的进一步扩充，深冷、高温、高压等新技术及 LNG 等新能源不断出现，加之石油化工行业的生产、储存、运输每个环节均存在大量危险化学品，有关危险化学品的各类事故也频频发生，造成了极其惨痛的损失和较大的社会影响。

2010 年开始，我国已经成为世界第一大化学品生产国和世界第一大石化产品生产国，石油化工产业的经济总量已位居世界前列，总体水平的提高超过了历史上任何一个时期，已形成了具有二十多个行业，能生产四万多种产品的门类齐全品种大致配套的工业体系。石油化工企业是我国国民经济的支柱性产业，同时石油化工企业的火灾、爆炸危险性很大，发生火灾、爆炸事故给国家财产和人民生命造成的损失和危害也较大，这是由石化行业的特点所决定的。第一，从工艺上看，石油化工生产具有高温、高压、深度冷冻的特点。在这样的条件下，加上多数介质具有程度不等的腐蚀性，生产设备、容器、管道易遭到破坏，从而引起介质的泄漏，造成火灾、爆炸事故。第二，从介质上看，石油化工生产中所接触到的介质（包括原材料、中间产物及成品）大多数易燃、易爆。这些可燃气体（蒸气）与空气混合后，达到爆炸极限，遇火源发生爆炸时具有很强的破坏性。此外，该行业大部分介质电阻率高，在输送、放空、泄漏、采样等情况下易造成静电起火。第三，从生产方式上看，石油化工具有高度集中化、自动化、连续化的特点，能量储存也集中。一旦发生火灾、爆炸事故，易于波及和蔓延，造成巨大人员伤亡及经济损失。因此，石油化工企业加强防火防爆工作非常重要。

第一节　乙炔生产

乙炔，也叫电石气，化学式为 C_2H_2，是最简单的碳氢化合物之一，因含有碳碳三键（$-C\equiv C-$），其化学性质极为活泼，且易燃，并能与许多物质发生化学反应，衍生出上千种有机化合物，所以有"有机化合物之母"之称。常温下，纯净的乙炔是无色、略带醚味的易燃气体，比空气密度略小。工业乙炔因含有 H_2S、PH_3 等杂质而具有刺激性的臭味。乙炔的用途极为广泛，如：氧炔焰温度高达 $3000\sim4000℃$，用于金属的切割、焊接及金属表面的喷镀、热处理等。它又是塑料、医药、橡胶等有机合成工业的基本原料，用来制取聚氯乙烯、醋酸乙烯酯、氯丁橡胶等产品，此外乙炔还可用来生产其他化工产品。

一、乙炔生产的工艺流程

工业上制取乙炔的方法很多，如电石法、甲烷裂解法、烃类裂解法等。我国目前工业制取乙炔多采用电石法。电石法生产乙炔工艺流程简单，易操作，得到的乙炔纯度高。电石法生产乙炔是利用电石（碳化钙）与水发生化学反应，生成乙炔和氢氧化钙，其化学反应方程式为：

$$CaC_2 + 2H_2O \xrightarrow{70\sim75℃} C_2H_2 \uparrow + Ca(OH)_2 \downarrow + 137.9kJ/mol$$

该反应为强放热反应过程，工业生产中所用的工业电石因含有杂质，反应时放出的热量略低于纯净的 CaC_2 与水反应时放出的热量。

其工艺流程如图 4.1 和图 4.2 所示，大体可分为制气、净化、压缩、充装四个过程。

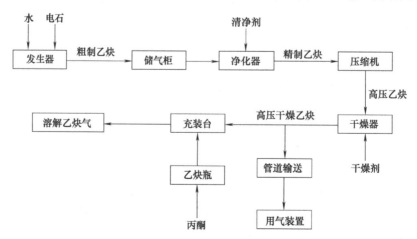

图 4.1　电石法生产乙炔工艺流程简图

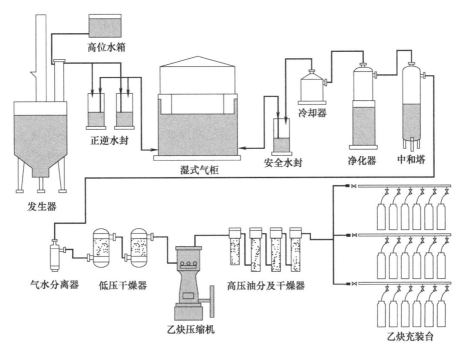

图 4.2　电石法生产乙炔工艺流程图

（一）制气

乙炔的制取是在乙炔发生器内进行，将电石和水加入发生器中，电石与水反应生成乙炔气。按照电石和水接触的方式可分为电石入水式（湿法）、入水电石式（干法）和排水式。其中，电石入水式发生器在工业上用得比较普遍，其工作方式是把电石投入到水中，产气量根据电石投入速度调节。目前我国乙炔生产主要采用的敞开式乙炔发生器，属于电石入水式、低压操作（工作压力≤0.02MPa）的发生器。发生器是生产乙炔的关键设备，如图4.3和图4.4所示。内装有2～3层耙齿型隔板（或电石蓝），目的是保证电石与水充分接触。还

图 4.3　乙炔发生器

图 4.4　乙炔发生器顶部

设有搅拌器和冷却盘管。由于在发生器内生成的乙炔还有较高的温度（70～75℃），所以需要对其进行冷却。冷却是在冷却塔内进行的，冷却塔内有充填磁环和水喷淋。其作用是冷却乙炔气和除去乙炔气中的一部分杂质。

（二）净化

乙炔发生器产生的粗制乙炔经过气液分离储存在储气柜中。储气柜内的乙炔通入净化器，需经过两次净化，净化剂为次氯酸钠溶液。在第一清净塔内与次氯酸钠接触除去大部分硫、磷等杂质，然后进入与第一清净塔并联的第二清净塔，再次与浓度较高的次氯酸钠接触

彻底除去硫、磷等杂质得到清净的乙炔。清净乙炔再进入中和塔，与烧碱进行中和，除去具有强腐蚀性的酸，制成精制乙炔。当前世界溶解乙炔发展潮流是以湿法净化代替干法净化。湿法净化一般使用次氯酸钠溶液、硫酸溶液、氯水溶液等作为净化剂。

（三）压缩

经过净化后的乙炔，含有少量的水分，在灌瓶前还需要经干燥处理。常用的干燥剂有无水氯化钙。精制乙炔除去水分后，进入乙炔压缩机，最大压力压缩到2.5MPa。压缩后的乙炔经气液分离器和高压干燥器除掉水分，使乙炔气体中的含水量低于0.03％，成为合格的乙炔气体。

（四）充装

合格的高压乙炔气体可通过管道输送到用气装置，或输送到乙炔充装台，通过乙炔汇流排将

图4.5　乙炔汇排管

其充装到溶解乙炔气瓶，见图4.5和图4.6。

图4.6　溶解乙炔气瓶

为了节省能源，提高电石利用率，减少污染，我国广泛使用溶解乙炔气瓶。溶解乙炔气瓶中装有液态丙酮，利用丙酮对乙炔良好的溶解性储存乙炔气体。在 20℃、0.1MPa 时，1 体积丙酮能溶解 20 体积的乙炔。当乙炔溶解于丙酮时，不仅增加了乙炔容量，而且其分子被溶剂所分散，也降低了乙炔的爆炸能力。

充装时，将压缩的乙炔充装至填有多孔填料（固体硅酸钙或活性炭）和溶剂（丙酮）的钢瓶内，使乙炔溶解在丙酮溶液中。使用时，乙炔气释压后便可从丙酮溶液中放出。这样的乙炔叫"溶解乙炔"或"瓶装乙炔"。乙炔瓶内填充多孔性填料的目的是将乙炔气体分布在多孔性填料的毛细孔内，从而可阻止瓶内某一部分可能发生的乙炔分解爆炸传播至瓶内全部气体，提高了乙炔瓶的安全性能。

二、乙炔生产的火灾危险性

乙炔生产的火灾危险性属于甲类。

（一）物料的火灾危险性

1. 乙炔的火灾危险性

（1）乙炔的爆炸极限范围很宽。在空气中为 2.5%～82%（7%～13% 时爆炸能力最强，最大爆炸压力为 1.058MPa），在纯氧中为 2.3%～93%（30% 时爆炸能力最强）。可与空气形成爆炸性混合气体，极易发生爆炸。乙炔与空气的混合气体，在常压下其浓度为 7.73% 时，最小点火能量是 0.02mJ。乙炔与氧气的混合气体，在常压下其浓度为 7.73% 时，最小点火能量是 0.003mJ。乙炔与空气混合物的自燃温度比较低，而且随着温度和压力的变化而变化。乙炔的点火源有许多种，除了常见的机械能、热能、电能、光能以外，还有化学反应过程中的氧化、聚合、分解产生的化学能，也会使乙炔燃烧、爆炸。

（2）常压乙炔一般不会分解，加压乙炔则极易分解，压力越高，越容易发生分解、爆炸，且分解温度随压力的升高而迅速下降，乙炔爆炸性分解的速度可达 1800～3000m/s。

（3）乙炔与多种金属接触，能生成危险的金属炔化物，例如乙炔与金属钠在液氨中进行反应，生成乙炔钠并放出氢气。乙炔和固体的银接触后，在银的表面会生成乙炔银，乙炔银具有炸药的全部特性，在金属炔化物中，乙炔银的爆炸威力最大。铜的炔化物有多种类型，其中有一些受到轻微的撞击就会爆炸，乙炔和固体的铜长期接触也会生成极易爆炸的乙炔铜。乙炔和汞盐的溶液接触则生成爆炸性乙炔汞，但是乙炔不会和金属汞直接生成乙炔汞。

（4）乙炔含磷化氢超过 0.15% 时，遇空气容易自燃。

（5）在生产和使用乙炔时，遇到某些杂质（如氢氧化钾、氢氧化铁或某些金属氧化物），还有可能会发生分解爆炸。杂质作为催化剂，颗粒越小，作用越强。纯乙炔在 635℃ 的温度下会发生分解，但由于杂质的催化作用，乙炔开始分解爆炸的温度会明显下降。影响乙炔分解爆炸的因素很多，除压力、温度、杂质等因素外，还有乙炔的储存输送容器，乙炔的干、湿程度等。容器的尺寸越大，管径越大，管道越长，爆炸的威力也就越大，所需的压力则越低。湿乙炔的爆炸能力低于干乙炔，且随着湿度的增加而相应地降低。乙炔用惰性气体或水蒸气稀释后，能降低其爆炸危险性。

2. 电石的火灾危险性

电石的化学名称为碳化钙，分子式 CaC_2。纯净的电石为无色透明的晶体，工业用电石的外观为灰色、黄褐色，碳化钙含量较高的电石为紫色。电石本身没有着火和爆炸危险，但是一旦与水接触或受潮后，就生成易燃易爆的乙炔。电石中的杂质硫化钙和磷化钙，在遇水时会反应生成硫化氢和磷化氢等易燃气体，其中的磷化氢还具有自燃危险性。

3. 丙酮的火灾危险性

在生产乙炔的过程中，丙酮用于溶解乙炔。丙酮是一种无色透明的易燃液体，相对密度0.788，闪点－20℃，沸点为56.5℃，爆炸极限2.55％～12.8％，具有较大的火灾危险性，在储存使用过程中易造成火灾爆炸事故。

（二）生产过程火灾危险性

1. 制气

（1）形成爆炸性混合物。原因是未进行氮气置换、设备负压吸入空气、乙炔气体泄漏或排渣速度过快等。

（2）加料控制不当。电石与水反应是快速而不可逆的强放热反应，如果加料速度过快、加料量过多、电石过细会造成反应过分剧烈，使发生器内的温度、压力升高或出现局部过热，引起燃烧爆炸事故。若电石的粒度过大，反应不完全，到渣坑后仍能继续反应放出乙炔气体。

（3）温度或压力控制不当。冷却水过少或搅拌机发生故障，致使局部温度过高，乙炔发生聚合反应有起火爆炸的危险。压力升高会使乙炔自燃温度降低，分解爆炸危险增加；反之压力过低，可能会造成压缩机入口负压而吸入空气。

（4）液位控制不当。发生器内的液面过高或过低都有可能引发爆炸。

（5）生产中火源控制不严。电石桶、电石料斗与乙炔发生器的储料斗相碰、电石中的硅铁杂质和铁质工具相碰、发生器运转部分的机件互相摩擦碰撞、电气设备和机械通风设备不符合防爆要求等都可能产生火花。

2. 净化

使用含氯净化剂时，如果有效氯的含量过高，氯容易游离出来与乙炔发生剧烈反应，引起燃烧爆炸；在开车前设备管道内空气未排净时，易发生爆炸；进入净化塔的粗乙炔气体温度过高，易生成氯乙炔，引发爆炸事故。

3. 压缩

压缩压力过高，易导致乙炔分解爆炸事故；压缩过程中冷却水中断，温度失控造成乙炔气体爆炸。

4. 充装

充装过程是在高压条件下进行的，溶解乙炔气瓶内的丙酮容易燃烧，具有较大的火灾危险性。冷却水供量不足或中断，使乙炔气瓶超温超压爆炸；气瓶内丙酮过少，乙炔在较大的气相空间、高压下易聚合，尤其在受热时，具有燃烧爆炸危险。

三、乙炔生产的防火安全措施

（一）生产过程的防火安全措施

1. 原料

运输电石过程中，要注意防雨防潮，严防电石被雨水淋湿，搬运时要轻拿轻放，防止摩擦、撞击而产生火源。

储存、粉碎电石的建筑宜采用一、二级耐火等级建筑，符合《建筑设计防火规范》

（GB 50016）有关防爆泄压的要求，屋顶要严防漏雨，门、窗等外檐应设雨罩或挑檐，防止雨雪侵入。

在开启电石桶时，应使用不发生火花的工具，操作者要避开桶盖上方，以防桶内有压力时突然有气体冲出。

电石使用前应经过严格化验，当磷化钙、硫化钙等杂质超过标准时不可使用。

要清除电石中的杂质，特别要筛选出其中的硅铁，防止加料时碰撞起火，或排渣时堵住阀门。

电石粉碎时电石粉尘悬浮在空气中有爆炸危险，因此要有吸尘设备，做好除尘工作。

2. 乙炔发生器

乙炔发生器及其重要配件，必须选用经有关部门鉴定合格的产品；乙炔发生器上的附件及与乙炔接触的计量仪器、测温筒、自动控制设备和检修用的工具等，其含铜量不得超过70%，禁止使用水银温度计或其他含有汞、银等金属的材质制成的热电偶。

加料时要严格控制数量和速度，乙炔发生器顶部的储料斗及顶盖、内壁应衬铝或橡皮，若发现脱落应及时修补，以防铁器之间碰撞产生火花。

要严格控制压力和温度。

乙炔发生器系统应装设水封、阻火器等安全装置，并定期检查。

乙炔发生器如需修理，必须先使用氮气置换，并用水冲洗，分析乙炔含量小于0.5%时方可检修。

当乙炔发生器停止使用或乙炔管道内温度低于16℃时，乙炔与水能生成冰雪状的水合晶体，容易堵塞管道，也可能由于乙炔与水合晶体摩擦产生静电带来危险。若出现上述情况，就用热水或水蒸气加热，严禁用明火烘烤。

3. 净化

选择乙炔清净剂应防止其与乙炔反应，不发生燃烧、爆炸也不会产生新的杂质；更换或再生固体清净剂时应与乙炔系统切断，作业前后应用惰性气体置换，投入使用前还应用乙炔气体置换，直至乙炔气体纯度大于98%方可并入系统运行。当净化装置临时停车时，应保持装置内正压。

4. 压缩

乙炔压缩机是高温、高压设备，开车前应对整个系统用氮气吹扫，使系统内的含氧量小于3%；要确保压缩系统的密封要求，并设置有防负压和防高压的限压装置，压力异常时能自动停机、报警；乙炔压缩机各级排出温度应小于90℃（进入冷却器前），冷却后应低于35℃；乙炔压缩机各级都应有可靠的安全阀；用皮带传动的乙炔压缩机必须采用导静电的专用皮带；压缩机使用的润滑油闪点应不低于240℃；干燥剂要定期补充，更换和补充干燥剂前后，必须用氮气置换。

5. 充装

准备灌装前，应对气瓶进行外观检查（包括瓶的涂色、气体名称、检查期限、有无伤痕及腐蚀情况等），对瓶内填充物料、溶剂数量、残存气体量等，也要逐项进行检查。凡进厂的空瓶，应先鉴别是否属于乙炔瓶，并校验乙炔气剩余压力。凡低于0.05MPa或瓶内无剩余乙炔气的，必须用乙炔气进行置换，直至瓶内乙炔浓度大于98%才能灌充乙炔气，置换时乙炔气体压力宜小于0.2MPa。气瓶超过使用期限，或带有机械性损伤（裂纹凹陷等）及火焰烧烤痕迹或瓶阀损坏等，严禁充气。气瓶经过称重检查瓶内的丙酮是否流失，多孔性活性炭是否有下沉，丙酮如有短缺应予补充，并对活性炭进行整理或调换，才可进行灌充。

必须严格执行最大灌装量和温度（小于或等于40℃）、压力控制标准。如发现钢瓶温度升高，应送室外用水冷却并检查。

当开启或关闭充灌排上的阀门和乙炔瓶阀门时，操作要轻缓；如果间断充装，静置时应将瓶阀关闭。在充装过程中，应根据室温和充装速度用冷却水喷淋乙炔瓶，并加强巡回检查，严防漏气；灌装乙炔的导管，必须保证是净化过的；充入的乙炔量应控制在5～7kg。

灌装后的乙炔气瓶必须用肥皂水逐只检查瓶阀和易熔合金的气密性；在乙炔气瓶灌装后，必须静置8小时以上，并按国家标准检验乙炔质量，合格后方可出厂。

在搬运桶装丙酮时，要轻拿轻放。在开启桶盖时要防止打出火花。丙酮不可放在日光下曝晒或靠近热源，丙酮库要通风良好，给乙炔气瓶补充丙酮要用氮气压送，丙酮储罐不可设在乙炔压缩间和灌充气瓶间内。

（二）建筑防火措施

乙炔厂（站）的制气站房、灌瓶站房、电石渣处理站房、电石库和电石破碎间、电石渣坑，以及乙炔瓶库、丙酮库、乙炔汇流排间的生产（储存）火灾危险性类别应为甲类。乙炔厂（站）的建筑布局、耐火等级、防火间距、防火分隔、安全疏散、防爆泄压等均应符合《建筑设计防火规范》（GB 50016）、《乙炔站设计规范》（GB 50031）等有关技术规范的要求。

（1）乙炔厂（站）有爆炸危险的生产车间、仓库，应为单层建筑，其耐火等级不应低于二级。有爆炸危险的厂房应有泄压设施，保证泄压比不小于0.20m²/m³。

（2）电石库、电石破碎间、中间电石库不应设在易被水淹没的地方，室内严禁敷设蒸汽、冷凝水、给排水管道。

（3）乙炔灌装间除应设有气瓶降温喷淋设施外，还应安装消防喷洒设备，作为固定消防设施，喷洒阀门如果是手动的，应设在室外。

（三）电气防火措施

（1）乙炔生产中，所有可能形成爆炸混合气体的场所和部位，其电气设备和仪器、仪表应达到dⅡCT2级的防爆等级。

（2）应有防雷设施，将排放有爆炸危险气体的放空管置于防雷保护范围内，排气口应安装阻火器，设备全部接地。

（3）乙炔生产中的发生器间、压缩机间、储气罐间、灌瓶间、实瓶间等部位，应安装可燃气体检测报警装置，并定期维护保养，保证完好有效。

（四）安全管理措施

（1）乙炔厂（站）应划分禁止烟火范围，并设立明显标志，无关人员不得进入。进入生产区的机动车辆应有防火防爆措施，严禁电瓶车进入生产区。

（2）在电石渣坑附近应禁止烟火，不得把次氯酸钠废液等氧化剂放入电石渣坑内，以免发生化学反应，引起燃烧爆炸。

（3）当乙炔设备及生产现场需要动火时，必须办理动火审批手续，制定防火措施，指定专人监护，做好灭火准备。

（4）乙炔生产岗位的操作人员应经过专门的安全培训，考试合格后方准上岗，严格执行防火安全制度和操作规程。

（5）操作人员应着防静电服及导电鞋，严禁穿着化纤服装及带铁钉的鞋进入作业岗位；进入爆炸危险场所应设置导除人体静电的设施，如安装接地的门把手、栏杆等。

（五）火灾扑救措施

当乙炔厂（站）发生火灾时，应迅速切断动力电源，关闭工艺管路及乙炔气瓶上的所有阀门，防止气体从设备系统中逸出，正确选用灭火器材进行扑救。宜用干粉、氮气或二氧化碳灭火剂进行灭火，电石仓库、电石堆垛等部位发生火灾不能用含水灭火剂进行扑救。

第二节　氧气生产

氧气是自然界中生物赖以生存的物质，氧的化学性质极为活泼，既能助燃，又能促使一些物质自燃。它在工业上的用途广泛，如液氧在国防工业中可作为火箭的助燃剂，而在机械工业中用于切割、焊接，冶金工业中用于氧化炼钢和有色金属冶炼，化工生产中用作氧化剂，医疗、深水作业中也都需要氧气等。其生产的火灾危险性属乙类。氧气是生物赖以生存的物质，空气、水、矿石中的氧约占地壳质量的一半，是地壳中含量最多的元素。氧气广泛应用于钢铁、有色金属、化学、能源、国防及医疗卫生行业。氧的化学性质活泼，既能助燃，又能促使一些物质自燃。

生产氧气的方法很多，主要有电解法、化学法、空气分离法等。电解法和化学法制氧因能耗高、原材料昂贵等原因已逐渐被淘汰或只适宜于小规模生产。空气分离法按照分离方式的不同，又分为深冷分离法、吸附分离法、膜分离法三种方法。深冷分离法具有产量大、电耗低、氧气纯度高（可达96.6％以上）、适宜大规模生产等优点，本节主要介绍深冷分离空气法制氧的工艺流程、火灾危险性及安全防火措施。其生产的火灾危险性属乙类。

一、氧气生产的工艺流程

深冷分离空气法制取氧气的基本原理是：把经过过滤清净的空气进行压缩、降温使之液化，利用氧、氮沸点的差别（氧为$-183℃$，氮为$-195.8℃$），把液态空气在精馏塔中经过多次蒸发和部分冷凝，分离为氧气和氮气。

按照生产工艺过程中压缩空气的压力高低分为高压流程（10～20MPa）、中压流程（2～2.5MPa）、高低压流程（0.6MPa、10MPa、20MPa）、全低压流程（0.6MPa），我国大多数大型制氧企业采用全低压制氧工艺，工艺流程如图4.7所示。

生产的氧气大部分直接用管道输送给用户；少量的氧被液化，以绝热储槽储运；还有少量氧气经高压压缩，用钢瓶运输。整个工艺大体分为空气压缩、精馏、氧气压缩与输送、氧气（液氧）的储存、氧气的灌装五个过程。

（一）空气压缩

经过过滤器清除空气中灰尘和杂质，通过压缩机将空气压缩到0.5～0.6MPa，然后除

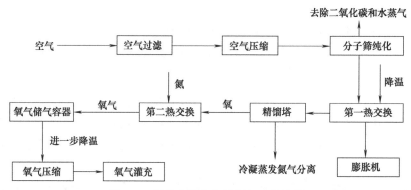

图4.7 深冷分离空气法制氧工艺流程

去压缩空气中的二氧化碳和水蒸气，并将空气液化。

（二）精馏

液态空气经过精馏塔分离为氧气和氮气，制得氧气，如图4.8所示。

（三）氧气压缩与输送

氧气压缩是利用氧气压缩机将氧气加压输送到用户或充入气瓶的工序。

（四）氧气（液氧）的储存

储存氧气的容器，按不同压力可分为低压、中压和高压三种，有胶质储气囊、湿式储气柜、球型罐和筒型罐等。

（五）氧气的灌装

将氧气经高压压缩，利用充装设备充入氧气钢瓶，供移动用氧用户使用，如图4.9所示。

图4.8 空分装置

图4.9 氧气钢瓶

二、氧气生产的火灾危险性

(一) 物料火灾危险性

氧的化学性质非常活泼，具有很强的氧化性，可以助燃，还能促使一些物质自燃。氧气在生产过程中的火灾危险性主要是氧的强氧化性和助燃性。

通常，当场所或局部环境中氧含量大于 21% 时，称为富氧环境。氧气生产和储存场所可能形成富氧环境，容易引发火灾爆炸。

1. 富氧环境中难燃或不燃物质变为可燃物质

如聚四氟乙烯正常情况下为不燃的有机物，在纯氧环境中变为可燃物；金属在氧气中也可以燃烧。

2. 富氧环境中物质的引燃能量降低

当氧浓度增大时，物质的最小引燃能量急剧减少。如随着氧浓度的增大，二乙醚的最小引燃能从 0.2mJ 左右（空气中）降到 0.018mJ 左右（纯氧中），环丙烷从 0.25mJ 左右（空气中）降到 0.011mJ 左右（纯氧中）。

3. 富氧环境中物质的燃烧速度加快

富氧环境中物质的燃烧速度明显变快。如空气中聚乙烯和苯乙烯的火焰传播速度分别是 2.13cm/min 和 4.88cm/min，而在 34.5kPa 的氧气中，它们的火焰传播速度分别是 38.1cm/min 和 121.9cm/min，空气中不燃烧的氯丁橡胶在 34.4kPa 的氧气中的火焰传播速度也达到 48.77cm/min。富氧环境火灾发展更迅速，往往瞬间便弥漫整个空间。

4. 富氧环境中火焰温度升高

富氧环境中火焰温度会升高，如乙炔、甲烷、氢气的火焰温度在空气中分别为 2325℃、1875℃ 和 2045℃，而在氧气中的火焰温度升高为 3135℃、2930℃ 和 2660℃。

5. 富氧环境中可燃物爆炸极限变宽

富氧环境中物质的爆炸极限范围明显变宽。如乙炔、甲烷、氢气的爆炸极限在空气中分别为 2.5%～82%、5.3%～15%、4.1%～74.2%，而在氧气中的爆炸极限分别为 2.8%～93%、5.4%～60%、4.7%～94%。

6. 富氧环境中可燃物燃点降低

富氧环境中可燃固体更容易燃烧，随着氧气压力增高，金属的燃点逐渐降低。如钢铁在常压空气的环境下燃点为 931～948℃，在 3.5MPa 的氧气环境下燃点降到 826～842℃，在 12MPa 的氧气环境下燃点又降到 592～630℃。纯氧与油脂接触也能引起自燃。

7. 氧与乙炔接触危险性大

氧气与乙炔接触，遇到明火即能燃烧或爆炸。液氧中混入乙炔或其他的碳氢化合物，即使没有明火也能自行着火爆炸。

(二) 生产过程的火灾危险性

1. 空气压缩

空气压缩是在空气压缩机中进行的，在压缩过程中发生电能—机械能—热能的转换，是一个放热的过程。在工作过程中，压缩机的轴瓦、电动机及排气管路等位置能够发生火灾爆炸事故。引起火灾爆炸的主要原因是：冷却系统工作不正常、电动机内部出现故障火花、燃烧或温度高于 100℃、润滑不良、排气管路的积炭氧化自燃等。

2. 精馏

精馏过程的主要危险是精馏塔发生爆炸事故。

（1）精馏塔爆炸事故的发生部位与空气分离设备的形式有关，在高压、中压或双压冷冻循环制氧装置发生的可能性较大，大型全低压制氧装置的爆炸事故易发生在冷凝蒸发器，在下管板、上管板、管束与冷凝器壳体之间也容易发生爆炸。爆炸发生的时间往往是在设备启动阶段，停车排放液氧时，或运转不正常、液氧液面有较大幅度波动时。

（2）精馏塔发生爆炸的原因主要是液氧中积聚了过量的乙炔、碳氢化合物、润滑油及其热裂解的轻馏分等易燃易爆物质。这些物质的来源主要有两个方面：一是原料空气不干净，混入了杂质；二是带入了空气压缩机及膨胀机润滑油的热裂解产物。

（3）如果液氧设备或管路的密闭性不强，导致液氧泄漏出来，渗透到精馏塔下的木垫或其他可燃物质上，一遇火花也会产生猛烈燃烧爆炸。

3. 氧气压缩与输送

在氧气压缩与输送时，如果可燃物、杂质进入压缩输送系统，极易引发火灾爆炸事故。

氧气压缩时，最容易在压缩机气缸内、活塞杆填料函密封处、管道或阀门处发生燃烧爆炸。

氧气输送时，输氧管道和阀门引起燃烧和爆炸的主要原因是：氧气管道中的铁锈、焊渣或其他杂质与管道壁摩擦，或与阀瓣、弯管冲撞以及这些物质间的相互冲撞，产生高温而燃烧。在氧气管道及其配件中的油脂、溶剂和橡胶等可燃物质，也会迅速燃烧。

4. 氧气（液氧）的储存

纯氧的氧化性很强，在其储存过程中稍有不慎，与可燃物接触，就有导致火灾的危险性。液氧在常温下能迅速汽化，短时间内在周围形成有一定压力的富氧区域，造成起火和爆炸的危险性比气态氧大得多。

5. 氧气的灌装

由于灌装器的阀体内可能混有可燃物（油脂），当氧在高压下装进空瓶时，流速很快，容易产生静电火花，或在灌装后关阀时机械摩擦产生火花，造成起火甚至爆炸事故。

三、氧气生产的防火安全措施

（一）生产过程的防火安全措施

1. 空气压缩

（1）压缩机运转中应保证冷却水的供应，如发现冷却水中断，应立即停车。停车后，一定要等气缸冷却，才能重新通入冷却水。

（2）电动机不得过载，要经常维护保养。

（3）供给气缸的润滑油量要适当，不要太多或太少，油压要稳定，油质要清洁。润滑油的闪点应高于压缩空气正常温度40℃以上。

（4）定期清除排气管路中的积炭和污垢。

2. 精馏

为了保证原料空气不被污染，氧气站应布置在空气清洁地段，位于乙炔站（厂）及电石渣堆或其他烃类杂质及固体尘埃散发源的全年最小频率风向的下风侧，吸风管应高出制氧站房屋檐1m以上，吸风口与乙炔站（厂）及电石渣堆等杂质散发源之间的最小水平间距应符合《氧气站设计规范》（GB 50030）的要求，以避免吸入易燃易爆物质，如有少量易燃易爆物进入精馏塔内时，应采取措施防止其过量积累。

3. 氧气压缩与输送

在氧气压缩与输送过程中，应采取措施，防止氧气与可燃物接触。

（1）加强对压缩机的维护。与压缩氧气接触的零部件，装配前必须严格脱脂去油，用四氯化碳清洗干净，以免发生燃烧爆炸；气缸和冷却器的冷却水量必须充足；使用的润滑油必须纯净，及时检查油量，防止润滑油缺少；安全阀及联锁装置要灵敏有效。

（2）严格检修密封装置。加强惰性气体的密封保护，随时将漏出的氧气用惰性气体冲淡吹走，避免油蒸气和氧气接触；液氧泵停车后再启动前，必须用常温干燥氮气吹扫 10～20min，把残存的氧气和油蒸气吹走。如对氧气管道动火焊接时，必须先将管道内氧气排尽，并用氮气置换，当排出的气体中含氧量低于 22％时方可动火，焊接后不可在管道内留下突出的焊瘤和焊渣，以免摩擦发生事故。

4. 氧气（液氧）的储存

（1）储气囊应布置在单独房间内，总容量小于或等于 100m³ 时，可布置在制氧间内，但不应放在氧压机的顶部，储气囊与设备的水平距离不应小于 3m，并应有防火围护措施。

（2）氧气储罐宜布置在室外，与相邻建（构）筑物、储罐、堆场之间应按规定留出防火间距。湿式氧气储罐与建筑物、储罐、堆场的防火间距应符合规范的要求（见表 4.1）；在寒冷地区，储气罐的水槽和放水管应采取防冻措施。

表 4.1　湿式氧气储罐与建筑物、储罐、堆场的防火间距　　　　　　　　　　　m

名　　称			湿式氧气储罐的总容积 V/m^3		
			$V \leqslant 1000$	$1000 < V \leqslant 50000$	$V > 50000$
明火或散发火花地点			25	30	35
甲、乙、丙类液体储罐，可燃材料堆场,甲类物品库房,室外变、配电站			20	25	30
民用建筑			18	20	25
其他建筑	耐火等级	一、二级	10	12	14
		三级	12	14	16
		四级	14	16	18
重要公共建筑			50		

（3）储气囊、储气罐应设有超压安全装置；储罐应定期检查、测厚，并采用防腐措施；周围 10m 内不得有明火作业。

（4）液氧储罐与其他建（构）筑物、储罐、堆场的防火间距应按气态氧折算后（1m³ 液氧折合 800m³ 标准状态气氧），符合规范的要求。液氧储罐与其泵房的间距不宜小于 3m，设在独立的一、二级耐火等级专用建筑物内时，且容积不超过 3m³ 的液氧储罐，与所属使用建筑的防火间距不应小于 10m；液氧储罐周围 5m 范围内不应有可燃物和设置沥青路面；液氧储罐应设置可靠的压力计、安全阀；液氧储罐夹套内的保温材料不得采用有机物，并应经常保持干燥；定期分析液氧中乙炔的含量，应控制在 0.5mg/L 以下。

5. 氧气的灌装

灌装前对气瓶要认真检查，凡沾有油脂、余压小于 0.05MPa 时，不得灌装，对不合格的瓶阀要及时更换；经修理的气瓶，必须彻底清除表面的油污；开关阀门要缓慢，以减轻气流摩擦和冲击；严格控制充装压力，不得超压灌装；灌装场所周围 10m 内不得有明火作业。

（二）建筑防火措施

氧气厂（站）的建筑布局、耐火等级、防火间距、防火分隔、安全疏散、防爆泄压等均应符合《建筑设计防火规范》（GB 50016）、《氧气站设计规范》（GB 50030）等有关技术规范的要求。

（1）氧气站宜远离易产生空气污染的生产车间，布置在空气清洁的地区，并在有害气体和固体尘粒散发源的全年最小频率风向的下风侧。

（2）制氧站房、灌氧站房、氧气压缩机间宜布置成独立建筑物，但可与不低于其耐火等级的除火灾危险性属甲、乙类的生产车间，以及无明火或散发火花作业的其他生产车间毗连建造，其毗连的墙应为无门、窗、洞的防火墙，并应设不少于一个直通室外的安全出口。

（3）灌氧站房的布置，氧气实瓶的储量，每个防火分区不得超过 1700 瓶，当氧气实瓶的储量超过 3400 瓶时，宜将制氧站房或液氧汽站与灌氧站房分别设置在独立的建筑物内。每个灌瓶间、实瓶间均应设有直接通向室外的安全出口。

（4）氧气储气囊间、压缩机间、灌瓶间、实瓶间、储罐间、净化间、液氧储槽间、氧气汇流间等房间相互之间应采用耐火极限不低于 2.00h 的不燃烧体隔墙和乙级防火门窗进行分隔。

（5）氧气站的主要生产车间，其围护结构上的门窗应向外开启，并不得采用木质等可燃材料制作。

（6）灌瓶间、实瓶间、汇流排间、储气囊间的窗玻璃宜采用磨砂玻璃或涂白漆等措施，防止阳光直接照射。

（三）火灾扑救措施

当空气分离设备、输氧管道氧气泄漏遇可燃物发生火灾时，应立即停车，切断气源，进行扑救。扑救过程要注意防止氧气浓度过大造成氧中毒。

》》 第三节　煤气生产

煤气通常指由煤等固体燃料或重油等液体燃料经干馏或气化等过程而得到的气体产物的总称。煤气的主要成分是一氧化碳、氢气和轻烃类。它是一种清洁无烟的气体燃料，易点燃、火力强，使用方便，热效率也比直接烧煤高。煤气在民用和工业上应用十分广泛，除用作燃料外，还可用作化工原料，如化肥生产等。

我国现有的城市煤气生产来源于煤制气（焦炉煤气、发生炉煤气）和油制气（重油裂解或催化裂解）。发生炉煤气需用气化剂将固体燃料气化产生煤气。所用气化剂不同，则得到的发生炉煤气的种类、成分也不同。如：若固体燃料在高温下与空气或水蒸气等作用可得到含 CO_2、CO、H_2 等成分的混合气体，则其中的空气和水则称为气化剂。发生炉煤气主要包括：①空气煤气：气化剂为空气，主要成分为 CO、N_2，主要用作化工原料。②半水煤气：气化剂为空气和水蒸气（或空气、水蒸气、O_2），用作化肥生产。③水煤气：气化剂为水蒸气，多用于焊接。发生炉煤气主要是指半水煤气。

煤气的着火温度一般在 $500 \sim 600 ℃$，与空气混合成一定比例后，遇火会爆炸。焦炉煤气的爆炸浓度极限为 5%～36%，水煤气为 6%～72%，半水煤气为 20%～74%。另外，煤气中的一氧化碳不仅易燃，而且属于有毒气体。煤气燃烧时火苗大，温度高，易扩散蔓延。煤气厂的原料——煤和油用量很大。产品中除了煤气外，还有很多副产品，如苯、溶剂油、煤焦油、酚、萘、硫磺等。这些都是可燃和易燃物料，在其储存和生产过程中，火灾危险性也都比较大。

一、煤气生产的工艺流程

煤气是由煤等固体燃料或重油等液体燃料经干馏气化等过程而得的气体产物。煤制气其制气原料是煤炭，也有一部分使用炼油厂的残渣油或轻油（石脑油）造气，称为油制气，可以与煤制气掺混后供应城市。煤气生产是固、液一次能源转化为气态燃料的过程，根据不同原料的制气特性，煤气生产主要有炼焦制气工艺、直立炉制气工艺、压力气化制气工艺和重油蓄热裂解制气工艺。其中最为常见的是炼焦制气工艺（图 4.10）和重油蓄热裂解制气工艺（图 4.11）。本节以发生炉煤气制气（图 4.12）为例讲解。

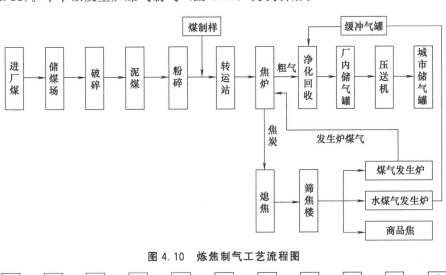

图 4.10　炼焦制气工艺流程图

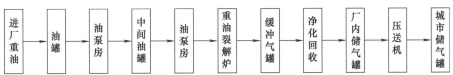

图 4.11　重油蓄热裂解制气工艺流程图

（一）制气

固体燃料中的碳或碳的化合物被氧或氧的化合物气化而生产氢气、CO 等可燃气体的过程称为固体物料的气化，简称制气。

在生产过程中，将煤炭和气化剂按比例加入发生炉，在一定的温度和压力下反应而产生粗煤气。制气反应是在煤气发生炉内进行的。

煤气发生炉的构造如图 4.13 和图 4.14 所示，它有灰渣层、氧化层、还原层、干馏层、干燥层。

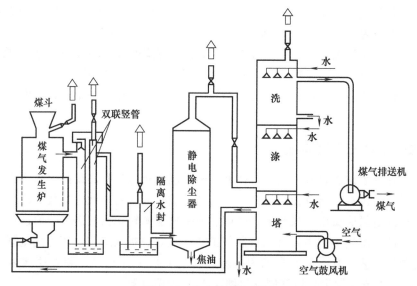

图 4.12 发生炉煤气制气

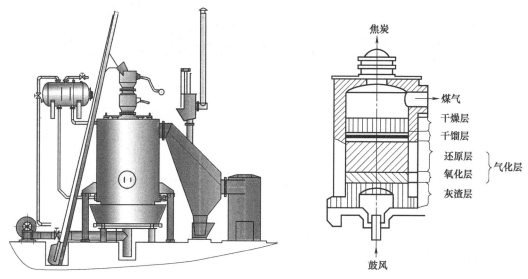

图 4.13 煤气发生炉结构   图 4.14 煤气发生炉构造

1. 灰渣层

作用：防止炉下炉条受高温变形，预热气化剂。温度约为 200～300℃。

2. 氧化层

作用：使气化剂温度上升至 1000～1250℃，气化剂与碳在这里反应。

气化剂为空气时，反应为：

$$2C + O_2 \longrightarrow 2CO + Q$$

$$2CO + O_2 \longrightarrow 2CO_2 + Q$$

气化剂为水蒸气时，所发生反应为：

$$C + H_2O \longrightarrow CO + H_2 + Q$$

$$C + 2H_2O \longrightarrow CO_2 + 2H_2 + Q$$

$$CO+H_2O \longrightarrow CO_2+H_2+Q$$

3. 还原层

作用：使 CO_2 与 C 发生还原反应。

$$CO_2+C \longrightarrow 2CO+Q$$

氧化层和还原层被称作气化层，因为只有这两层是煤气发生炉真正起气化作用的燃料层。

4. 干馏层

作用：将上升气体的热量传给温度较低的燃料，使燃料产生热分解，放出低分子的碳氢化合物。

5. 干燥层

低温气体将炉内加入的燃料干燥。

经过这五个层次得到的煤气为粗煤气，须净化后方可使用。

（二）净化

按照《煤气设计规范》煤气中的杂质含量应控制到规定范围（如焦油及灰尘、H_2S、NH_3、萘）。

1. 除尘器

煤气经过除尘器时，经上面水喷淋，下面水洗，可除去煤气中的渣灰等杂质，又可起到冷却作用。除尘器中设有双联竖管，目的是为了延长煤气在除尘器中的路线，以使煤气充分洗涤和冷却。

2. 填料式冷却塔

塔内填充磁环，上有喷头喷淋，其作用是冷却、洗灰尘。

3. 电捕焦油器——脱焦油

电捕焦油器是一种利用高压直流电在气体中局部放电，以吸集油雾的净化装置。电压可达 7×10^4 V，当带有悬浮雾状的固体或液体杂质的煤气通过两个高压电极之间时，由于高压电级的放电产生瞬时高温使之发生游离，其中的带电微粒即向带导电性的电极移动，并在该电极放电而沉积，从而达到净化的目的。

4. 洗萘塔——脱萘

萘在一些有机溶液中的溶解度很大，可利用一些有机溶剂来除萘。

5. 脱氨

用硫酸吸收煤气中的氨制造硫酸铵，也可用水洗生成氨水。

6. 脱硫

有干法和湿法脱硫两大类。

干法主要用于脱除气体中少量硫化氢和有机硫化物；湿法多用于脱除气体中的硫化氢。

（三）储存

一般通过气柜储存煤气和调节用气量。

（四）输送

输送分为原料输送和煤气输送。

原料输送：煤炭经过选配或粉碎，用皮带或煤斗送至发生炉。

煤气输送：用排送机将煤气压送至用户。

二、煤气生产的火灾危险性

煤气中含氧量过高，或煤气系统内侵入空气，或煤气泄漏后与空气混合达到爆炸浓度范围，遇到火源就会发生爆炸，爆炸往往造成人员伤亡、建筑和设备损坏，有时还会出现火灾。

（一）制气

煤气生产的过程中，容易发生爆炸的情况主要有以下几种：开炉时的爆炸、停炉时的爆炸、闷炉时的爆炸、煤在炉中悬挂下坠时的爆炸、断电时的爆炸、断水时的爆炸、检修时的爆炸、煤气泄漏时的爆炸、不规范运行时的爆炸等，大都是因煤气系统内产生负压，吸入空气，遇明火发生爆炸或煤气泄漏遇到外部火源引发的。

煤气的相对密度比空气小，泄漏后容易在空气中及房间内无限制地扩散，从而引起爆炸或起火。

能够引起煤气爆炸的火源很多，根据煤气生产和输配的特点来看，主要有：生产设备上的高温物体和直接火种；电气设备不符合防爆要求，以及电线短路等产生的火花；铁器碰击、摩擦产生的火花；检修时使用电焊等明火；雷击、静电火花；含硫物质等自燃起火；违章使用打火机、火柴等生活用火。

（二）净化

粗煤气经过净化，达到规定要求后，才可压送出厂。各种煤气的净化流程为：粗煤气、冷却、排送、电捕焦油器、脱氨、脱苯、脱硫、脱萘、计量、储气柜、净煤气。

冷凝鼓风工段是煤气厂的心脏要害部门，它将冷凝冷却后的粗煤气抽送去净化处理，或先通过电捕焦油器脱除焦油雾，再抽送去净化，此工段可能由于煤气泄漏或电捕焦油器高压电场局部放电引起爆炸。脱氨工段是用水或稀硫酸吸收除去氨，同时生产浓氨水或硫酸铵的过程，氨气可燃，有爆炸的危险。脱苯工段是煤气厂火灾危险性最大的工段，一般采用焦油洗油吸收法脱除煤气中的苯，苯是易燃液体，容易挥发发生爆炸，且该工段设备检修时清理出来的油渣铁质可能引起自燃。脱硫工段一般有湿法和干法两种方式，干法脱硫火险较大，因为用过的脱硫剂中含有硫化铁、木屑和油类，容易自燃，油类的蒸气也可能形成爆炸性混合物。轻柴油脱萘工段一般采用直馏轻柴油或低萘焦油洗油脱除萘，可能由于油气泄漏发生火险。

三、煤气厂（站）的防火安全措施

（一）生产过程的防火安全措施

1. 制气

（1）焦炉制气生产场所应装设煤气浓度报警装置，并定期检查煤气管道保持正压，防止发生泄漏或吸入空气。

（2）重油裂解制气要严格控制重油槽的加热温度，防止油的挥发或外溢，重油槽温度不得超过80℃。设备大修时，应在洗气箱出口插上盲板，彻底清除洗气箱内的厚焦油，待设备冷却放空，经检验确无易燃易爆物质后，才能进行。

（3）焦油废水池和地沟应加盖板，防止火星落入。

2. 净化

（1）煤气排送机房应设煤气泄漏报警及事故通风设备，使用不发火花地面，电机与其他电气设备应为防爆型，并设置紧急备用电源。

（2）电捕焦油器应当设置紧急情况下能切断电源的装置。设备应有良好的接地。

（3）脱氨工段氨气爆炸浓度极限为 $16\%\sim27\%$，建筑物应有良好的通风设施，在有可能积聚氨气的场所应考虑防爆措施。硫酸泵房的电气线路应穿管敷设，注意防腐蚀。可能接触腐蚀性介质的地方均应采取防腐蚀措施。

（4）脱苯工段应设防护隔离墙，与其他建筑保持一定的防火间距。苯及苯产品的储槽，均应分别设置放散管，并装阻火器。检修时清理出来的油渣铁质，应立即集中妥善处理，防止自燃。

（5）干法脱硫每个干箱顶上的防爆安全塞必须保持灵活有效。排除的废脱硫剂应当天妥善处理，防止自燃。未经严格清洗和测爆，严禁在干箱内动火，氧气含量小于 2% 才可动火。

（6）轻柴油脱萘工段填料塔和油槽要严防油气泄漏，防止外来火种。

（二）建筑和设备

（1）煤气厂（站）的主要生产部位均属甲、乙类生产，因此，煤气厂（站）的消防管理应按照甲、乙类生产的要求。

（2）煤气厂的甲、乙类部位，应采用一、二级耐火等级的建筑，并应设置必要的防爆泄压面积。

（3）煤气站的甲、乙类生产部位属于爆炸危险场所。电气设备必须防爆，应符合"火灾爆炸危险场所的电气设备"要求。同时，应有防雷设施，煤气管道设备应有良好接地，以消除静电。

（4）为了防爆泄压，在煤气生产系统的除尘器、洗涤塔、煤气总管上宜装设防爆板或防爆阀。在煤气生产系统中应有蒸汽清扫和水封装置。在煤气管道上还应设煤气低压报警装置，以免在不正常情况下，由于出现负压而侵入空气。

（三）火种控制

煤气厂（站）除生产必须用火外，应严禁火种，特别是甲类生产区应绝对禁止火种。

（1）应使用不发火花的工具。

（2）进入生产区内的人员禁止带火柴、打火机等火种；进入甲类生产区，禁止穿有铁钉、铁掌的鞋子，不应穿容易产生静电的衣服，以防摩擦发生火花和静电而酿成火灾。

（3）禁止汽车、电瓶车或其他机动车辆进入甲类生产区。

（4）严格动火审批制度。甲、乙类生产区内任何动火工作，必须制定动火检修明细方案，包括防火、防爆措施等，按规定签发动火证，才能进行。

（四）消防安全管理

（1）煤气生产企业操作人员属于易燃易爆特殊工种，必须经过消防安全培训，持证上岗。

（2）对煤气区域的电气设备、照明设备的选用及安装，必须符合防火防爆的安全技术要求。有煤气泄漏危险的重点部位应设置可燃气体报警装置。

（3）凡煤气区域的煤气设备、设施应定期巡视，发现煤气泄漏现象，应及时采取措施进行控制、处理。

（4）煤气厂（站）各生产部位应有良好的自然和机械通风条件，煤气设施的设计必须符合国家标准和规范的要求。制定煤气设备的维修制度，定期检查，发现泄漏及时处理。

（5）在煤气设备上动火或炉窑点火送煤气之前，必须先做气体分析。一般停产检修的煤气设备内空气中的氧含量应在20.5％以上，炉窑点火送煤气时，煤气中的氧含量应不大于1％。

（6）带煤气作业时，40m以内禁止一切火源，不采取特殊安全措施，严禁在焦炉地下室带煤气作业。

（7）在裸露的高温蒸汽管道附近，设备应做绝热处理。

四、煤气火灾爆炸的处置对策措施

煤气发生火灾后，要根据不同火灾采取针对性扑救措施。

如果是设备发生火灾，要对着火设备和相邻设备进行冷却，防止设备爆炸或变形，扩大灾害，同时采取关阀断料等工艺措施，在确认可以实施堵漏时，应首先进行堵漏准备，做好堵漏过程中的保护和防护措施，然后用干粉或水流将火扑灭，快速实施堵漏。

煤气管道发生火灾应当针对泄漏口和压力情况来确定堵漏措施，并要在燃气主管部门的技术人员指导下实施，当确认有能力堵漏时，方可准备堵漏器材，火被扑灭即快速实施堵漏，并要严格堵漏过程中的防护和保护措施。

煤气储气罐（气柜）火灾，要对储气罐（气柜）进行冷却，防止变形。同时根据泄漏点情况，可用湿棉被直接覆盖窒息，也可扑灭后用湿棉被止漏，条件具备时可直接带火焊接补漏。

在灭火过程中一定要加强个人安全防护工作。如进入有气体扩散区域的人员，应佩戴空（氧）气呼吸器，着全棉内衣和相应的防护保护服，以确保发生爆炸时不受伤害；接近燃烧区域的人员要着防火隔热服，防止高温和热辐射灼伤。

停放车辆时，要选择上风或侧上风方向，保持适当的距离，车头面向便于撤退的方向。尽量选择可起保护作用的建筑物或设施作为掩蔽物。停放时要避开着火设备、罐体爆炸容易突破的方向，防止爆炸飞散物损毁车辆。水枪阵地要选择靠近掩蔽物的位置，防止爆炸伤人。在有爆炸危险的情况下，没有掩蔽物时，尽可能选择卧姿射水。水枪阵地，尤其是下风方向的，要尽可能避开管道、设备，防止管道、设备突然破裂造成中毒、受伤事故。火场指挥员要注意观察风向、地形及火势，从上风或侧上风接近火场，建立进攻起点。并在灭火时做好堵漏准备，防止在灭火后，不能及时堵漏造成煤气大量泄漏。

》》 第四节　氯气生产

氯气是重要的化工原料，大量用于制造有机合成的中间体（如氯苯、氯化萘等）、溶剂（如氯代烷）、盐酸、漂白粉、药物等，是生产农药、橡胶、塑料、合成纤维的重要原料，又可以作为漂白剂和消毒剂使用。

氯碱工业是以生产烧碱和氯气，特别是以生产氯气为主的综合性产业。氯气是无机和有机合成工业中不可缺少的重要化工原料，氯产品的发展十分迅速。近年来，全球对环境保护的呼声越来越高，迫使氯碱行业进行结构调整。我国氯碱生产企业先后从发达国家引进多项高新技术，使氯碱生产技术有了很大提高。

一、氯气生产的工艺流程

近几年，我国的氯碱生产工艺有了较大变化，电解法产量约占总产量的 99.3%，苛化法约占 0.7%，其中电解法生产氯气包括水银电解法、隔膜电解法和离子膜电解法。目前，水银电解法和隔膜电解法在我国已基本淘汰，主要以离子膜电解法为主。离子膜制氯工艺与传统的隔膜法、水银法相比，具有能耗低、产品质量高、占地面积小、生产能力大、污染小等优点，是氯碱工业发展的方向。

离子膜电解法（图 4.15）生产氯气的工艺是将精制饱和食盐水溶液（NaCl 溶液）经过滤除去杂质后送入离子交换膜电解槽电解，生产出氯气、烧碱和氢气。氯气的生产流程可分为盐水精制、电解和压缩液化三个过程。

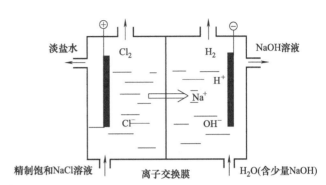

图 4.15　离子膜电解法原理图

（一）盐水精制

原盐在溶盐桶中加水溶解，制成饱和的粗盐水。在粗盐水中加入精制剂氢氧化钠和碳酸钠等，经沉降、澄清、过滤，除去粗盐水中的 Ca^{2+}、Mg^{2+}、SO_4^{2-} 等杂质，制得较纯净的一次精制盐水。从盐水工段来的一次精制盐水再进入树脂塔，盐水中的 Ca^{2+}、Mg^{2+} 等离子进一步被螯合树脂选择性地吸附，制得二次精制盐水。

（二）电解

电解过程在电解槽中进行，二次精制盐水经盐水预热器预热后，以一定的流量送往电解槽阳极室进行电解，同时，纯水从电解槽底部进入阴极室。

在离子交换膜电解槽中，阳离子交换膜将阳极室和阴极室隔开，该膜只允许阳离子（Na^+）通过进入阴极室，而阴离子（Cl^-）则不能通过。在阳极产生氯气，阴极产生氢气和氢氧根，氢氧根则与钠离子结合生成氢氧化钠。

阳极表面上反应：

$$2Cl^- - 2e \longrightarrow Cl_2 \uparrow$$

阴极表面上反应：

$$2H_2O + 2e \longrightarrow H_2 \uparrow + 2OH^-$$

总反应：

$$2H_2O + 2Cl^- \longrightarrow Cl_2 \uparrow + H_2 \uparrow + 2OH^-$$

通过直流电后，在阳极室产生的氯气和流出的淡盐水经分离器分离后，湿氯气进入氯气总管，经氯气冷却器与精制盐水热交换后，进入氯气洗涤塔洗涤，然后送到氯气处理工序进行干燥。

（三）压缩液化

来自上一工序的干氯气首先进入液氯工序的氯气缓冲罐，再由此进入压缩机吸入口，经过压缩，通过气液分离器分离，进入酸雾捕集器脱酸，然后从液化器顶部进入，被循环水常温下逆流冷却液化，液氯进入液氯储槽，冷却后的液氯进行包装，液氯尾气经加热去制备高纯盐酸，总的液化效率可以达到99%以上。

二、氯气生产、储存过程的火灾危险性

（一）氯气及主要物料的火灾危险性

根据《危险货物分类和品名编号》（GB 6944）、《危险货物品名表》（GB 12268），氯气生产、储存过程中涉及的主要物料、中间产品、产品的危险危害特性主要有以下几种。

1. 毒性

氯气为剧毒物质，分子式为 Cl_2，气体的颜色为黄绿色，液体的颜色为黄色或微橙色，对眼睛和呼吸系统的黏膜有极强的刺激性，被人吸入体内后，可迅速附着于呼吸道黏膜上，之后可能导致人体支气管痉挛、支气管炎、支气管周围水肿、充血和坏死。人吸入氯气的浓度达 $2.5mg/m^3$ 时，就会死亡。此外，氯气对皮肤也有强刺激性，可以造成氯痤疮。

2. 腐蚀性

氯气在干燥条件下不会对设备、管道造成腐蚀，但是在含水超过一定量后，氯气就能够与水作用生成酸，对钢瓶或容器进行腐蚀，使储存设备穿孔，导致泄漏爆炸事故。

3. 易燃易爆性

（1）氯气。氯气的化学性质极为活泼，除惰性气体及碳、氮等元素外，几乎可以与各种元素直接化合。氯气在空气中不燃，但一般可燃物大都能在氯气中燃烧，一般易燃性气体或蒸气都能与氯气形成爆炸性混合物。氯气能与乙炔、氨、氢气、烃类、乙醚、松节油、金属粉末等猛烈反应发生爆炸或生成爆炸性物质。

（2）氢气。氢气具有极高的爆炸危险度。氢气在氯气中的含量（体积百分比）为5.5%～89%，在空气中含量（体积百分比）占4.1%～74.2%，则随时可能在光照或受热情况下发生爆炸。

（3）三氯化氮。NCl_3 是一种比氯气更强氧化性的氧化剂，在空气中易挥发，不稳定，在体积浓度超过5%时，易发生分解爆炸，通常以爆轰方式进行。60℃时受震动或在超声波条件下，就可以分解爆炸；在阳光照射下，则瞬间爆炸，同时放出大量的热。

（二）工艺过程的火灾危险性

1. 盐水精制

食盐中含有多种杂质，若不将杂质清除，不仅影响产品的质量，对以后的工序安全也有很大影响。

（1）食盐中含有的钙、镁离子，在电解时与氢氧根离子作用，生成氢氧化钙和氢氧化镁，两者都是沉淀物，易将离子膜的空隙堵塞，影响电解的正常进行。同时，这些沉淀物在液碱出槽处或盐水入槽处集结析出，使电解槽处的绝缘性能降低，导致漏电产生火花，又引起火灾爆炸的危险。

（2）有些杂质，特别是铁质进入电解槽会在阳极室形成第二阴极，在电解时产生氢气，氢气与氯气混合形成爆炸性混合气体，有爆炸危险。

2. 电解

（1）在电解过程中，由于操作、设备等因素的影响，可能出现氢气管道负压，或氢气、氯气压力波动等现象，形成氢气与空气或与氯气的爆炸性混合气体，电解槽可能发生火灾爆炸。

（2）电解工艺过程使用大电流，如果电气线路接触不良，绝缘达不到要求，极易产生电火花，成为引火源。例如，电解槽槽体接地处产生的电火花；电解槽内部结构由于较大电位差或两极之间的距离缩小而发生放电火花等。

3. 压缩液化

（1）盐水中常常含有少量的铵根离子，随盐水进入电解槽，会与阳极的氯气发生反应，生成三氯化氮，并随着氯气带入后面的生产工序。液氯充装和气氯的使用大多数采用液氯蒸发器加温加压输送工艺，氯槽、冷凝器等每次进料后液氯中的 NCl_3 不断沉淀在储槽底部并富集起来。启动、关闭阀门，敲击液体、冲击水蒸气、加热、明火、高温等操作，都能够引爆 NCl_3，从而引发液氯泄漏爆炸事故发生。

（2）液氯储罐、管道破损或阀门断裂，可能导致液氯泄漏爆炸事故；液氯钢瓶充装过程中，如果液氯充装过量或满液，可能导致钢瓶破裂，引发液氯蒸气爆炸。盛装液氯的容器一般是碳钢，在温度达到230℃以上时，氯可以与钢产生激烈的燃烧反应，反应生成物氯化铁（熔点282℃，沸点315℃）汽化，使容器发生爆炸。

三、氯气生产的安全对策措施

（一）生产过程的安全对策措施

1. 盐水精制

严格控制工艺条件，及时清除钙离子、镁离子、铵根离子、硫酸根离子等杂质，制得合格精制盐水。定期检查吸附剂的数量、状态，保证良好的吸附效果。

2. 电解

防止电解槽爆炸。完善工艺控制方式，防止氯气与氢气形成爆炸性混合气体。

（1）电解是连续性操作，应严格控制各项工艺参数、电解槽液位、氯气和氢气的压力等保持在正常范围之内。

（2）严格控制电压和电流，防止因电压过高、电流过大导致电解槽温度上升。

（3）控制氯气和氢气的纯度，定时取样分析。将氯气中氢气的含量控制在3％以下。

（4）生产中应尽量消除电气火花引燃源，避免进行可能产生火花的作业。氯气系统与电解槽的阴极箱之间，应有良好的电气绝缘，应有良好的接地，接地电阻应小于100Ω。

（5）防止氢气泄漏，严禁向室内排放氢气，氢气放空管应高出屋顶，氢气的放空管道上应安装水封、阻火器并设置避雷设施。

3. 压缩液化

（1）预防三氯化氮爆炸。严格生产过程中的三氯化氮的含量，应控制在15mg/L以下。

（2）按照氯气中氢气的含量来确定氯气液化效率，使氢气含量不超过4％。

（3）严格液氯储存、充装、使用过程的管理。储存器中的液氯的含水量应该控制在50mg/L内，防止生成酸，造成危害。因液氯化学性质活泼，能与润滑油起作用，所以，应采用硫酸做密封液体的专用氯气压缩泵。

（4）防止泄漏引起爆炸。由于氯气具有腐蚀性，管道、设备要经常维修，发现故障及时修理或调换。出现泄漏情况时，要有堵漏和切断气源的措施。

（二）建筑防爆要求

（1）电解工段属于甲类火灾危险性，建筑应符合防爆要求。厂房应为一、二级耐火等级建筑，防爆泄压比不应小于 0.2m²/m³。

（2）生产氯气的车间要尽量采用敞开式厂房，保持良好通风；不得采取折板屋盖和槽型屋盖，以免积聚氢气。

（3）车间内应采用防爆型电气设备，并有良好的防静电设施，防止静电积聚。

（4）氢气处理间与电解间宜用防火墙分隔，墙上开洞应采取防火措施。氢气冷却、盐水精制、氯气液化、液氯储存等，可采取半露天布置，以减小火灾爆炸的危险性。电解厂房应有防雷设施，氢气放空管的避雷针保护应高出管顶 3m 以上。

（5）储存液氯钢瓶的仓库应符合《建筑设计防火规范》（GB 50016）中有关规定，库房结构能使逸出气体不滞留室内，通风良好，室温不超过 40℃，严禁露天堆放。

四、氯气泄漏事故的应急处置措施

（1）学会氯气中毒的自我保护及互救知识。

① 氯气皮肤接触时，按酸灼伤进行处理。应立即脱去被污染的衣着，用大量清水或 2%～4% 碳酸氢钠溶液冲洗。氯痤疮可用地塞米松软膏涂患处。

② 氯气眼睛接触时，提起眼睑，用流动清水或生理盐水彻底冲洗，滴眼药水。

③ 若吸入氯气，则迅速脱离现场至空气新鲜处，以中和剂 4% 碳酸氢钠溶液雾化吸入。如呼吸心跳停止，应立即进行人工呼吸和胸外心脏按压。

（2）应在电解、氯气干燥、液化、充装岗位合理布点安装氯气监测报警仪，现场要通风良好，备有氯吸收池（10% 液碱池）、眼和皮肤水喷淋设施、送风式或自给式呼吸器以及急救箱，配备规定数量的过滤式防毒面具或空气呼吸器。

（3）合理设置氯气吸收装置和使用吸收方法，常见的有中和吸收法、封闭吸收法和流动吸收法。

（4）大型氯碱企业最好增设事故氯处理系统，将氯总管、液氯储罐及其安全阀通过缓冲罐与可以吸收氯的液碱喷淋塔相连，紧急状况下可自动启动，平时可以起到平衡氯总管压力和安全生产的控制作业。

（5）液氯钢瓶泄漏时的应急措施：转动钢瓶，使泄漏部位位于氯的气态空间。当易熔塞处泄漏时，应用竹签、木塞做堵漏处理；当瓶阀泄漏时，要拧紧六角螺母；当瓶体焊缝泄漏时，应用内衬橡胶垫片的铁箍箍紧。当不能及时堵漏时，应把液氯钢瓶放入石灰池中吸收处理。凡泄漏钢瓶应尽快使用完毕，返厂维修，严禁在泄漏的钢瓶上喷水。

》 第五节　塑料及橡胶生产

橡胶和塑料都是石油的附属产品，它们在来源上是一样的。但是，在制成产品的过程中，物理性质却不一样，用途也不同。橡胶应用最广泛的是轮胎，塑料随着技术和市场的需求，用途越来越广泛，已经成为生产生活中不可或缺的一部分。

一、塑料生产

塑料从 1869 年诞生以来，塑料制品行业发展迅速。塑料具有质轻、抗腐蚀性强、绝缘性能好，能根据需要加工成具有不同物理特性的材料等特点，可以代替玻璃、钢材、木材、陶瓷、纤维等，应用广泛。多数塑料以合成树脂为主要原料，按需要加入各种添加剂，如染料、填料、增塑剂、抗氧剂、润滑剂、阻燃剂、增强材料等。塑料的品种繁多，理化特性也有一定差异，燃烧性能也不尽相同。其中易燃的有聚乙烯（PE）、聚丙烯（PP）、聚苯乙烯（PS）、不饱和聚酯树脂（UP）等；遇火燃烧，离开火焰后能继续燃烧的有聚丙烯（PP）、聚氨酯（PU）、丙烯腈-丁二烯-苯乙烯共聚物（ABS）等；离开火焰后自熄的有聚氯乙烯（PVC）等。塑料的燃烧性能可用塑料的氧指数来表示，表 4.2 列出了几种塑料的氧指数。

表 4.2　几种塑料（树脂）的氧指数

品名	氧指数	品名	氧指数
聚乙烯	17.4	聚氟乙烯	22.6
聚丙烯	17.5	聚砜 PHS	38.0
氧化聚醚	23.2	聚氯乙烯	40.3
聚苯乙烯	17.8	聚四氟乙烯	95.0
ABS	18.2		

为了减少火灾，可对塑料进行阻燃处理，以提高其难燃性。塑料的阻燃处理主要是在聚合时加入阻燃剂。经阻燃处理后的塑料较难燃烧，或者着火后燃烧缓慢，或者离开火焰后能自行熄灭，它们的氧指数都有所提高。但经过阻燃处理的塑料，虽然较难燃烧，但仍是可燃物质，不可直接接触明火和高温。

（一）合成树脂生产

目前，主要采用合成方法来制造塑料的基本成分——树脂。合成树脂的单体如乙炔、乙烯、丙烯、甲醛、苯，以及催化剂烷基铝等，都是易燃易爆物质；主要生产过程多在高温高压条件下进行；生产装置庞大、复杂，连续性强，任何一处发生事故都可能引起连锁反应。合成树脂生产火灾危险性大，发生火灾后常伴有爆炸、复燃、立体、大面积、多点等形式的燃烧，易造成人员伤亡和财产损失。

1. 合成树脂生产的工艺流程

由单体合成树脂的工艺流程如图 4.16 所示。

图 4.16　由单体合成树脂的工艺流程图

2. 合成树脂生产的火灾危险性

（1）主要原料、产品的火灾危险性。

合成树脂生产的原材料、产品大都具有燃烧、爆炸危险性或兼有毒性。以聚氯乙烯和高压聚乙烯为例，生产中的主要物料及主要危险性如下：乙炔、氯乙烯（甲类可燃气体，闪点 -78℃，爆炸极限 3.8%～31%，有毒）、偶氮二异庚腈（甲类可燃固体，熔点 40～70℃，自燃点 220℃，常温下及受热和光分解，有毒、易燃）、过氧化二碳酸二（2-乙基己基）酯（有机过氧化物，甲类火险。14～18℃开始分解，放出易燃及有毒物质。对温度、振动、摩擦、撞击及接触酸、碱化学品特别敏感，极易分解而引起爆炸）、乙烯（甲类可燃气体，闪点−136℃，爆炸极限 2.7%～36%，易燃，遇火星、高温、助燃气体有燃烧爆炸危险）、叔丁基过氧化苯甲酸（甲类有机过氧化物，白色结晶固体，熔点 96～99℃。具有氧化、还原双重性质。干品遇火、受震动、摩擦、高热能发生燃烧爆炸。与硫、磷等还原剂和有机物接触能引起燃烧爆炸）。

（2）生产过程的火灾危险性。

① 备料。

气态原料净化使用吸附方法，其工艺火灾危险性较大，以活性炭作为吸附剂在吸附剂吸附饱和后再生时，活性炭易被氧化着火。解吸时，先用水蒸气解吸，后用热空气干燥，热空气温度应控制在 150℃以下，否则可能使炭层氧化自燃；塔内网板固定不牢，塔没有良好接地，网板上炭粒在热空气的气流作用下会因跳动、摩擦，产生静电放电引起燃烧；活性炭颗粒太细的网板部分炭层阻力会很大，加热再生时可能导致局部过热着火。

液态原料净化使用蒸馏方式时，蒸馏系统密闭性能不好时，容易发生跑、冒、滴、漏，可燃气体、易燃液体外溢，遇明火发生燃烧爆炸。

树脂在合成过程中往往要用催化剂，其中应用较广、危险性较大的有烷基铝及其卤化物，如三乙基铝、三异丁基铝、异戊基铝等，这类催化剂在空气中能自燃、遇水易爆炸，其生产过程涉及高压（10～13MPa）加氢反应，危险性较大。

② 投料。

抽送物料过程中，管线内有堵塞，如果用空气吹扫，则会引起燃烧。泵送投料时，如泵没有完全装在储罐液面之下时，空气易进入泵内，开车后泵空转或液体在泵内长时间循环发热都会引起燃烧爆炸。压缩投料时，输入不合格易燃易爆介质物料易发生爆炸。

③ 聚合。

聚合反应器内热量不能及时移去，会引起过热，甚至暴聚，导致冲料或爆破泄压，使易燃物料与空气接触发生分解，造成火灾危险。

④ 出料。

固态聚合物采用人工或机械出料时所用的铁器因摩擦、撞击会产生火星。泵送出料时泵的叶轮（铁金属）摩擦会产生火星。

聚合反应完毕后，还有未反应完的单体、溶剂、乳化剂、催化剂、引发剂等，这些物质大多易燃、易爆，如果出料温度、压力过高，出料方式和设备材质选用不当或操作错误，或在物料高速流动时产生静电积聚，都易发生火灾事故。

⑤ 分离。

粉碎、过筛和过滤过程中，往往因机械撞击、摩擦产生火星，或由于物料高速流动产生静电，积聚而放电，引起可燃物料燃烧。此外抽滤系统漏气，空气进入也能形成爆炸性混合物。

⑥ 干燥。

干燥过程中因可燃溶剂的大量挥发，易形成爆炸性混合气体；有的干燥成品呈干粉状，到处飞扬也易与空气形成爆炸性混合物，遇到静电火花、碰撞火花等易爆炸。

3. 合成树脂生产的防火安全措施

（1）生产过程的防火安全措施。

① 备料。

吸附饱和活性炭再生时，热空气温度应控制在 150℃以下；吸附塔内网板要固定，并应有良好接地；多塔并联吸附塔加热再生时，要用盲板与其他塔隔开。

液态原料净化使用蒸馏方式时，蒸馏系统密闭性能要好。停、开车程序要严格，并且应根据物料情况判定停车后是否应往塔内充氮气保护。

以烷基铝为例，催化剂制备的生产厂房、储存场所要独立设置，生产设备要选用合适配件、防止老化，投产前设备内要用高纯氮置换；催化剂储槽要求设置合适的灭火装置，并防止其在空气中自燃；对其散落的残渣，应统一处置。对于其他过氧化物催化剂，还应注意隔热、避酸、轻装轻放等，防止其分解燃烧。

② 投料。

投料前必须弄清所投物料的品名、规格、数量，且应进行复核，严防配比不当，投料错误。反应器装料系数不得超过 0.75～0.8，严禁超量投料。

以聚氯乙烯生产为例，氯化氢中的游离氯含量不应超过 0.1%，如果游离氯含量过高，乙炔与氯化氢进入混合器时，就会发生剧烈的化学反应，温度升高，有可能引起爆炸。因此，在混合器上应安装温度计，并在生产中注意观察混合器的温度变化情况，一般不宜超过 50℃，温升过快、过高时应停止进料。在混合器上还应安装爆破片，在混合器附近的乙炔进料管道上安装阻火器（砂封）。

③ 聚合。

聚合反应为了严格控制温度，必须及时移去反应热，有效冷却防止超温和保证搅拌不中断，同时也要密切注意防止聚合物堵塞。

在单体车间、聚合车间，应当设置氮气保护系统。无论在开始操作或操作完毕后，都应当先抽成真空，然后用氮气冲扫设备系统。生产操作不正常或局部发热时，应采取停止加料、紧急冷却、减压充氮等安全措施。此外，在混合器、反应器、聚合釜等重要设备附近，应设置半固定式氮气灭火装置，以备灭火之用。

④ 出料。

无论哪种出料方式，都应做到出料要缓慢，压料最好用氮气，不应用压缩空气，严格操作规程，防止摩擦、撞击产生火花，设备做到良好接地或安装静电导除装置等。

⑤ 分离。

粉碎、过筛机器设备机腔内不应有异物，转动部分使用润滑剂，料块很大时用木槌击碎，以防撞击、摩擦产生火花。机器运转速度要平稳，严禁加速。

如溶剂中含有易燃易爆的催化剂、引发剂时，宜用惰性气体保护。操作物料温度应低于溶剂的沸点。操作岗位要重点设置通风排气装置，以降低厂房内的可燃气体浓度。

⑥ 干燥。

干燥过程中要防止温度过高。注意停止进料时要同时停止给热风。干燥聚氯乙烯时还要注意当温度超过 150～160℃时，聚氯乙烯可能分解产生氯乙烯、氯化氢、乙炔等。干燥后的成品，要待冷却后再送至仓库储存，以防止积热引起自燃。

在干燥系统中，宜在系统的排气管上安装感烟自动报警或差温自动报警装置，以及氮气灭火自动联锁装置；设备要有良好接地；物料清理时，宜用有色金属或非金属器械；保持捕集器良好有效，防止干粉状成品到处飞扬。

（2）建筑防火措施。

合成树脂的建筑防火部分必须符合现行《建筑设计防火规范》（GB 50016）、《石油化工企业设计防火规范》（GB 50160）等国家规范要求。根据所用的原材料和单体的火灾危险性，聚氯乙烯、聚乙烯和聚苯乙烯生产的主要部位均属甲类生产，厂房应为一、二级耐火等级，最好采用钢筋混凝土框架式结构和局部开敞式结构，并考虑防爆泄压设施和采用防火花地面。单体车间和聚合车间宜隔离设置。有爆炸危险的厂房应有防止击雷、感应雷和雷电波侵入的措施。成品仓库成品与包装工段设在同一建筑物内时，应用防火墙分隔，建筑物耐火等级不宜低于二级。

（3）电气及事故安全装置。

聚合生产装置应设控制工艺参数的自动联锁系统，如物料温度与催化剂加入量的联锁装置，聚合釜的压力、温度极限调节报警装置。在有爆炸危险场所，应根据危险程度和易燃易爆危险介质的特点选用防爆电气设备，所有金属生产设备系统均应良好接地。污水管网系统应设置必要数量的水封井。

（二）聚氨酯塑料制品生产

塑料制品生产指以合成树脂（高分子化合物）为主要原料，经采用挤塑、注塑、吹塑、压延、层压等工艺加工成型的各种制品的生产，以及利用回收的废旧塑料加工再生产塑料制品的活动。塑料制品包括用聚氯乙烯、聚乙烯、聚丙烯、聚苯乙烯、ABS、聚氨酯等各种塑料原料生产的塑料制品，用混合原料生产的改性塑料制品以及用废旧塑料回收生产的塑料再制品。

聚氨酯树脂是一类重要的合成树脂，它以优良的性能、多种产品形态、简便的成型工艺而广泛应用于各行各业，以泡沫塑料、弹性体、涂料、胶黏剂、纤维、合成革、防水材料及铺地材料等多种产品形态应用于诸多领域。例如，硬质聚氨酯泡沫塑料的热导率比其他合成保温材料和天然保温材料都低，而且可以现场浇注，快速成型，是用量越来越大的合成树脂保温材料，广泛用于民用家电、管道保温及工业保温；软质泡沫塑料以其弹性好、透气性优良等特点广泛用作床具、座椅等的垫材；聚氨酯弹性体则以耐磨、耐低温、高强度、耐油著称，作为特种合成橡胶用于制作矿山油田机械的各种橡胶零部件。

1. 聚氨酯制品生产的工艺流程

聚氨酯泡沫塑料的生产工艺主要有浇注发泡法、喷涂发泡成型法、沫状发泡法等。本节以浇注发泡法和喷涂发泡成型法为例简要介绍其工艺流程。

（1）浇注发泡法生产聚氨酯制品工艺流程。

浇注发泡是常用的成型方法，50％以上的硬质聚氨酯泡沫塑料是用此法成型的。浇注发泡操作过程是：按配方比例，将各种化学原料均匀混合后，注入模具或制品的空腔，在发生化学反应的同时进行发泡，制得硬质聚氨酯泡沫产品。

（2）喷涂发泡成型法生产聚氨酯制品工艺流程。

喷涂发泡成型是指将硬质聚氨酯泡沫塑料的原料直接喷涂到物件的表面，并在此面上发泡的成型方法。喷涂发泡有两种，一种是空气喷涂，另一种是无空气喷涂。

2. 聚氨酯制品生产的火灾危险性。

（1）主要物料的火灾危险性。

聚氨酯制品大部分是易燃物，火灾危险性较大。聚氨酯泡沫塑料火灾危险性主要是热稳定性差、延燃性强，受热易分解出氰化氢、醚类、酯类等可燃挥发性气体，容易引起火灾事故。而且，聚氨酯泡沫塑料燃点很低（一般为 90～120℃），燃烧速度极快，在燃烧过程中产生熔滴现象，使火灾迅速扩大，不易扑救。

生产聚氨酯泡沫产品的原料主要是有机异氰酸酯、聚醚多元醇和助剂。

① 异氰酸酯。

大多数异氰酸酯都具有较高的闪点，一般不会出现着火的危险，但它在强烈加热和明火作用下也会燃烧，而且会释放出大量的有毒气体。

② 聚醚多元醇。

大多数多元醇的闪点较高（在 $140\sim260℃$），挥发性很低，通常在 $200℃$ 左右就开始逸出挥发物，稍高一些的温度就有分解产物分解出来，这些分解产物与足够量的氧气相混合，就可能会发生燃烧或进一步分解。

③ 助剂。

包括催化剂、泡沫稳定剂、发泡剂、耐燃剂、各种抗热和抗氧稳定剂及填料等。它们在配方中用量不大，但对聚氨酯的性能影响却很大，相当一部分都是易燃、易爆物质。

（2）生产过程的火灾危险性。

① 聚氨酯工业所用的物理发泡剂一般是低沸点氟代烃类或烃类化合物，在浇注发泡中，要经过输送、搅拌、加热、混合、注入等过程，可挥发性发泡剂如环戊烷，挥发后与空气的混合物遇火花或明火有燃烧或爆炸的危险。

② 聚氨酯生产过程中发泡是一个剧烈的放热反应，尤其是甲苯二异氰酸与水反应会产生大量的热。聚氨酯泡沫塑料本身是十分易燃的产品，体积大，绝热性能好，能积聚热量，在熟化、固化时，体内温度可达 $200℃$，当自身反应放热得不到及时转移时，轻则引起海绵焦心等质量问题，严重的还能引起着火甚至火灾，这时大量一氧化碳和醇类低分子物质放出，在中心开始燃烧，俗称"烧心"。聚氨酯泡沫塑料一旦着火，蔓延很快。据试验，$400kg$ 泡沫塑料能在 $5min$ 内全部烧完。

③ 生产中如果配方配比不当，容易发热。使用含水量高的聚醚（酯）容易发热。生产低密度产品（$20kg/m^3$ 以下）用水量大，也容易发热。

（3）燃烧产物的毒性。

由于聚氨酯泡沫塑料在加工过程中添加了各种助剂包括阻燃剂等，因此聚氨酯泡沫塑料在燃烧时多为不完全燃烧，在火灾中表现为很浓很黑的烟气，含有大量的一氧化碳、二氧化碳、甲醛、氰化氢等有毒性气体。这些有毒气体的释放速率和总量不仅与聚氨酯泡沫塑料是否阻燃有关，而且还与聚氨酯泡沫塑料的燃烧温度有直接的关系。以块状聚氨酯软泡和阻燃的块状聚氨酯软泡的燃烧产物进行对比，阻燃的块状聚氨酯软泡的有毒气体释放速率和总量要比不阻燃的块状聚氨酯软泡释放的有毒气体要大得多。

氰化氢是一种剧毒物质，它可以使人体缺氧，阻止正常的细胞代谢，致人死亡。一氧化碳是火灾中致人死亡的主要原因。一氧化碳通过肺被血液吸收，由于血红蛋白对一氧化碳的亲和力大于对氧的亲和力，从而使血液中的氧含量不足致人死亡。虽然在火灾初期，火场温度并不很高，但是聚氨酯泡沫塑料所释放的有毒气体就足以使身处火灾中的人员在不知不觉中或者还没等消防人员到场施救时就已经中毒死亡，而且 90% 以上都是中毒窒息而亡。此外聚氨酯泡沫塑料在燃烧过程中还产生大量的烟尘，这些烟尘被人体吸入后，会使人体肺部有效呼吸面积减少。

3. 聚氨酯制品生产的防火安全措施

（1）原料、成品防火。

原料聚醚多元醇、稳定剂、催化剂、发泡剂、阻燃剂等应储存于干燥清洁的仓库内，远离火种、热源，防止阳光直射，防止与强氧化剂、酸类、碱类、油类接触。灭火采用干粉、泡沫、沙土和水。

制品应储存于阴凉通风仓库。远离火种、热源。室温不超过45℃。露天储存特别是软泡夏季要有降温措施，禁止使用易于产生火花的机械设备和工具。灭火剂采用二氧化碳、干粉、沙土。

（2）工艺防火。

① 严格控制明火。在生产中严禁使用电阻丝、电阻片等加热刀具对聚氨酯制品进行切割。

② 输送易挥发发泡剂如环戊烷的泵应置于容器液面之下，使泵腔内始终充满液体，不让空气进入，泵的叶轮应采用有色金属制成。

③ 凡有发泡剂挥发的场所，电气设备应采用防爆型。

④ 要控制反应温度。在高温季节可加入少量抗氧剂、氟利昂-11，以加速散热。如果白天平均温度在36℃左右，要考虑把生产时间转移到夜间气温略降之后。

⑤ 更换新原料时要进行小批量试验，生产低密度产品时，尤须注意安全。

（3）其他。

① 车间安全要求。生产车间要有良好通风，防止阳光直射，电气设备要符合防爆要求，产品和边角料均不准堆积在车间内。

② 储存安全要求。刚生产出来的产品还有较高温度，有些未完全反应的物料仍在继续放热，应等到充分冷却后（一般要经过24h）方可入库。库房要有良好通风，夏季要注意防暑降温，避免阳光直射。

③ 消防人员灭火时一定要使用空气呼吸器，用水喷洒，降低危害性，同时也可使用化学干粉灭火剂、二氧化碳和泡沫灭火剂。火灾扑灭后，还必须对异氰酸酯残留物进行彻底清理，采用净化剂处理直至无危害为止。

④ 塑料成品以及塑料厂制品部位发生火灾后，可根据下面几条原则实施灭火：

可用强大的直流水冲击灭火。采用这种方法除了可降低燃烧塑料表面温度外，还可以避免塑料熔融或产生液滴，以免熔融滴落物带火落下引燃其他物品，使火势蔓延或灼伤人员。灭火的同时应注意疏散未燃烧的塑料制品。控制火势，防止蔓延。水枪阵地应设在上风和侧风方向。塑料燃烧时会产生大量浓烟和其他有毒气体，如果灭火时必须进入烟区，应佩戴防毒面具。防止熔滴滴落伤人，在可能有熔滴的地方灭火时，灭火人员应该采取防护措施。

二、橡胶生产

橡胶具有优良的力学性能，以其高弹性、高强度、耐磨损及耐腐蚀等特性被广泛用于各行各业，在国民经济中占有重要地位。橡胶是高分子材料，其生产所使用的原料、辅料和中间体等，大多为易燃易爆危险化学品；所用的生产装置，体积大，设备、管线错综复杂，生产连续性强，多数在高温高压的条件下进行，火灾危险性较大。同时橡胶制品多数属于固体可燃物。橡胶生产中容易发生火灾且扑救困难。

合成橡胶又称人造橡胶，是由丁二烯、苯乙烯、氯丁二烯、丙烯腈、异戊二烯等低分子化合物作为单体，经聚合反应生成的具有弹性的高分子化合物，它不仅能代替天然橡胶，而且在某些特殊性能方面较天然橡胶更为优越。合成橡胶品种很多，按其用途可分为通用橡胶和特种橡胶两大类。通用橡胶主要有丁苯橡胶、顺丁橡胶、异戊橡胶、丁基橡胶和氯丁橡胶等，用于制造汽车、飞机、拖拉机等交通运输工具的轮胎及一般橡胶工业制品。特种橡胶主要有丁腈橡胶、硅橡胶、氟橡胶、聚硫橡胶等，用于制造在特殊条件下（如在高温、低温、某些溶剂以及酸碱介质中）使用的橡胶制品。本节以丁苯橡胶和顺丁橡胶为例介绍。

（一）丁苯橡胶生产

1. 丁苯橡胶生产的工艺流程

丁苯橡胶生产主要由原料配制、化学品配制、聚合、单体回收、凝聚、脱水干燥、压块及包装等工序组成。丁苯橡胶生产工艺流程如图 4.17 所示。

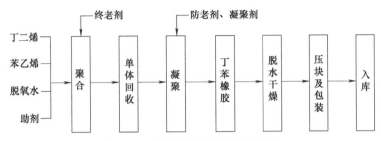

图 4.17　丁苯橡胶生产工艺流程图

2. 丁苯橡胶生产的火灾危险性

（1）主要物料。

丁苯橡胶生产中主要物料是丁二烯、苯乙烯、氨、煤油、过氧化氢二异丙苯、连二亚硫酸钠等，它们的火灾危险性见表 4.3。

表 4.3　合成橡胶生产原料产品的火灾危险性

名称	理化性质及火灾危险性	所在装置
丁二烯	无色无臭气体。易燃，易聚合，有氧存在下更易聚合，商品中常含有阻聚剂。有毒，1%浓度气体吸入 5min 会引起口腔干痛。空气中最高容许浓度 100mg/m³。爆炸极限 2.16%～11.47%，最小引燃能量 0.013mJ，相对密度 0.6211(20℃)，闪点 −78℃，自燃点 420℃，燃烧热值 2545kJ/mol。灭火剂为雾状水和二氧化碳	丁苯橡胶装置、顺丁橡胶装置、丁二烯抽提装置
苯乙烯	无色透明油状液体。易燃、有毒，空气中最高容许浓度 40mg/m³。能溶于醇及醚，难溶于水。遇火极易燃烧。受热、曝光或存在过氧化物催化剂时，极易聚合放热导致爆炸危险。与氯磺酸、发烟硫酸、浓硫酸反应剧烈，有爆炸危险。相对密度 0.9074(20℃)，闪点 31.1℃，自燃点 490℃，燃烧热值 4384kJ/mol，爆炸极限 1.1%～6.1%。灭火剂为泡沫、干粉、二氧化碳、沙土	丁苯橡胶装置
氨	无色，有刺激性恶臭的气体。在适当压力下可液化成液氨，同时放出大量的热，减小时，则汽化而逸出，同时吸收周围大量的热。有毒，空气中最高容许浓度为 30mg/m³。易溶于水、乙醇和乙醚，水溶液呈碱性。遇水变为有腐蚀性的氨水。受热后瓶内压力增大，有爆炸危险。有油类存在时，更增加燃烧危险。相对密度 0.817(−79℃)，自燃点 651℃，最小引燃能量 0.77mJ(浓度为 21.8%)，爆炸极限 15.7%～27.4%。灭火剂为泡沫、雾状水	丁苯橡胶装置
煤油	烃类混合物，水白色至淡黄色油状液体。遇热、明火、氧化剂有燃烧爆炸危险。相对密度 0.8～1.0(20℃)，闪点 37.78～73.89℃，沸点 175～325℃，自燃点 210℃，爆炸极限 0.7%～5.0%。灭火剂为泡沫、干粉、二氧化碳、沙土	丁苯橡胶装置
过氧化氢二异丙苯	淡黄色透明液体。受热或与酸接触易分解。该液体中不能混进杂质，尤其是对还原剂，金属类(铁、铜、钴、铅和锰等)单体或化合物要绝对避免)和酸要特别加以注意	丁苯橡胶装置
连二亚硫酸钠	白色沙状结晶或淡黄色粉末。赤热时分解。能溶于冷水，在热水中分解，不溶于乙醇。其水溶液性质不稳定，有极强的还原性。暴露于空气中易吸收氧气而氧化，同时也易吸收潮气发热而变质。灭火剂为干沙、干粉、二氧化碳，禁止用水	丁苯橡胶装置

续表

名称	理化性质及火灾危险性	所在装置
溶剂油	低分子饱和烃类混合物,其成分主要为戊烷、己烷、庚烷,其中己烷含量在85%以上,为无色澄清液体,能溶解油脂和脂肪等,相对密度0.65~0.67。化学性质稳定,但易挥发、着火,爆炸极限为1.0%~6.0%。蒸气有毒。灭火剂为泡沫、二氧化碳、干沙、干粉等	顺丁橡胶装置
三异丁基铝	无色澄清液体。在空气中能强烈发烟或起火燃烧。遇水剧烈反应而爆炸。能与酸类、醇类、胺类、卤素强烈反应。对人体有灼伤作用。开始分解温度约50℃,低温下分解较慢,100℃以上分解剧烈。相对密度0.785(20℃),闪点0℃以下,自燃点4℃以下。灭火剂为干沙、干粉,禁止用水、泡沫和四氯化碳	顺丁橡胶装置
二甲基甲酰胺	无色透明液体,有刺激性气味,对皮肤有腐蚀作用,其蒸气有毒。溶解能力强,对多种有机、无机物质具有良好的溶解性,能以任意比例与水混合,能水解成甲酸和二甲胺,水解产物又促进水解	DMF法丁二烯抽提装置

(2)生产过程的火灾危险性

① 中间罐区。

该罐区是储存丁二烯、苯乙烯、过氧化氢二异丙苯、叔十二碳硫醇等物质的场所。所储存物质除具有易燃、易爆、有毒的性质外,其中丁二烯可生成易急剧分解爆炸的过氧化物;丁二烯、苯乙烯又易自聚,导致设备、管道堵塞;过氧化氢二异丙苯是一种极强的氧化剂,极易分解,遇还原剂则发生剧烈反应。

② 聚合釜。

聚合釜是在4~8℃和0.19~0.49MPa压力下操作的带有搅拌装置的压力容器,一旦控制失误,易产生暴聚,引起温度、压力急剧升高。在第二和末釜出口装有γ射线(铯137)密度计,应严格注意射线对人体的危害。

③ 单体回收系统。

该系统是将胶乳中未反应的单体丁二烯和苯乙烯回收再利用的单元。可能由于操作不当导致空气进入系统,促使丁二烯过氧化物的生成,出现分解爆炸的危险。该系统的设备与管道常会因单体的自聚、凝胶而造成管道的堵塞,甚至胀破钢制容器。苯乙烯沉降罐常因沉降不好,水内夹带苯乙烯,造成污水处理设备的堵塞事故。

④ 丁二烯过氧化物的处置。

回收丁二烯时,少量的辅助单体苯乙烯抑制丁二烯过氧化物的生成,操作不当有可能引起丁二烯过氧化物分解爆炸。

3. 丁苯橡胶生产的防火安全措施

(1)中间罐区。

丁二烯、苯乙烯储罐液位不超过储罐容积的80%,并避免长期静止储存。引发剂过氧化氢二异丙苯有强氧化性,有造成燃烧或爆炸的危险,故在气温比较高的时候,可采取水喷淋等降温措施。严禁与还原剂叔十二碳硫醇混放,包装用桶要严格分开,以免发生爆炸。叔十二碳硫醇爆炸范围0.7%~9.1%,极易燃烧,严禁与氧化剂、浓硫酸接触。

(2)聚合釜。

各物料管道、设备的静、动密封点须严密,聚合釜投料前必须经过气密试验,并经氮气置换合格方准投料。经常注意检查投料比例和投料量的准确性,检查聚合釜温度、压力变化及搅拌器电动机负荷有无超限,防止暴聚和其他生产事故的发生。应设置高压报警和安全阀。应经常检查氨罐压力、温度、液位是否正常。仪表维修人员进入γ射线区域作业时，应穿戴铅橡皮服和铅橡皮手套。严禁非仪表维修人员进入γ射线区域内，禁止任何人私自打开γ射线密度计或取出放射源。

（3）单体回收系统。

生产操作中需加强检查，如发现系统中有过多的自聚物或丁二烯过氧化物、端基聚合物时，必须及时停车清理。开车前要严格进行试压和真空度试验，生产中注意检查系统中真空度是否达到规定值，防止空气进入回收单体中。经常检查不凝气体排放管线中氧含量检验分析情况，不凝气中氧含量不得超过0.8%，以防止丁二烯系统氧含量过高，过多地生成丁二烯端基聚合物和过氧化物。检查苯乙烯沉降罐排放的污水有无苯乙烯带出。清理设备、管道时，严禁胶液排放地沟。

（4）丁二烯过氧化物的处置。

对回收丁二烯的设备、储罐和管线，在清理前用硫酸亚铁蒸煮时，可以适当提高硫酸亚铁水溶液的浓度或延长蒸煮时间。但是，当发现设备或储罐内丁二烯过氧化物含量过高时，则不宜提高硫酸亚铁水溶液的浓度，因为破坏速度太快也有可能导致丁二烯过氧化物爆炸。所以，必须将溶液充满设备和储罐后，延长蒸煮时间。

（5）其他。

① 丁二烯、苯乙烯、煤油的蒸气密度比空气大，易积聚在厂房下部，不易扩散，这些物料都易造成火灾爆炸事故。丁二烯、液氨沸点低，接触人体易造成冻伤。安装可燃气体自动检测报警器/有毒气体自动检测报警器、安全阀、紧急放空管、紧急放料等安全装置，紧急放空应导入火炬系统。

② 生产所用原材料中有强酸、强碱、易燃、易爆、易中毒的物质，部分介质对设备、管线有腐蚀作用，所以要特别注意对设备及人体的危害。

③ 在单体储存、聚合及回收过程中，单体易生成自聚物、端聚物及过氧化物，胶乳中易生成凝聚胶块，这些物质易堵塞管道及设备，甚至胀裂管道及设备，清理时要按规定要求处理，处理不当可能燃烧、爆炸。后处理单元的胶粒黏性较大，容易使管道设备堵挂，因此要每天定期停车进行清理。

④ 单体及部分原料在设备管道内流动时，可产生静电，易造成火灾、爆炸和电击等事故。因此，设备、管道等要可靠接地。

（二）顺丁橡胶生产

顺式-1,4聚丁二烯橡胶（简称顺丁橡胶）是丁二烯单体经溶液聚合（也可用乳液法）制得的自聚物。溶液聚合法生产工艺由配制计量、聚合、凝聚、水洗、干燥、压块、包装及溶剂、丁二烯回收等工序组成。

1. 顺丁橡胶生产的工艺流程

生产工艺流程如图4.18所示。

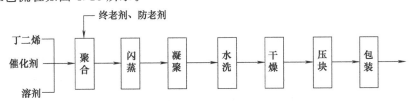

图4.18　顺丁橡胶生产工艺流程图

本装置生产所用主要原料丁二烯、溶剂油为易燃液体。三种催化剂均有毒、易分解、易氧化，特别是三异丁基铝与空气接触极易燃烧爆炸，皮肤与之接触即被灼伤，属危险物品。

2. 顺丁橡胶生产的火灾危险性

（1）主要物料。

顺丁橡胶生产中主要物料的火灾危险性见表4.3合成橡胶生产原料产品的火灾危险性。

（2）生产工艺。

① 计量单元。

所使用的三氟化硼催化剂腐蚀性极强，对设备腐蚀严重，容易造成设备的泄漏，反应温度和压力较高，一旦反应热不能及时移除，极有可能发生严重事故。三氟化硼与空气中水立即反应产生白色烟雾，生成氟化物气体，对人体有很强的腐蚀性。三异丁基铝在空气中能强烈发烟而燃烧，与水剧烈反应而爆炸，且容易发生人体灼伤事故。

② 聚合釜。

丁二烯聚合是放热反应，温度控制不好会产生暴聚或不聚，发生暴聚时温度、压力急剧上升可导致爆炸火灾事故；不聚时会造成大量丁二烯从胶液罐放空，也是危险的。

③ 丁二烯、溶剂油回收。

丁二烯、溶剂油回收是采用精馏分离的方法，蒸出丁二烯和溶剂油。这里转动设备较多，容易发生跑、冒、滴、漏。污水排放易将溶剂油、丁二烯带入污水沟。

④ 后处理单元。

橡胶在膨胀干燥机中挤压时，温度很高，通常在150～180℃，常因供胶量太少、断料或胶料在膨胀干燥机中停留时间过长，导致橡胶在高温下塑化。塑化胶经膨胀干燥机挤出时遇空气易着火，甚至会在热风干燥箱中燃烧。橡胶在输送过程中，和铁器产生振动摩擦，极易产生和积聚静电，静电电荷可达10000V以上。如果橡胶的挥发物中含有一定浓度的可燃气体时，便会引起橡胶着火燃烧。

3. 顺丁橡胶生产的安全防火安全措施

（1）计量单元。

加强巡回检查发生物料泄漏时，首先穿戴好防护用品，切断物料来源，妥善收集和处理现场物料，切不可用水冲洗，以免发生爆炸。

（2）聚合釜。

反应温度、压力、单体转化率，要在控制范围之内。各动、静密封点要严密，尤其是三异丁基铝输送管道、聚合釜搅拌器轴封、机泵和调节阀的填料函等。搅拌机运转要正常，电动机电流不得超过额定值。聚合反应系统安全阀必须定期校验，起跳后要及时校正后投用。固定式可燃气体报警仪器要灵敏可靠。

（3）丁二烯、溶剂回收。

注意工艺指标的控制，回收丁二烯中的含氧量是否过高等。查看油、水分离罐界面高低，及地沟、放空管线是否带油。固定式可燃气体报警仪器要灵敏可靠。注意设备、管道中过氧化物、端聚物的清除和处理。

（4）后处理单元。

在生产过程中，如发现膨胀干燥机温度过高或供胶量太少时，应及时降温减速，以防止橡胶塑化，引起燃烧。在热风干燥箱中，必须设有蒸汽灭火管线，当发现橡胶塑化冒烟或着火时，应立即关闭干燥箱门，及时打开蒸气灭火管线的阀门，同时关掉风机，避免扩大事故。膨胀干燥机温度不可超过 180℃，以防温度过高橡胶起火。

思考与练习题

1. 乙炔有哪些火灾爆炸危险性？

2. 乙炔在压缩和充装过程中有哪些安全措施？

3. 乙炔站需要遵守哪些电气防火的安全措施？

4. 精馏塔发生爆炸的部位、时间和原因有哪些？

5. 氧气在压缩、输送、储存和灌装过程有哪些火灾危险性和防火安全措施？

6. 氧气站在建筑防火上有哪些措施？

7. 煤气生产具有什么样的火灾危险性？

8. 煤气生产的防火安全措施有哪些？

9. 煤气火灾扑救应采取哪些处置措施？

10. 氯气有哪些危险特性？

11. 氯气生产的建筑防火安全措施有哪些？

12. 氯气中毒急救方法有哪些？

13. 合成树脂生产过程的火灾危险性和安全防火措施有哪些？

14. 聚氨酯制品有哪些危险特性？

15. 聚氨酯塑料制品生产过程的火灾危险性和安全防火措施有哪些？

16. 丁苯橡胶生产的火灾危险性有哪些？

17. 丁苯橡胶生产的防火安全措施有哪些？

18. 合成橡胶生产过程的危险物料有哪些？有哪些主要危险性？

第五章
食品、纺织等
行业消防安全

○ 【学习目标】

1. 了解并熟悉常见粮食加工工艺过程及火灾危险性，掌握粮食加工及储存企业火灾特点，能有针对性地提出火灾防控措施。

2. 了解并熟悉纺织行业基本生产过程及火灾危险性，掌握纺织生产及储存企业火灾特点，能有针对性地提出火灾防控措施。

3. 了解并熟悉造纸生产工艺过程及火灾危险性，掌握纸类加工及储存企业火灾特点，能有针对性地提出火灾防控措施。

4. 了解并熟悉常见木材加工工艺过程及火灾危险性，掌握木材加工及储存企业火灾特点，能有针对性地提出火灾防控措施。

5. 了解白酒的生产工艺，熟悉在白酒生产过程中的火灾隐患重点场所，能有针对性地开展白酒生产的安全检查。

6. 了解烟叶的生产工艺流程，能对烟草加工过程中的火灾危险性进行分析。

轻工业是以提供生活消费品为主的工业，如：食品、纺织、皮革、造纸等行业。轻工业是城乡居民生活消费资料的主要来源，是我国工业生产的重要组成部分。与石油化工行业不同，轻工业生产在我国分布非常广泛，并且由于技术门槛较低、从业人员素质参差不齐，同行业中不同企业间无论是生产规模、技术力量还是管理水平都呈现出巨大差异。目前，我国轻工业生产大多属于劳动密集型产业，生产场所人员密集、可燃物多，"三合一"场所也多数集中于这些行业，在生产、储运过程中事故多发，人员伤亡严重。因此，加强轻工业生产企业及相关储存场所的消防安全管理显得尤为重要。

本章以轻工业生产中危险性较大、发生事故较多的食品、纺织、造纸、烟草等行业生产为例，介绍轻工业加工生产中的火灾危险性及防火措施。

》》 第一节　粮食加工及储存

粮食加工主要包括：稻谷碾米；小麦制粉；玉米及杂粮的加工；植物油脂的提取、精炼和加工；植物蛋白质产品的生产和淀粉加工；以米面为主要原料的粮油食品加工；粮油加工副产品的综合利用。典型粮食加工企业如图 5.1 所示，包含立筒仓、粮食升运管道、生产车间和成品仓库等场所，由于粮食易燃烧，加工量大，机械化、自动化程度高，在加工过程中发生燃烧时，火势易沿粮食升运管道和通风管道迅速蔓延，扑救十分困难。本节以小麦制粉和食用油加工为例，介绍粮油加工生产中的火灾危险性及防火措施。

一、小麦制粉

（一）小麦制粉过程简述

小麦制粉是小麦经清理和水分调节后将胚乳与麦胚、麦皮分开，再将胚乳磨细成粉并进行配制或处理，制成各种专用粉。其生产过程一般分为清理、制粉、配粉三个阶段。现代化

图 5.1　粮食加工企业

的粉路分为四个系统。每个系统里还包括不少辊式磨粉机和平筛组成的磨和筛相结合的工序，循序研磨和筛理，逐步使小麦磨制成面粉。制粉工艺流程如图 5.2 所示。

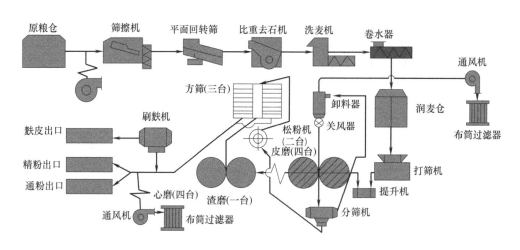

图 5.2　制粉工艺流程图

1. 清理

清理的目的是除去小麦中的杂质，提高产品纯度并达到安全生产的目的。小麦的清理一般使用筛选、风选、去石、精选、磁选、打麦、碾麦等方法去除小麦中的杂质，然后对小麦进行水分调节。其工艺流程如图 5.3 所示。

2. 制粉

制粉过程包括磨粉和筛理两道工序。将经过清理的小麦送入磨粉机将小麦研磨成粉，并利用各种设备把物料按颗粒大小进行分级。制粉环节的主要设备为辊式磨粉机，它是一对以不同速度相向旋转的圆柱形磨辊，物料通过两辊之间，依靠磨辊的相对运动和磨齿的挤压、剪切作用而粉碎。磨粉车间如图 5.4 所示。

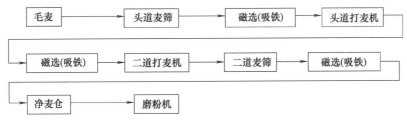

毛麦 → 头道麦筛 → 磁选(吸铁) → 头道打麦机 →

磁选(吸铁) → 二道打麦机 → 二道麦筛 → 磁选(吸铁) →

净麦仓 → 磨粉机

图 5.3　小麦制粉清理工段工艺流程图

图 5.4　磨粉车间

3. 配粉

配粉是通过一定的处理使面粉完全达到成品面粉质量要求的工艺过程。图 5.5 所示为小麦制粉系统。

（二）小麦制粉企业的火灾危险性

制粉企业从原料进厂到成品出厂的流程主要是：谷物进厂、谷物储存、谷物转运、谷物清理、制粉、配粉、成品面粉储存、成品面粉出厂、副产品储存、副产品出厂。在这个过程中存在的火灾危险性主要集中体现在储存、清理、输送、制粉、配粉等环节。

图 5.5　小麦制粉系统

1. 储存过程的火灾危险性

小麦制粉企业大量存在谷物、面粉及制粉加工副产品等物质，这些物质由于含有大量的糖类、脂肪、纤维素，极易燃烧。在储存过程中还会由于生物呼吸发生自燃，面粉燃烧往往还会引起粉尘爆炸。

在粮食加工、储运过程中，粮食粉尘爆炸是导致企业损失的最主要的原因。据统计，我国粉尘爆炸事故大约有 60% 出现于粮食加工行业，面粉厂、淀粉厂、饲料厂、糖厂等企业都曾发生过粉尘爆炸，粮食粉尘的爆炸特性如表 5.1 所示。

2. 清理过程的火灾危险性

在原料清理过程中易产生谷物粉尘，当空气中粉尘浓度大于 $60g/m^3$ 时，遇到点火源会发生爆炸。小麦中的石块、金属块等坚硬杂质，一旦与机械设备的内表面发生撞击和摩擦，容易产生火花引起火灾爆炸事故；草秆、麻绳、布屑等杂质易使机器堵塞，导致负载增大，从而烧坏电机，引起火灾。

表 5.1　粮食粉尘的爆炸特性

物质名称	最低着火温度/℃	最低爆炸浓度/(g/m³)	最大爆炸压力/(kgf/m²)
谷物粉尘	430	55	6.68
小麦粉尘	380	70	7.38
大豆粉尘	520	35	7.03
面粉粉尘	380	50	6.68
咖啡粉尘	360	85	2.66
麦芽粉尘	400	55	6.75
米粉尘	440	45	6.68

3. 制粉过程的火灾危险性

在制粉过程中，一旦设备发生泄漏，面粉易飞扬悬浮在空气中，形成爆炸性粉尘混合物。皮带传动时的摩擦或物料在风运管道内摩擦易产生静电火花；钢磨辊本身摩擦或磨辊与进入磨粉机内的坚硬杂质摩擦也容易产生火花，遇面粉粉尘易引发粉尘爆炸事故。

4. 配粉过程的火灾危险性

面粉输送和混合过程均会产生爆炸性粉尘混合物，如遇静电火花等点火源易引起粉尘爆炸。

5. 输送过程的火灾危险性

制粉企业物料输送主要采用带式输送、斗式提升、气流输送等方式。带式输送和斗式输送在输送过程中易发生摩擦产生高热，引发火灾事故，气流输送时若流速过快，产生静电火花，易引发爆炸。

（三）小麦制粉企业防火措施

小麦制粉大部分生产工艺的火灾危险性为丙类生产，磨粉工段易形成爆炸性粉尘混合物，属乙类生产。在粮食加工、储运过程中，粮食粉尘爆炸是导致企业损失的最主要的原因，尤以制粉企业最为典型，在制粉企业安全管理当中应加以重视。

1. 厂址选择和总平面布置

（1）制粉企业厂址选择必须同当地的城镇规划结合起来，并符合粮食流向及工业布局。应符合安全和卫生的要求，尽量避开或远离易燃、易爆、有毒气体和有其他污染源的工厂企业，在靠近居民区时，应选择下风位置。

（2）制粉车间的生产类别为乙类，清理车间和砻碾车间为丙类。各主要生产车间厂房的防火间距（指厂房耐火等级二级、三级之间），不应小于 12m，一般为 15～20m，乙类生产厂房与民用建筑之间的防火间距不应小于 25m，距重要的公共建筑不宜小于 50m。

（3）按照粮食粉尘释放源位置、释放粉尘数量及可能性、爆炸条件及通风除尘条件将以下生产区域划分为 20 区、21 区、22 区，采用无孔洞的墙体和防火弹簧门与 20 区、21 区、22 区隔开的区域可划分为非危险区，如表 5.2 所示。

（4）粮食筒仓与其他建筑之间及粮食筒仓组与组之间的防火间距，不应小于表 5.3 要求。

表 5.2　粮食加工、储运粉尘爆炸危险场所分区

区域划分	粉尘环境
20 区	大米厂砻谷间,米糠间,立筒仓
21 区	粉碎间,碾磨间,打包间,清理间,配粉间,饲料加工车间,油厂原料库,立筒仓工作塔及筒上层、筒下层,敞开式输送廊道(距粉尘释放源 1m 以内),地下输粮廊道,地上封闭式输粮廊道,散装粮储存用房式仓
22 区	敞开式输送廊道,立筒仓工作塔滴管层
非危险区	包装粮储存用房式仓,成品库

表 5.3　粮食筒仓与其他建筑、粮食筒仓组之间的防火间距　　　　　　　　　　　m

名称	粮食总储量	粮食立筒仓 W/t			粮食浅圆仓 W/t		其他建筑		
		W≤40000	40000<W≤50000	W>50000	W≤50000	W>50000	一、二级	三级	四级
粮食立筒仓 W/t	500<W≤10000	15	20	25	20	25	10	15	20
	10000<W≤40000						15	20	25
	40000<W≤50000	20					20	25	30
	W>50000	25					25	30	—
粮食浅圆仓 W/t	W≤50000	20	20	25	20	25	20	25	—
	W>50000	25					25	30	—

注:1. 当粮食立筒仓、粮食浅圆仓与工作塔、接收塔、发放站为一个完整工艺单元的组群时,组内各建筑之间的防火间距不受本表限制。

2. 粮食浅圆仓组内每个独立仓的储量不应大于 10000。

(5)露天、半露天可燃材料堆场与建筑物的防火间距不应小于表 5.4 规定。

表 5.4　露天、半露天可燃材料堆场与建筑物的防火间距　　　　　　　　　　　m

名　　称	一个堆场的总储量	建筑物		
		一、二级	三级	四级
粮食席穴囤 W/t	10≤W<5000	15	20	25
	5000≤W<20000	20	25	30
粮食土圆仓 W/t	500≤W<10000	10	15	20
	10000≤W<20000	15	20	25

(6)在立筒仓、加工厂主车间四周 10m 范围内,不宜布置含有 20 区、21 区、22 区的建筑物,含有 20 区、21 区、22 区的厂房(库房)四周应设置宽度不小于 4m 的消防通道。

2. 工艺设备

(1)筛选时,应保证麦流不断,以防筛面受力不均或过载,使电机烧毁。

(2)应检查吸尘效果,调好风门,降低设备和车间内的粉尘浓度,以防发生粉尘爆炸事故。

(3)必须经常检查运转设备轴承和惯性传动机构的温度,如发现超温,应立即检修。平

时应保证轴承有足够的润滑油，并应经常清扫，清除积尘和油垢，以防摩擦过热而起火。

（4）要经常打扫机器，照明灯具上的粉尘，以免积尘被烤焦而引起火灾。

（5）升运机不得有裂缝，观察门窗应盖紧、不漏，以防灰尘外扬。

（6）磨粉机的供料流量要均匀正常，防止机器空转。防止磨辊自身摩擦。应保持其油路、气路畅通，以防止摩擦起火。磨粉机的布筒，集尘器四周应设置铁板等非燃烧材料隔离，以防起火时迅速蔓延。风运提升管应有良好的接地，防止静电积聚。

（7）转轮和皮带盘等金属部件必须有良好的接地，防止传动皮带产生静电火花。

（8）磨粉车间内要设置报警信号，遇有火灾，立即关闭送料闸门，防止火势蔓延。

3. 建筑与结构

（1）有粉尘爆炸危险的筒仓，其顶部盖板应设置必要的泄压设施。粮食筒仓工作塔和上通廊的泄压面积应符合《建筑设计防火规范》（GB 50016）要求。有粉尘爆炸危险的其他粮食储存应采取防保措施。

（2）控制室、配电室应单独设置，且不宜设置在粮食粉尘爆炸危险场所上方。

（3）粮食仓库的耐火等级，筒仓不应低于二级，平房仓不应低于三级。

4. 粉尘控制

（1）应设置符合作业要求的高效、安全、可靠的通风除尘系统及粉尘控制措施，减少粉尘积聚。

（2）积尘清扫作业应作为制粉企业安全生产的重要内容，清扫时应避免产生二次扬尘。

（3）通风管道应设阻火阀，一旦起火，应立即停止通风，迅速关闭阻火闸，以阻止火势蔓延。

（4）严禁一切火种源进入通风系统。检修过程中需要动火时，应将风管拆下施工。不得有高温物体烘烤风管。

（5）通风系统必须有良好的接地。

5. 作业安全

在 20 区、21 区、22 区内明火作业时应遵守以下规定：

① 操作程序、实施方案和安全措施须经企业安全生产管理部门批准；

② 应在所有生产线关闭 4h 以后进行，并关闭所有闸阀门；

③ 对作业点四周 10m 范围内进行喷水，清除地面、设备及管道周围墙体等处的积尘，保证无粉尘悬浮；对设备进行焊割作业时，应在动工前清理机内积尘并启动除尘系统不少于 10min；

④ 作业时，应严格按规程操作，采取措施防止火花飞溅及工件过热；

⑤ 作业完毕后，对作业点监测不小于 1h。

（四）粮食仓库防火要求

粮食仓库是用来储存粮食作物和油料作物的场所，一般分为室内仓库和露天仓库两种。粮食和油料作物在储存过程中，应遵循以下要求。

（1）正确选择库址，合理布置库区。

① 粮库宜选在靠近城镇的边缘，且位于该地常年主导风向的上风或侧风向。不宜靠近易燃、易爆仓库和工厂的附近。粮库应用围墙同其他区域隔开，围墙上设有一个以上出口。

② 粮库应根据使用性质的不同而划分为储粮区、烘干区、加工区、器材区、化学药品储存区和办公生活区等，各区之间必须设置防火间距、消防车道。

③ 库区内不可到处乱放易燃、可燃材料，库房外堆场内不留杂草、垃圾。

④ 库房上空不得架设电线，不得在库区内设置变压器。库区内应设置良好的防雷击设施。

⑤ 粮食仓库应单独建造，麻袋、木材、油布等应分类、分堆储存。库房与库房之间宜保持 10～14m 的间距。

⑥ 露天、半露天堆场与建筑物之间应保持一定的防火间距。

（2）随时监测粮仓的温度、湿度，防止发生自燃。

（3）库区内不得动用明火和采用碘钨灯、日光灯，严禁一切火种。

（4）烘干粮食时，操作人员要严格按照烘干机的操作规程操作，发现异常现象要及时检修。粮食进入烘干机前，要彻底清除草、纸、木块等易燃物。烘烤温度、烘烤时间应严格控制。进入冷却塔的烘干粮食，要严格控制温度，以防积热引起火灾。

（5）库内应设消防水池，有足够的消防用水，并配备合适的消防器材。

（6）消防设施：

① 散装粮食平房仓内不应设消防给水设施，其他粮食平房仓内不宜设消防给水设施；仓外应设消防给水设施。

② 平房仓的消防用水量，应为最大一个防火分区的室外消火栓用水量。

③ 平房仓应按现行国家标准《建筑灭火器配置设计规范》（GB 50140）合理配置灭火器。当灭火器放置仓内有可能被粮食覆盖而无法使用时，灭火器可放置于仓外门口处。

④ 散装平房仓可不设防排烟设施。

⑤ 粮食钢板筒仓仓内、仓上栈桥、仓下地道内不宜设消防灭火设施。

⑥ 封闭工作塔各层应设室内消火栓，消防给水宜采用临时高压给水系统，室内消防用水量可按 10L/s 计。

⑦ 粮食钢板筒仓工作塔各层、筒下层应按现行国家标准《建筑灭火器配置设计规范》（GB 50140）的有关规定配置灭火器。

⑧ 严寒地区的室内消防给水系统可采用干式系统，系统最高点应设自动排气装置，并应有快速启动消防设备的措施。

（五）制粉企业火灾事故处置注意事项

小麦制粉过程易形成粉尘堆积，遇点火源形成粉尘爆炸。粮食粉尘爆炸具有多次爆炸的特点。这种粉尘被初始爆炸的冲击波扬起形成粉尘云发生的爆炸称为"二次爆炸"，粉尘爆炸的破坏通常是由二次爆炸引起的。防止"二次爆炸"关键在于减少爆炸传播途径上的粉尘，减少粉尘爆炸的能量来源。粉尘爆炸的传播途径主要包括工艺管道、除尘管道、建筑开口，或者从建筑内的局部传播到建筑内的其他地方。因此，小麦加工车间发生火灾可采用雾状水灭火，减少粉尘飞扬，防止二次爆炸。

二、食用油加工

油脂是人们日常生活的必需品，也是食品、机械工业的重要原料，我国植物油脂加工的方法主要有压榨法、水代法和浸出法三种，目前使用广泛的是浸出法。其工艺流程如图 5.6 所示。这里以浸出法为例介绍食用油加工。

（一）浸出法制油工艺简述

浸出法制油是选用能溶解油脂的有机溶剂，通过浸泡或喷淋使油料中的油脂被萃取出

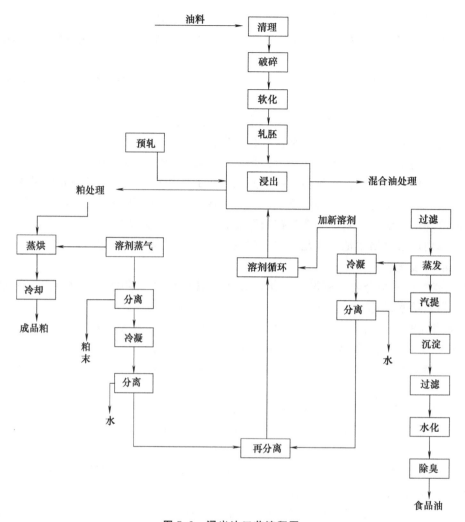

图 5.6　浸出法工艺流程图

来，基本过程如下：将油料清理后进行预处理、预榨成为料胚，把料胚浸于选定的溶剂中，使油脂溶解在溶剂内，形成混合油，然后将混合油与固体残粕分离，依据混合油中溶剂和油脂的沸点的不同进行蒸发、气提，使油脂和溶剂分离，得到浸出毛油，毛油再经过脱色、除臭等步骤精炼成为成品油。溶剂蒸气经过冷凝和冷却回收后继续循环使用。可以将上面的工艺流程简化为：

油料——预处理、预榨——料胚——浸出——毛油——精炼——成品油

其中预处理工艺流程如图 5.7 所示：

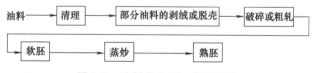

图 5.7　油料预处理工艺流程图

油料经过预处理后进入压榨车间，通过机械作用榨出油脂。图 5.8 所示为油脂压榨车间。经过预榨后的油料进入油脂浸出车间的浸出器，与溶剂混合，萃取油脂。图 5.9 所示为

图 5.8　油脂压榨车间

油脂为浸出车间，图 5.10 所示为平转式浸出器。

图 5.9　油脂浸出车间

图 5.10　平转式浸出器

浸出毛油经过脱色、除臭等步骤精炼成为成品油，图 5.11 所示为油脂精炼车间。

（二）浸出法制油火灾危险性

1. 物料的火灾危险性

浸出法制油采用的原料可以分为两类：富含油脂的植物种子和 6 号抽提溶剂油或石油醚，以及少量化学物品。经常采用的油料有黄豆、葵花籽、菜籽、棉籽、花生等，多数属丙类物品。它们的共同特点就是种子内部富含大量的油脂，在储存过程中具有自燃特性；石油醚或 6 号抽提溶剂油的主要成分为正己烷（C_6H_{14}）和环己烷（C_6H_{12}），火灾危险性均为甲类。

2. 预处理、预榨工段的火灾危险性

在预处理工段，主要是对油料进行清理、风选、筛选、磁选，达到清除杂物的目的，经

图 5.11 油脂精炼车间

过蒸煮和碾压破坏了种子的细胞结构，使得料胚与溶剂油的接触面积加大，为种子出油和浸出工段创造有利条件。预处理车间内部的提升机、绞龙经常产生大量的粉尘，容易形成爆炸性的混合物；剥壳设备易摩擦产生高温；碾压后的油料饼易由于高温发生自燃。此外，浸出工段溶剂油蒸气还有可能倒流至预处理工段，导致火灾。因此，预处理工段火灾危险性较大。

3. 浸出工段的火灾危险性分析

浸出工段主要是利用萃取的原理将料胚中的油脂溶解到溶剂中，并将浸出处理后的料胚烘干入库，通过加热使混合油中的溶剂蒸发，形成毛油。浸出器、管道、蒸发器内存在大量溶剂油蒸气，易产生泄漏并与空气混合形成爆炸性混合物，遇火源发生爆炸。因此，浸出法制油属于甲类危险生产。

浸出车间的不安全因素主要有：设备、工艺管线发生泄漏或者冲料，溶剂大量挥发，与空气混合形成爆炸性混合物；电气设备不防爆或者防爆电器失去防爆作用；混合油或者溶剂流速过快，产生静电积聚和静电放电，形成强火源；传动皮带摩擦发热；通风不良，蒸气在低洼处积存而达到爆炸极限；工人擅自离开工作岗位或者不熟悉设备、工艺流程，造成误操作，引起溶剂泄漏；违章用火、违章动火及在火灾危险爆炸区域内明火取暖、吸烟、气焊、气割；未设置防雷、防静电设施或设施达不到防雷、防静电要求，起不到防雷、防静电的作用等。因此，浸出工段是浸出法制油工艺中最具火灾危险性的工段。

4. 精炼工段的火灾危险性分析

油脂的精炼是利用机械和物理、化学的方法祛除油脂中的游离脂肪酸、磷脂、胶质、色素、异味、固体杂质和蜡的过程，相对于预榨、预处理和浸出工段，精炼工段的火灾危险性较小，精炼过程中使用的氧化剂和腐蚀性化学物品存在一定的火灾危险性。

（三）食用油加工企业的防火措施

1. 厂址选择与平面布局

制油企业必须建在交通方便，水源充足，无有害气体、烟雾、灰尘、放射性物质及其他扩散性污染源的地区。厂房与设施应根据工艺流程合理布局，结构合理、坚固、完好；食用与非食用植物油的原料和成品仓库应分别设置，防止交叉污染。生产（加工）车间必须具有通风、照明设施。车间内设备、管道、动力照明线、电缆等必须安装合理，符合有关规定，并便于维修。浸出、炼油、食用油制品车间的地面须稍有坡度，便于清洗。浸出车间的设备、管道必须密封良好。

2. 生产和储存设施

生产系统封闭性能应可靠。溶剂输出和输入的泵及管道，应分开单独设置。浸出车间内应配置固定或移动式溶剂蒸气检测报警器。车间应备有防爆排风机。固定式排风管出口宜高出层面至少 1.5m。溶剂罐的呼吸阀终端和浸出系统废气排出口处应装阻火器，通向设备的直接蒸气管道应装有止回阀。

生产装置应采用保持良好的润滑的链条或齿轮和能防止静电的皮带传动。生产装置中的设备、容器、操作平台、管道、建筑物金属构件和栅栏等非带电裸露金属部分，均应接地，其电阻不宜大于 100Ω。管道法兰应跨接，跨接导线电阻不应大于 0.03Ω。

3. 厂房建筑

浸出油厂生产建筑火灾危险性的类别和耐火等级应符合表 5.5 的规定。

表 5.5　浸出油厂生产建筑火灾危险性的类别和耐火等级

生产建筑名称		使用或生产的物资	火灾危险类别	最低耐火等级
浸出车间独立溶剂库		溶剂（闪点<28℃ 爆炸下限<10%）	甲	二级
预处理车间 压榨车间 精炼车间		植物油料和植物油（可燃固体、闪点>600℃的液体）	丙	三级
原料库粕库		植物油料、饼粕（可燃固体物）	丙	三级
锅炉房	蒸发量>4t/h	利用固体或液体作燃料	丁	二级
	蒸发量≤4t/h	利用固体或液体作燃料	丁	三级

浸出车间应独立设置，并应在距离车间外墙壁 12m 以外设置高度不小于 1.5m 的非燃烧实体围墙，列为防火禁区。两个以上浸出车间，可以设置在同一个防火禁区内。但浸出车间的厂房总占地面积不应超过高 1500m²。浸出车间与相邻厂房之间的防火间距不应小于表 5.6 的规定。

表 5.6　浸出车间与相邻厂房之间的防火间距

防火间距		相邻厂房耐火等级		
		一、二级	三级	四级
浸出车间耐火等级	一、二级	12m	14m	16m

注：防火间距应按相邻建筑物外墙的最近距离计算。如外墙有凸出部分的燃烧构件，则应从其凸出部分的外缘算起。

浸出车间与其他场所之间的防火间距不应小于表 5.7 的规定。

浸出厂房建筑应有良好的自然通风，所有的门、窗等应向外开启。浸出车间地面应有一定的坡度，但不得设地沟、地坑。浸出车间内不得设办公室、休息室、更衣室、化验室、零部件储藏室。浸出车间配电室若毗邻车间外墙设置，其地面应高于地面 1.25m。浸出车间安全出口不应少于 2 个，并设有疏散指示标志。浸出车间和独立溶剂库周围应设的消防车道，其宽度不应小于 3.5m。消防车道穿过建筑物的门洞时，其净高和净宽不应小于 4m。

表 5.7　浸出车间与其他场所之间的防火间距

场　　所	防火间距
重要的公共建筑与文物保护区	50m
民用建筑	25m
明火或散发火花地点	30m
厂外铁路(中心线)	30m
厂内铁路(中心线)	20m
厂内公路(路边)	15m
变配电站(室)	25m

注：本厂内的铁路如有机车进入区关闭灰箱或设隔离车等安全措施时，其防火间距可以不限。采用高架变配电站(室)(离地高 1.25m)，其防火间距可适当减少，但不应小于 15m。

4. 防火防爆措施

浸出车间应设置泄压设施，泄压设施宜采用轻质屋盖作泄压面积，易于泄压的门、窗、轻质墙体也可以作泄压面积。泄压面积的设置应避开人员集中的场所和主要交通道路，并宜靠近容易发生爆炸的部位。

浸出用 6 号溶剂属Ⅱ类 A 级 T3 组爆炸性物质。浸出油厂的生产工艺装置是封闭式的，其爆炸危险的区域等级划分如表 5.8 所示。

表 5.8　浸出油厂爆炸危险区域等级划分

场　　所	爆炸危险区域等级划分
浸出车间及禁区内	2 区(简称 2 区)
溶剂库区	2 区
溶剂卸料区	2 区

危险环境电气设备的选型，应根据危险环境区域危险物的特性采用相应的防爆形式，活动灯具还需加保护罩。

5. 消防措施

应设置可满足突然停电时安全回收溶剂的用水需要的高水塔或其他水源。在危险环境中不得使用非防爆工具。在主要设备或事故易发生部位应设置蒸汽灭火装置。

6. 防雷措施

浸出车间的建筑物和构筑物的防雷要求属第一类工业建筑物和构筑物。应采取防止直击雷、雷电感应和雷电波侵入而产生电火花的防雷措施。对排放溶剂蒸气的管道，其保护范围应高出管顶 2m 以上。浸出车间、溶剂车间不宜利用山势架设避雷针。

7. 安全管理

在禁区周围设置醒目的禁火、防火标志和告示。严禁带入和使用可移动铁制工作台、座椅，非防爆工具及能产生静电或火花的衣物、鞋或其他物品。

浸出车间、溶剂库、粕库、溶剂运输车船等带溶剂的设备、容器、管道需检修并动用明火时，必须严格执行动火审批制度。

杜绝溶剂的跑、冒、滴、漏现象，并保持浸出车间的良好通风，门窗一般宜常敞开，寒冷地区可以适度打开，但不得全部关闭。当车间内空气的溶剂蒸气浓度较高时，要及时通风排除。

第二节　纸类生产及储存

造纸是我国古代四大发明之一。随着科学技术的进步，现代造纸工业飞速发展，成为与国民经济和人民生活密切相关的重要产业，也是为新闻、出版、印刷和包装等行业提供原材料的重要基础工业。

纸是由纤维和其他固体颗粒物质交织结合而成的、具有多孔性网状物性质的特殊薄张材料，是典型的固体可燃物。造纸企业的主要原料、产品都是可燃、易燃的物品，设有动力、供配电、仓库、运输等部门，生产过程中的某些工序也具有较大火灾危险，造纸厂的消防管理和防火措施有着相当的重要性。

一、制浆造纸的生产流程

纸的种类很多，除了按照定量和厚度分为纸和纸板之外，一般根据纸的用途大致分为：文化用纸、工农业技术用纸、包装用纸和生活用纸四大类。

造纸，就是用机械方法或化学方法将植物中有用的纤维素、半纤维素分离出来，清除木质素等无用成分，再经过各种加工处理，制成纸浆，最后在造纸机上抄制成纸的过程。从纸浆制成纸或纸板，需要经过打浆、加填、施胶、调色、净化、筛选等一系列加工程序，然后再抄制成纸。典型造纸厂如图 5.12 所示，其组成如图 5.13 所示。制浆造纸的生产工艺流程，如图 5.14 所示。

图 5.12　典型造纸厂

（一）备料

备料就是将原料切削成符合蒸煮要求的料片，再经过筛选和除尘，清除杂质，为蒸煮、制浆做好准备。备料车间的设备有锯断机、切草机、剥皮机、除尘器、削片机、木片筛等。

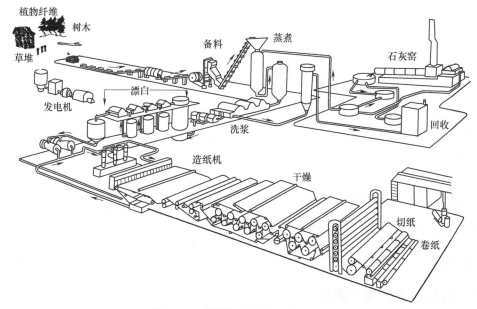

图 5.13　典型造纸厂的组成示意图

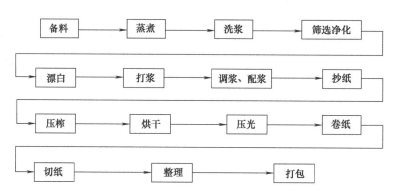

图 5.14　制浆造纸的生产工艺流程图

图 5.15 为削片机工作原理及结构图。

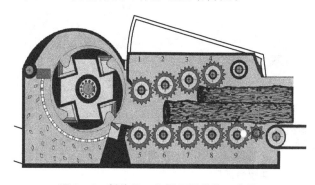

图 5.15　削片机工作原理及结构示意图

（二）制浆

制浆是利用机械的、化学的或化学机械的方法使植物中的纤维素分离出来，再经洗浆、筛选净化、漂白、制成纸浆，供抄纸之用。

（三）造纸

造纸车间包括打浆、调浆、配浆、净化、压榨、烘干、压光、卷纸、切纸、整理、打包等工序。包括辅料制备和废水回收等辅助工序。

来自制浆车间的纸浆不能直接用来造纸，要先经过打浆对纸浆纤维进行必要的切短和细纤维化处理，以便取得纸或纸板所要求的机械和物理性能。为使纸张具有抗水性，又必须对纸浆进行施胶。抄制白色纸张时，往往要加用少量染料，必要时还需加入增白剂，调整漂白纸浆色泽。抄制色纸则又必须加入各种染料以取得所需颜色。

纸浆在送入纸机进行抄纸前，还必须进行除砂筛选、除气等前处理，去掉混在纸浆中的金属或非金属杂质、纤维束和空气，减少纸张的尘埃度，提高纸张质量。

除砂、筛选和除气后的纸浆送入流浆箱，均匀分布在造纸机网部脱水，形成湿纸页，然后通过压榨部进行机械压榨脱水，再在干燥部利用热能蒸发掉湿纸中的水分，最后经压光、卷取、切纸、选纸或复卷、打包等整理工序成为平板或卷筒的成品纸或纸板。图 5.16 所示为造纸机，图 5.17 所示为卷纸机。

图 5.16　造纸机

图 5.17　卷纸机

为了减少和防止对环境的污染，同时减少原材料的消耗，大中型的造纸厂一般都建立碱回收或酸回收车间。

二、造纸生产的火灾危险性

（一）造纸原料的火灾危险性

造纸生产的原料主要分为纤维原料和化工原料两类，原料和原料堆场的火灾危险性主要由纤维原料的易燃性、化工原料的燃烧爆炸性和原料场的火灾危险性构成。

1. 纤维原料的易燃性

纤维原料包括木材纤维原料（主要有原木及制材废料等）、非木材纤维原料（主要有稻草、麦草、芦苇、竹子、蔗渣、麻皮、桑皮、枸皮、棉花和棉短绒等）和废纸原料。这些原料燃点低、组织疏松，燃烧速度快，在存放和生产过程中都具有自燃及阴燃的特性，并且由于原料存储数量巨大，起火后往往迅速蔓延扩大，形成难以扑救的大型火灾。图 5.18 所示为造纸厂木材原料堆场，图 5.19 所示为造纸厂废纸原料堆场。

2. 化工原料的燃烧爆炸性

造纸工业用的化工原料多达 200 多种，分别用在制浆、造纸和废液回收等工序，主要有烧碱、硫化钠、增白剂、液氯、硫酸钠、松香、双氧水、硫酸铝等。这些原料往往具有自燃性、爆炸性、遇湿易燃性。

（1）自燃性。如硫化铁、硫黄，大量用于制备亚硫酸盐蒸煮液，蒸煮木片、芦苇、蔗渣等，储运不当，能引起自燃。硫黄粉末与空气或氧化剂混合，还会引起燃烧爆炸。

（2）爆炸性。如氨水、松香、酒精、硫化钠、液氯、保险粉、二氧化氯、二硫化碳等原料，储运不当，不但会引起燃烧爆炸，有的还具有强烈的毒性和腐蚀性。

图 5.18　造纸厂木材原料堆场

图 5.19　造纸厂废纸原料堆场

（3）遇湿易燃性。如石灰、漂白粉、过氧化氢等物质，本身没有燃烧爆炸的危险，但是储运不当，或遇水受潮，或与酸及其他有机物接触，能引起其他物品燃烧或爆炸。

（二）原料堆场点火源较多

纤维原料是造纸的主要原料，原料场是露天存放造纸原料的地方，是消防保卫的重点。原料堆场的火灾危险性主要有外来火源（如原料场布局靠近生活区、铁路公路，外来烟囱飞火、运输车辆排出的火星或者烟花爆竹等易引起着火）、自燃起火（原料入库时含水率过高积热自燃引发火灾）、雷击起火、违章动火及机械设备故障等。

（三）生产过程中易出现点火源

（1）机械设备运转时间长，原料中夹杂一些小石块、金属物件，摩擦后产生热量或者火星也会引发火灾。另外，照明灯具功率大，照明时间长，也会由于灯泡烘烤引燃纸张。

（2）烘干时，温度高达 110～130℃，若管道上沉积有纸毛、纸屑，就容易烘烤致燃，发生火灾。另外，在回收碱过程中需用重油助燃，回收石灰要用燃油或燃气作燃料，如重油沸腾外溢、设备泄漏或操作不当，都容易发生爆炸，引起火灾。

（3）在禁火场所吸烟，不慎引起火灾。

（4）电气设备故障和静电放电，能引起火灾。

三、纸类生产的防火措施

（一）区域规划与工厂总平面布置

1. 区域规划

造纸生产企业易产生一定量的三废（废水、废气、固体废弃物）并存在火灾隐患，厂址选择应位于城市（镇）、居住区或人群集聚地的全年最小频率风向的上风侧，并应满足与城镇居住区之间的安全防护距离的相关要求。厂址应避免位于风景区、森林及自然保护区、文物古迹和历史文物频现地区，远离飞机场起降区域，避免受江、河、湖、海、山洪（潮）水威胁。

原料储存场、危险品仓库应远离城镇居民区，架空高压输电线路的防火、防爆、卫生及环境保护应符合现行国家标准的有关规定。

2. 工厂总平面布置

制浆造纸厂一般包括备料车间、制浆车间、浆板车间、碱回收车间、化学品生产车间、造纸车间、纸加工车间和原料储存场、中心化验室、仓库、机修车间、动力等辅助生产车间和设施。

碱回收炉、石灰窑及自备热电站锅炉的烟囱宜采用共用烟囱或集束，烟囱应布置在主要生产设施和生活服务设施的全年最小频率风向的上风侧。

原料储存场宜布置在厂区边缘地带，远离明火及散发火花的地点，且位于厂区全年最小频率风向的上风侧。露天堆场布置场地应具有良好的排水条件，并应与厂区总体竖向布置相协调。露天及半露天堆场的安全防护要求应满足现行国家标准《建筑设计防火规范》的要求。

总降压变电站不宜布置在烟囱及其他烟气粉尘散发点全年最小频率风向的上风侧、有水雾场所冬季盛行风向的下风侧和强烈振动源附近。

化学品制备设施、桶装油库、乙炔、氧气瓶间、煤粉制备、汽车库及加油站火灾危险性较大的公用设施，宜布置在厂区全年最小频率风向的上风侧的边缘地带。建（构）筑物的防火间距应符合现行国家标准的规定。

原材料和生产成品应存放在堆场或仓库内，原料、成品仓库或堆场与烟囱、明火作业场所的距离不得小于30m；当烟囱高度超过30m时，间距应按烟囱高度计算。

露天、半露天可燃材料堆场与建筑物的防火间距不应小于表5.9的规定。

表5.9　露天、半露天可燃材料堆场与建筑物的防火间距　　　　　　m

名　　称	一个堆场的总储量	建筑物		
		一、二级	三级	四级
秸秆、芦苇、打包废纸等W/t	10≤W<5000	15	20	25
	5000≤W<10000	20	25	30
	W≥10000	25	30	40
木材等V/m³	50≤V<1000	10	15	20
	1000≤V<10000	15	20	25
	V≥10000	20	25	30

注：露天、半露天秸秆、芦苇、打包废纸等材料堆场，与甲类厂房（仓库）、民用建筑的防火间距应根据建筑物的耐火等级分别按本表的规定增加25%且不应小于25m，与室外变、配电站的防火间距不应小于50m，与明火或散发火花地点的防火间距应按本表四级耐火等级建筑物的相应规定增加25%。

当一个木材堆场的总储量大于25000m³或一个秸秆、芦苇、打包废纸等材料堆场的总储量大于20000t时，宜分设堆场。各堆场之间的防火间距不应小于相邻较大堆场与四级耐火等级建筑物的防火间距。

露天、半露天秸秆、芦苇、打包废纸等材料堆场与铁路、道路的防火间距不应小于表5.10的规定。

表5.10　露天、半露天秸秆、芦苇、打包废纸等材料堆场与铁路、道路的防火间距　　m

厂内道路路边	厂外铁路线中心线	厂内铁路线中心线	厂外道路路边	厂内道路路边	
				主要	次要
秸秆、芦苇、打包废纸等材料堆场	30	20	15	10	5

3. 厂区道路

工厂出入口不应少于两个，厂区道路布置宜平行或垂直主要建构筑物，呈环状布置。工厂内道路可兼作消防通道。消防车道布置应符合现行国家标准《工业企业总平面设计规范》（GB 50187）和《建筑设计防火规范》（GB 50016）的有关规定。

（二）工艺装置

（1）氧气、乙炔瓶库房的地面、墙壁应防水防腐蚀。

（2）钣焊工段的氧气、乙炔瓶库房与有爆炸危险的房间距离应大于 30m，25m 以内的建筑物不得用明火取暖，室内应设有通风和消防设施；氧气、乙炔瓶库房应采用防爆型照明灯具，在卷板机、剪板机等设备附近应设置动力插座。

（3）小型制浆造纸厂氧气、乙炔瓶库房面积宜为 6m×12m；大中型制浆造纸厂氧气、乙炔瓶库房面积宜为 12m×24m。当氧气、乙炔瓶间在同一建筑物内时，中间应用墙体隔断，库内应设置防爆灯，开关应装在门外。

（4）仓库应包括原料库、成品库、化学品仓库、备品备件库、五金器材库、金属材料库。化学品危险品应按化学性质的不同，分类储存于各种仓库内。

（5）生产多品种文化用纸的造纸厂，宜设置产品中转仓库，产品储存天数宜采用 7 天。

（6）仓库的耐火等级、层数和建筑面积应符合现行国家标准《建筑设计防火规范》（GB 50016）的有关规定。

（7）危险化学品应分类、分垛储存，每垛占地面积应小于 100m²，垛与垛间距应大于 1.00m，垛与墙间距应大于 0.5m，垛与梁、柱间距应大于 0.3m，主要通道的宽度应大于 2.0m。

（三）厂房建筑

（1）制浆造纸厂主要建筑物火灾危险性分类应符合表 5.11 所示。

表 5.11　制浆造纸厂主要建筑物火灾危险性分类表

生产类别	建筑物名称
甲	氯酸钠库、二氧化氯制备车间、过氧化氢制备车间
乙	液体氯瓶库、NaOH 制备车间、H₂SO₄制备车间、双氧水制备车间、制氧站碱回收车间(皂化物分离工段)
丙	浆板库、纸成品仓库、备料车间[备料棚、备料(备木)工段]、料仓、运料栈桥及转运站(运料地道)、浆板车间、造纸车间、整理车间(完成车间)、碎解工段(废纸、木浆板)
丁	碱回收车间(燃烧工段)
戊	化学制浆车间、备浆车间(浆料制备工段)、废纸制浆车间、芒硝库、碱回收车间(蒸发、苛化、石灰回收工段)、涂料制备车间、碳酸钙研磨车间、机械制浆车间

（2）防火分区面积应符合现行国家标准《建筑设计防火规范》（GB 50016）的有关规定。

（3）当湿式造纸车间主跨为二层，高度大于 24m 且不大于 30m，辅跨高度不大于 24m（含局部大于 24m）时，可按多层设计。

（4）占地面积较大的纸加工（完成）车间，对外疏散困难时，可在车间中央设置疏散通道，疏散通道净宽应不小于 6m，疏散通道对外出口不应少于 2 个，并应设置在不同方向，疏散通道两侧隔墙应采用耐火时间不小于 3h 的防火墙，疏散通道的防排烟应符合现行国家标准《建筑设计防火规范》（GB 50016）的有关规定，面向疏散通道设置的疏散门应设置不小于 6m² 的防烟前室。

（5）除卫生纸外的自动半成品卷筒纸仓库，当设置有效灭火设施保护时，每座仓库的建筑面积、每个防火分区的最大允许建筑面积可按工艺要求确定。

（6）两列纸机布置的湿式造纸车间，在两列纸机之间布置疏散楼梯时，当楼梯间封闭且楼梯间底层出口至室外出口之间设置无障碍、宽度不小于1.5m、距离不大于60m的疏散通道时，可作为安全疏散楼梯。

（四）消防措施

（1）厂区总平面布置应保证消防通道通畅、消防水管网的合理布置和消防用水的水量。车间内外消火栓的设置、给水设施和固定灭火装置等设计，应符合现行国家标准《建筑设计防火规范》（GB 50016）的有关规定。

（2）在易燃易爆的罐区、车间、作业区和储存库，应设置专用的灭火设施及室内外消火栓。

（3）封闭的油泵房内应设置机械排风。

（4）造纸机的密闭气罩内宜设喷淋灭火装置。当多台造纸机布置在同一联合产房中或因气候原因全部生产设备需布置在同一联合厂房中以及制浆生产中木片堆场单垛超过200000m³时，设计中应加强监控、火灾报警、喷淋及经过认证的特种消防设施等措施。

（5）火灾报警系统应符合下列规定：

① 制浆造纸厂应在浆板仓库、成品仓库、车间上料区和完成工段区域设置火灾自动报警系统，并应符合现行国家标准《建筑设计防火规范》（GB 50016）的有关规定。

② 自备热电站应设置火灾自动报警系统的区域，应符合现行国家标准《火力发电厂与变电所设计防火规范》（GB 50229）的有关规定。

③ 火灾自动报警系统的设计，建筑面积小于1000m²的丙类库房宜设置区域报警系统；建筑面积大于1000m²的丙类库房宜设置集中报警系统。大型制浆造纸厂宜设置消防控制中心，将各个火灾报警控制器的信号送到消防控制中心，集中显示火灾报警部位信号和联动控制状态信号。

（五）防雷、电气安全

（1）建筑物、储罐（区）和堆场的消防用电设备，电源应符合下列规定。

① 建筑高度大于50m的乙、丙类厂房和丙类仓库的消防用线路宜按一级负荷供电。

② 符合下列条件的建筑物、储罐（区）和堆场的消防用电应按二级负荷供电：

a. 室外消防用水量大于30L/s的工厂、仓库。

b. 室外消防用水量大于35L/s的原料堆场、可燃气体储罐（区）和甲、乙类液体储罐（区）。

c. 室外消防用水量大于25L/s的公共建筑。

③ 其他建筑物、储罐（区）和堆场的消防用电可按三级负荷供电。

（2）一级负荷供电的建筑，当采用自备发电设备作为备用电源时，自备发电设备应设置自动和手动启动装置，自动启动方式应在30s内供电。

（3）消防应急照明灯具和灯光疏散指示标志的备用电源连续供电时间不应少于30min。

（4）消防用电设备应采用专用的供电回路，当生产、生活用电被切除时，应仍能保证消防用电。配电设施应有明显标志。

（5）当确认火灾时，应根据负荷实际情况采用手动或自动切除相关区域非消防电源。

（6）消防控制室、消防水泵房、防烟与排烟风机房的消防用电设备及消防电梯等的供电，应在配电线路的最末一级配电箱处设置自动切换装置。

（7）消防用电设备的配电线路应满足火灾时连续供电的需要，敷设应符合下列规定：

① 暗敷时，应穿管并敷设在不燃烧体结构内且保护层厚度不应小于 30mm；明敷时，应穿金属管或封闭式金属线槽，并应采取防火保护措施。

② 当采用耐火电缆时，敷设在电缆沟、电缆井和电缆桥架内可不采取其他防火保护措施。

③ 当采用矿物绝缘类不燃电缆时，可直接明敷。

④ 与其他配电线路宜分开敷设，当敷设在同一井沟内时，宜分别布置在井沟的两侧。

⑤ 浆板库、成品仓库等可燃材料仓库内宜使用低温照明灯具，并应对灯具的发热部件采取隔热防火保护措施；不应设置卤钨灯等高温照明灯具。

⑥ 消防配电箱、开关及其配电线路宜按防火分区独立设置。

⑦ 浆板库、成品仓库等可燃材料仓库、造纸车间干部、完成车间（工段）等火灾危险区域，在照明配电箱进线开关装设的剩余电流监测或保护电器，动作电流宜为 300～500mA。

（六）造纸生产过程的防火措施

（1）备料时，应仔细检查清除杂物。在切料机进口处应安装电磁报警装置，防止铁质杂物混入切草机。切草机、削皮机、锯断机等需安装除尘设施。除尘室应单独建造，耐火等级不低于二级。车间内禁止烟火，如需进行明火作业，应报请有关领导批准，有专人在场监护时方可进行，并准备好灭火器材。各种电气线路和电气设备应由专人安装，且符合防尘防爆的要求。定期清扫车间、除尘室内的木屑、草尘。

（2）制备漂白剂时，通氯气应由专人操作，氯气管道需密闭。液氯钢瓶严禁暴晒。石灰切忌靠近可燃物或存放于临时性的易燃建筑内，禁止露天存放、着地存放，防止吸热吸潮。液氯钢瓶附近最好配备一个生石灰池，可以在发生紧急情况时将钢瓶推入生石灰池中予以中和。制备二氧化氯漂白液应在单独、通风的房间内进行，房内电气设备应防爆、防腐蚀。纯二氧化氯最好用空气或二氧化碳稀释至 10%（体积），存放于玻璃、陶瓷等耐腐容器中。

（3）在造纸工序中，废纸、损纸、纸毛、纸屑等可燃物应即时清理。车间内严禁明火作业，如需用酒精、汽油等有机溶剂对设备进行清洗时，需报请有关领导审批，并需有专人监护。定期对设备进行维修保养，保持轴承润滑，并安装轴温报警装置。电气设备、线路、日光灯应有防护罩且按规定进行安装。

（4）在回收工序中，碱回收炉机组及其附件应符合行业生产规范的要求，回收炉操作间的平台、通道、楼梯、门口必须保持畅通，禁止堆放杂物。应定期检查机组的正常运行情况和各种管道有无泄漏等，溶解槽内液位必须稳定，熔融物流出的溜槽需畅通无阻。

（5）对于特殊纸如蜡纸，在生产中由于要用到的蜡液属易燃、易爆、易挥发的化学药品，蜡液配制应在耐火等级、防火间距及电气设备等各方面都符合有关规定的单独建筑物内进行，设备应密闭，并有通风罩。采用蒸汽热风烘干时，热风不能循环使用，包装好的蜡纸不能与其他纸品混放，应专门存放。而沥青纸在生产时，由于沥青可燃，因此应注意不能将沥青块任意堆放，应有专用堆场。加工好的沥青纸储存在仓库时，严禁触及明火。

（6）汽车、拖拉机等机动车进入原料场时，易产生火花部位要加装防护装置，排气管必须安装性能良好的防火帽。

（7）原料垛场（库）要严格执行各种原料堆放标准，加强管理，防止自燃；禁止超储或堆放其他物资。稻草、甘蔗渣、黄麻等在收购进场前应验查其湿度，特别是稻草含水量超过20％的不宜上垛，应晒干后才上垛。堆垛的长轴线方向应与当地常年主导风向平行，垛顶应覆盖严实，防止雨水渗入。对草垛要定期检测温度，如达40～50℃时应重点监视，达60～70℃时，必须拆垛散热，以防自燃。

（8）危险化学品使用现场应符合下列安全条件：

① 作业现场应与明火区、高温区保持10m以上的安全距离。

② 作业现场应设有安全告示牌，标明该作业区危险化学品的特性、操作安全要点、应急措施等。

③ 凡产生毒物的作业现场应设有稀释水源，且备有公用的防毒面具和防毒服。

④ 作业现场应有安全警示标志。

⑤ 现场使用点的危险化学品存放量不得超过当班的使用量；使用前和使用后应对容器进行检查，且定点存放；化学废料及容器应统一回收，按规定进行妥善处理。

⑥ 按规定的数量和种类配置消防器材和消防设施，且完好、有效；危险化学品使用现场应配置事故应急箱，应急用品完好，有效。

⑦ 工业气瓶使用场所应有防倾倒措施，存放量每处不应超过5瓶，距明火源应大于10m。

第三节　纺织生产及储存

纺织工业是我国重要的基础性行业，其生产领域涵盖棉、化纤纺织及印染加工，毛纺织和整染加工，麻纺织，丝绸纺织和精加工，纺织制成品制造，针织品、编织品制造等多方面。我国是纺织品生产和出口大国，纺织企业数量巨大，企业间生产规模、技术力量、管理水平差距显著，在生产过程中可燃物多、火源电源多、机械设备复杂，是火灾事故多发行业。因此，加强纺织企业消防安全管理，减少生命财产损失具有重要意义。

一、纺织生产过程简述

纺织生产涵盖各类纺织、化学纤维制造、纺织服装制造等领域。其生产种类繁多，根据原料和工艺不同可分为棉纺、毛纺、麻纺、丝织、化纤等生产类别。我国常见的纺织工业生产分类如图5.20所示。

纺织品从原料加工为成品一般都需要经过原料清理、纺纱、织造、印染等工序。

其中，原料清理是在纺纱前使用机械设备将动、植物纤维中含有的杂质（如铁钉、石块等）清除，对动物纤维还要经过洗毛或缫丝将原料中含有的油脂等杂质去除；纺纱工序是经过梳棉、并条、精梳、粗纺、精纺、捻线等工序将原料纺成各种纱线；织造是将纺成的纱线织成布匹，经过织布、整理（包括烧毛、定型）得到成品面料。

二、纺织生产的火灾危险性及火灾特点

绝大多数纺织工程属于丙类火灾危险性，但也存在不少属于甲、乙类火灾危险的生产。

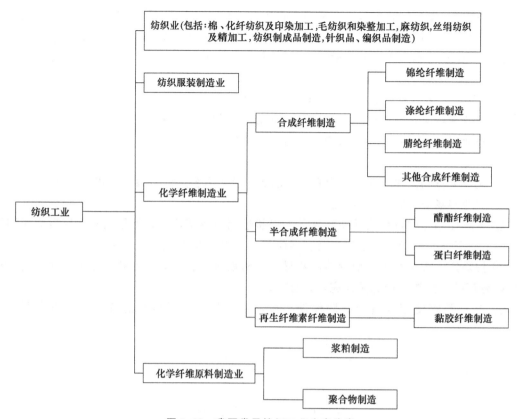

图 5.20　我国常见纺织工业生产分类

纺织生产的原料和成品均为易燃或可燃物品，棉、麻等原料还具有阴燃和自燃的特性。在生产过程中，往往由于设备摩擦撞击，加热干燥时间过长、温度过高，电气设备安装或使用不当，工人违反安全规程等因素产生火源引起火灾。纺织行业火灾具有以下特点。

（一）燃烧迅速、蔓延速度快

纺织行业生产、储存物品大都为易燃的棉、纱、布，一旦小范围发生着火，极易引起大面积燃烧。部分企业是车间、仓库、办公为一体的"三合一"厂房，而且只有通道连接，无任何防火设施，一旦起火，会很快危及其他部位的物品和人员安全。

（二）易产生浓烟，烟雾毒性大，易造成人员伤亡

（1）大量棉、毛、化纤、腈纶物品燃烧时，会产生大量烟雾和有毒气体，增大火场的毒害性及降低能见度，严重危害被困人员和救援人员的生命健康。

（2）纺织企业工人数量多，女职工比例高，车间通道狭窄，人员逃生、疏散时易出现拥挤、堵塞和互相踩踏。

（3）部分厂房内部结构复杂，小隔间多且隐蔽，不便于扑救和疏散行动的展开。

（4）蔓延途径隐蔽，一方面明火会使周围的物品起火扩大燃烧，另一方面火场内的高温，会使一些局部温度较高的堆垛阴燃起火，致使燃烧面积扩大。

（5）水流难以渗入堆垛内部，棉丝的性质决定了棉花具有"排水性"，一旦水流冲击堆垛，致密的夹层被水流压缩得更紧，将水流严实地"拒之门外"，水流很难进入堆垛中心，使内部仍然保留有火源，极易死灰复燃。

三、纺织生产的防火措施

(一) 总体规划和工厂总平面布置

纺织工程的厂址应符合国家工业布局和地区规划的要求，并应根据所建工程及相邻工厂或设施的特点和火灾危险性，结合地形与风向等因素，合理确定。纺织工程中的设施与厂外建筑物或其他设施的防火间距，应符合现行国家标准《建筑设计防火规范》的有关规定。工厂总平面应根据生产流程及各组成部分的功能要求、生产特点、火灾危险性，结合厂址地形、风向等条件，按功能分区布置。

棉、毛、麻纺织厂的原料堆场，化纤浆粕厂的原料堆场，各类纺织工程的废料堆场，煤场等可燃材料的露天堆场（含有棚的堆场）宜布置在明火或散发火花地点的全年最小频率风向的下风侧。

厂区内消防车道的设置应符合现行国家标准的有关规定，并应确保消防车能到达任何需要灭火的区域。兼有消防扑救功能的消防车道与建筑物之间的距离应满足消防扑救的要求。

露天、半露天可燃材料堆场与建筑物的防火间距不应小于表 5.12 的规定。

表 5.12 露天、半露天可燃材料堆场与建筑物的防火间距   m

名 称	一个堆场的总储量	建筑物		
		一、二级	三级	四级
棉、麻、毛、化纤 百货 W/t	$10 \leqslant W < 500$	10	15	20
	$500 \leqslant W < 1000$	15	20	25
	$1000 \leqslant W < 5000$	20	25	30

(二) 生产和储存设施

1. 一般规定

(1) 丙、丁、戊类厂房中具有甲、乙类火灾危险性的生产部位，应设置在单独房间内，且应靠外墙或在顶层布置。

(2) 控制室、变配电室、电动机控制中心、化验室、物检室、办公室、休息室不得设置在爆炸性气体环境、爆炸性粉尘环境的危险区域内。

(3) 对生产中使用或产生甲、乙类可燃物而出现爆炸性气体环境的场所，应采取有效的通风措施。

(4) 对存在爆炸性粉尘环境的场所，应采取防止产生粉尘云的措施。

(5) 存在爆炸性气体环境或爆炸性粉尘环境的厂房、露天装置和仓库，应根据现行国家标准划分爆炸危险区域。

2. 生产设施及管道布置

(1) 操作压力大于 0.1MPa 的甲、乙类可燃物质和丙类可燃液体的设备，应设安全阀。安全阀出口的泄放管应接入储槽或其他容器。

(2) 甲、乙类可燃物质和闪点小于 120℃ 的丙类可燃液体设备上的视镜，必须采用能承受设计温度、压力的材料。

(3) 化纤厂采用湿法、干法纺丝工艺时，对浴液或溶剂中有甲、乙类可燃物质和闪点小于 120℃ 丙类可燃液体的蒸气逸出的设备，应采取有效的排气、通风措施。

(4) 棉纺厂开清棉和废棉处理的输棉管道系统中应安装火星探除器。

（5）印染厂、毛纺厂、麻纺厂等放置液化石油气钢瓶的房间应远离明火设备。

（6）可燃气体和甲、乙类液体的管道严禁穿过防火墙。

（三）建筑和结构

（1）纺织工业企业车间的火灾危险性分类应符合表5.13的规定。

表5.13 纺织工业企业车间的火灾危险性分类

生产车间	火灾危险性类别
腈纶工厂单体储存、聚合、回收，甲醛厂房，浆粕开棉间，黏胶纤维工厂二硫化碳储存、黄化、回收，印染工厂存放危险品的仓房，丝绸厂存放危险品库等	甲类
麻纺织厂的除尘室，腈纶工厂采用二甲基甲酰胺为溶剂的干法溶剂回收工段、二甲基乙酰胺法湿纺工艺原液，湿法氨纶厂的聚合工段，化纤厂罐区、组件清洗，部分化学品库等	乙类
棉纺织厂前纺、后纺、整经、织布车间，印染工厂原布间、白布间、印花车间、整理车间、整装车间，毛纺织厂干车间，麻纺织厂干车间，丝绸厂原料、丝织、印染车间、成品库，非织造布工厂，针织工厂（除染整湿车间外）的车间，黏胶化纤厂除甲、戊类车间外的车间，锦纶工厂各车间，聚酯工厂各车间，涤纶、丙纶长丝工厂各车间，氨纶工厂除乙类车间外的其他车间，服装工厂各车间等	丙类
印染工厂练漂、染色车间，毛纺织厂湿车间，亚麻纺织厂湿纺车间，丝绸厂煮茧、缫丝印染车间，针织工厂染整车间等	丁类
棉纺织厂浆纱车间，棉浆粕厂蒸煮、漂打，黏胶纤维厂酸站、碱站等	戊类

（2）厂房面积或相邻两个车间的面积（包括仓库）超过现行国家标准《建筑设计防火规范》（GB 50016）和纺织工业企业有关防火标准规定的防火分区最大允许面积时，应设防火墙。因生产需要不能设防火墙时，可采取防火分隔水幕、特级防火卷帘等其他措施。

（3）原材料和生产成品应存放在堆场或仓库内。原料、成品仓库或堆场与烟囱、明火作业场所的距离不得小于30m；烟囱高度超过30m，其间距应按烟囱高度计算。麻纺织工厂严禁设地下麻库。

（4）易燃、易爆、有毒物品应储存在危险品库内，危险品库应布置在厂区内人员稀少、偏僻的场所，危险品库的安全防护距离及房屋的设计应符合现行国家标准《建筑设计防火规范》（GB 50016）的有关规定。

（5）通风管道不宜穿过防火墙和非燃烧体楼板等防火分隔物，必须穿过时，应在穿过处设防火阀。穿过防火墙两侧各2m范围内的风管保温材料应采用非燃烧材料，穿过处的空隙应采用非燃烧材料填塞。

（6）在有爆炸危险的厂房内，应采用防爆型设备通风，风道宜按楼层分别设置；不同火灾危险类别的生产厂房送排风设备不应设在同一机房内。无窗厂房的防火设计应符合现行国家标准《建筑设计防火规范》（GB 50016）和纺织工业企业有关防火标准的规定。

（四）消防给排水和灭火设施

（1）厂区总平面布置应保证消防通道畅通、消防水管网的合理布置和消防用水的水量、水压的要求。车间内外消火栓的设置给水设施和固定灭火装置等设计，均应符合现行国家标准《建筑设计防火规范》（GB 50016）和纺织工业企业有关防火标准的规定。在易燃易爆的罐区、车间、作业区和储存库，应设置专用的灭火设施及室内外消火栓。

（2）丙类厂房、仓库；高层厂房、仓库；为三级且建筑体积大于或等于3000m²的丁类厂房、仓库和建筑体积大于或等于5000m³的戊类厂房、仓库，应设置室内消火栓，棉纺厂的开包、清花车间及麻纺厂的分级、梳麻车间，服装加工厂、针织服装工厂的生产车间及纺织厂的除尘室，除设置消火栓外，还应在消火栓箱内设置消防软管卷盘。

（3）大于或等于 50000 纱锭棉纺厂的开包、清花车间及除尘室；大于或等于 5000 锭麻纺厂的分级、梳麻车间；亚麻纺织厂的除尘室；占地面积大于 1500m² 或总建筑面积大于 3000m² 的服装加工厂和针织服装生产厂房；甲、乙类生产厂房，高层丙类厂房；每座占地面积大于 1000m² 的棉、毛、麻、丝、化纤、毛皮及其制品仓库；建筑面积大于 500m² 的棉、毛、丝、化纤、毛皮及制品和麻纺制品的地下仓库；化纤厂的可燃、难燃物品高架仓库和高层仓库，应设置闭式自动喷水灭火系统，自动喷水灭火系统的设计应符合现行国家标准的有关规定。

（4）单罐储量大于或等于 500m³ 的水溶性可燃液体储罐、单罐储量大于或等于 10000m³ 的非水溶性可燃液体储罐以及移动消防设施不足或地形复杂，消防车扑救困难的可燃液体储罐区应设置泡沫灭火系统。

（5）纺织工程含可燃液体的生产污水和被可燃液体严重污染的雨水管道系统应设置水封，且水封高度不得小于 250mm。

（6）可燃液体储罐区的生产污水管道应有独立的排出口，并应在防火堤与水封井之间的管道上设置易启闭的隔断阀。防火堤内雨水沟排出管道出防火堤后应设置易启闭的隔断阀，将初期污染雨水与未受到污染的清洁雨水分开，分别排入生产污水系统和雨水系统。含油污水应在防火堤外隔油处理后再排入生产污水系统。

（五）除尘系统

除尘系统的设计应符合下列规定：

（1）除尘室宜布置在独立建筑物内或有直接对外开门窗的附房内，不得设在地下室或半地下室。除尘室上面不宜布置生产或辅助用房，相邻房间不宜设置变配电室。

（2）除尘室的建筑宜采用框架结构，严禁用木结构。除尘室与相邻房间的隔离应为防火墙，除尘室地面应采用不产生火花的地面。除尘室应有足够的泄压面积，泄压比值应按现行国家标准《建筑设计防火规范》（GB 50016）的有关规定执行。

（3）生产车间的除尘设备不得与送排风和空调装置布置在个公用空间内，除尘室应专用。不同车间的除尘设备应分别设置。除尘设备的安装位置与四周墙壁之间宜保持 1m 以上的距离（挂墙式纤维分离器除外）。一切无关的管线严禁穿过除尘室。

（4）室外空气进风口不应布置在有火花落入或产生火花的地方，并应布置在排风口的上风向。

（5）设计应保证除尘系统的密封性，系统的漏风量不应超过 5%。

（6）工艺设备与所属除尘系统应设电气联锁装置，应设置车间与除尘室的相互报警装置。

（7）系统应采用预除尘器等装置，并应防止火源进入除尘系统。

（8）吸尘装置应加设金属网或采取防止金属杂物进入除尘系统的措施。

（9）干式除尘器应布置在除尘系统的负压段。

（六）作业安全

（1）企业要严格执行安全操作规程及完善机械电气设备的维护保养等基础管理工作，加强对电气装置、电气线路和机械设备等事故隐患的整改。采取措施消除纺织企业火灾的常发部位、工序中的火灾危险源，减少事故的发生。

（2）认真落实原料、成品、油料仓库的防火措施。如定期对仓库原料进行检查，并及时翻垛通风，原料、成品堆垛间应按规定留好间距。严格进出仓库车辆及人员登记，机动车辆进入仓库时必须安装火星熄灭器，进出仓库人员一定要严格遵守防火的各项规定，禁止库内吸烟。仓库应按要求安装避雷装置，以防雷击。

（3）加强除尘室设备设施的管理，降低车间粉尘浓度。采取措施防止铁钉、螺帽等杂质被吸入风道，撞击产生火花。及时清扫除尘设施和除尘室内飞絮、尘埃，防止粉尘爆炸发生。

（七）应急处置

纺织企业应制定应急救援预案，并加强演练，一旦发生事故，立即启动应急救援预案，采取正确的方法及时处置，避免事故进一步扩大，将事故的损失降低到最低程度。如尘道起火，要迅速关掉各机风扇，再进行扑救。梳棉机着火不可关车，以防烧毁钢丝针布，应关闭风扇，拉开车前棉条、车后棉卷，停转四周机器，可用撒滑石粉或干粉的办法施救，但不宜用水或泡沫扑救，以防损坏机器。

四、纺织行业火灾扑救应注意的问题

由于纺织企业普遍存在女员工多、可燃物多、厂房跨度大等特点，扑救过程中易出现粉尘爆炸、死灰复燃、建筑结构因火灾和纺织品大量吸水增重坍塌及人员搜救困难等情况。因此，扑救纺织企业火灾时应注意以下几点：

（1）纺织企业工人数量多，女职工比例高，逃生意识差，在发现火情后易慌乱，出于本能，会躲进暂时无火的隐蔽、可封闭的小房间、小阁楼内。因此，救援人员应尽早掌握厂房内部构造，分析出藏人可能性大的地点，进行搜救。

（2）防止粉尘爆炸。厂房及仓库里的棉花纤维，易达到其爆炸极限，发生火灾后，易导致粉尘爆炸，应及时采取措施降低温度，减少粉尘，避免发生粉尘爆炸。

（3）慎重实施通风排烟，防止因空气对流加速燃烧。室内纺织品火灾，在其阴燃或起火的初期阶段，因室内氧气不足，得不到完全燃烧，当突然遇到空气对流时，不但能使阴燃很快变成完全燃烧，而且能够引起一氧化碳与空气的混合物发生爆炸，所以应慎重实施通风排烟，防止因空气对流加速燃烧。

（4）由于棉花、海绵易发生阴燃，堆垛外层着火易导致其内部阴燃，扑灭其外部火并不等于扑灭了整个堆垛火，加上棉花的"排水性"，导致水进不到堆垛里面，难以扑灭堆垛里面的阴燃火，易发生死灰复燃的现象。

（5）多数厂房为跨度较大的一层钢结构或砖混结构，受火时间长易坍塌。部分大型多层仓库起火后，由于棉花、海绵等堆垛吸水多，重量增加大，会压垮楼板，危及作战人员的安全。

》》 第四节　木材加工及储存

木材作为一种天然材料，在自然界中蓄积量大、分布广、取材方便，具有优良的特性。在新材料层出不穷的今天，木材加工在满足工农业生产和人民生活需要等各方面起着重要的作用。随着木材加工业的发展，木材的综合利用率不断提高，木材加工企业也不断增多。许多企业在生产过程中由于可燃材料多、厂房耐火等级低，一旦发生火灾，往往"火烧连营"，造成巨大损失。

一、常见木材加工工艺流程

由于木材具有质轻、花纹和色泽美丽、隔声吸音性好、易加工和涂饰、可塑性强等优点，使用较为广泛，随着工农业生产和人民生活需求的不断增长，天然原木已经不能满足需求，各种以木材为原料的人造板材也应运而生，常用木材种类如图5.21所示。

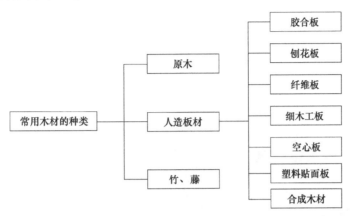

图5.21　常见木材种类

（一）木器制造的生产工艺流程

木器制造的生产工艺流程如图5.22所示。

图5.22　木器制造的生产工艺流程图

木器制造的生产工艺流程主要包含制材、干燥、木工、装配和涂漆等环节，通过锯木把原木加工成板材、方材、枕木或其他成材并进行干燥，干燥好的成材用机床或手工方法制成部件并装配成制品，然后上色、涂漆或喷漆。

（二）胶合板的生产工艺流程

木质人造板是现代装饰装修和家具制造中大量应用的基本材料。它们是木材、竹材、植物纤维等材料制成的纤维、刨花、碎料、单板、薄片、木条等基本单元经干燥、施胶、铺装、热压等工序制成的一大类板材。胶合板的生产工艺流程如图5.23所示。

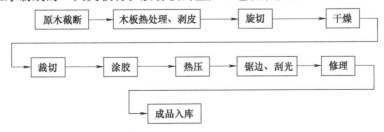

图5.23　胶合板的生产工艺流程图

1. 原木截断

原木截断是将原木截成一定长度的木段。

2. 木段热处理、剥皮

木段需在水中蒸煮去浆，以利后道工序加工。蒸煮一般采用蒸汽加热，加热温度为80℃左右，蒸煮一定时间后取出剥皮，本工序都在湿态中操作，无火灾危险性。

3. 旋切

旋切是将木段切成很薄的单板，厚度一般在 1.15～1.75mm，最厚达 3.6mm，切下的单板也为湿态，含水率达 80%～120%，一般没有火灾危险。

4. 干燥、裁切

原木经过旋切产生的单板，需经辊筒式和网带式蒸汽干燥机烘干，干燥的温度一般为140～180℃。图 5.24 所示为木材加工干燥窑。

图 5.24　木材加工干燥窑

5. 单板整理

单板整理主要是将单板拼缝，对有缺陷地方进行修补或将数块单板合在一起。图 5.25 所示为木材加工车间。

6. 涂胶

整理后的单板需涂胶，把数层单板粘在一起。

7. 热压

涂胶后的胶合板，需进行胶压，才能使各层单板结为一体。胶压的方法有热压和冷压两种。目前大多采用热压，热压用蒸汽加热，热压后的胶合板，先要摊开散热，未经散热处理，不能大量堆积，否则会聚热自燃。

8. 锯边、刮（砂）光、修理

将热压后的胶合板锯边和刮（砂）光，并进行修理。

（三）纤维板的生产工艺流程

纤维板是利用森林采伐的剩余物料（枝丫、树头）和木材加工过程中产生的边角废料等制成的人造板。纤维板的生产方法有湿法和干法两种。

图 5.25　木材加工车间

1. **湿法生产过程**

用湿法加工的纤维板是一面光纤维板（有软质和硬质两种），加工纤维板的原料需用切片机切成碎片，经过筛选，再经过热磨机进行研磨，制成纤维。纤维送浆池搅拌，然后施胶成型。送热压机进行热压，蒸汽温度在 160～200℃。热压后的纤维板，还要用 140～160℃ 的热风进行 2～5h 加热处理，或采用 200℃ 以上温度的喷气气流两面吹纤维板，时间可缩短 30min。经过整理锯边即成成品。

2. **干法生产过程**

用干法加工的纤维板是两面光纤维板，它的生产工序主要是干状成型、干状热压、纤维输出、铺装成型，这些工序都以气流代替水流。由于干法加工粉尘较多，干燥时物料易在管道内积聚受热自燃，因此，火灾危险性比湿法加工大。

木材废料经过削片和热磨，向纤维上喷脲醛树脂和酚醛树脂，用高达 160～190℃ 的热空气在干燥管中与纤维接触，使其干燥。然后在 180～200℃ 的温度下进行热压，之后锯边整理即成成品。

二、木材加工的火灾危险性

（1）木材属于可燃物质。干木材的化学组成是：木质纤维素、木素、糖、脂和无机物。

木材的燃点一般在 250～300℃，有的木材用明火点燃时，最低着火点为 157℃，自燃点一般在 350℃ 左右。把木材从常温逐渐加热，首先是水分蒸发，到 100℃ 时，木材已成绝对干燥状，再继续加热就开始产生热分解。150℃ 开始焦化变色，170～180℃ 以上时热分解速度变快，放出 CO、CH_4、C_2H_4 等可燃性气体和 H_2O、CO_2 等不燃气体，最后剩下碳，温度超过 200℃ 颜色变深，这个过程称为炭化。受热温度越高，木材热分解的速度越快。

在加工过程中产生的大量的锯末、刨花、木屑、木粉等比木材疏松，与空气接触面大，水分容易蒸发，遇明火比木材更易燃烧，还可因锯末摩擦产生热量聚集或受辐射热以及微生物作用等引起自燃。另外，在人造板生产过程中还要使用大量的易燃可燃液体作胶料，相应又增加了火灾危险性。

（2）在干燥工序中，利用蒸汽干燥时比较安全，但温度过高或时间控制不当，被带入的碎片在烘烤时会发生自燃。利用辐射和电介质干燥火灾危险性比蒸汽干燥要大，相对来说用火力加热干燥和烟气干燥的火灾危险性更大。

（3）在热压工序中，由于温度过高和时间过长而着火。经热压后的胶合板、纤维板若未经散热处理，就大量堆积，也会聚热自燃，引发火灾。

（4）在涂胶、喷胶、胶合和胶料配制工序中，所使用的树脂、皮胶、骨胶和一些化学溶剂都是易燃、可燃物品，如遇电火花或明火时，则易引起火灾。

（5）木器制品在涂漆与喷漆的工序中，使用的油漆、硝基漆溶剂、干性油等大都是易燃液体，其遇热挥发产生的蒸气，与空气混合，遇点火源可引起爆炸。

（6）木材加工车间内易产生大量粉尘，其除尘系统的集尘室及集尘管道遇火源极易发生粉尘爆炸，造成严重后果。

三、木材加工的防火措施

（一）厂址选择与平面布局

（1）木材加工属丙类生产，其厂房建筑的耐火等级不应低于三级。干燥室和涂漆间应为一、二级耐火等级，最好是独立的建筑。如因条件限制，必须设置在一起时，应用防火墙分隔开。

（2）较大规模的木器厂宜分区布置。生产区、木材堆场、行政管理区、生活区可用围墙、绿地或道路分隔。生产车间、木材堆场、锅炉房等要按照国家规范要求，保持足够的防火间距。

（3）厂区内应设置环形消防车道，或可供消防车通行的且宽度不小于 6m 的平坦空地。尽头式消防车道应设回车道或不小于 12m×12m 的回车场。车间、仓库、木材堆场等应根据面积及危险性，按要求配备足够的消防设施，保证消防用水。厂房应留足安全疏散出口，一般不应少于二个，疏散走道和门的宽度达到规范要求，并选用外开门，疏散楼梯应采用封闭楼梯间。

（4）干燥室、胶合板的涂料、单板整理、纤维板的热压、热处理、喷胶，塑面板的浸胶，木器加工的喷漆，以及制胶生产等工序，均应设在符合要求的耐火等级建筑内。

（二）木材加工过程防火措施

1. 干燥工序

（1）烟气干燥的炉膛温度可达 700℃，一般不宜采用。如采用时必须使木材与火源完全隔离，烟道表面温度不得超过 100℃，室内温度不得超过 70～80℃。烟道出灰时，应用水浇湿护灰，并倒在安全地带。

（2）干燥室必须安装电气线路时，其线路敷设应有耐高温的保护措施，熔断器、开关宜安装在其他房间或室外的专用配电箱内。

（3）干燥时，应严格控制干燥温度和时间，经常检查温度计的准确性。采用流水线干燥，如停电或机械设备发生故障，应立即停止加热，并将干燥设备内物料移出。

（4）干燥室内应设置自动报警，以及自动或人控的喷水、喷蒸汽的灭火装置。

2. 热压工序

热压工序应注意控制热压的温度，及时清理尘埃。

3. 涂胶、喷胶、胶合和胶料配制工序防火措施

胶料加热应采用蒸汽、热水或非用火热源，而不可用明火加热。

4. 涂漆与喷漆

涂漆和喷漆要设固定地点。如果涂漆间同生产加工部分布置在一个厂房内，除了采取分隔措施，应安装局部排风装置和安装防爆电气设备，但调漆、配料不得在车间内进行，而应在厂房外的单独房间内进行。如果厂房很大，并且需要就地涂漆或喷漆，则要求该处通风良好，要停止周围一切明火操作。喷漆间地面沉积的漆膜应经常清除，防止自燃起火，做好防静电工作。

（三）可燃物管理

（1）车间内堆放的木材量要严格控制，不得存放过多，加工的成品要及时运走。通道、门口、机器设备和电气设备周围不得堆放原料和成品。

（2）木料应控制在当天用量，加工好的应及时运走，不得乱堆乱放；堆放的半成品不应影响车间内外的通道。

（3）露天堆放的原木应对应整齐，不得占据通道。堆放地点应在远离锅炉及其他明火作业地点，不得靠近危险物品仓库，不宜设在烟囱常年主导风向的下风方面。对容易着火的刨花、木屑、边角料等，不宜露天存放，防止外来火星引起燃烧，并与其他木材分开堆放。

（4）木材加工生产中产生的锯末、木屑不得堆放在车间内。厂房内空气中如含有较多的可燃粉尘、纤维，应根据火灾危险类别及防火要求，采用机械排风经旋风除尘器通过管道排送到车间外面的专用除尘室。刨花和废料应每天清除，集中妥善处理。机械和厂房构件上的木粉尘每星期至少清扫一次。图 5.26 所示为木材加工企业除尘系统。

图 5.26 木材加工企业除尘系统

（四）热源管理

（1）车间内不应采用火炉或高压蒸汽采暖，要根据地点的火灾危险类别及其特殊的防火要求确定采暖方式，应采用热水集中采暖方式。木料及机械设备与取暖设备，应保持不小于 1m 的距离，并应经常清除管道、设备上的木屑、粉尘。

（2）控制明火作业。必须使用电焊、气焊、气割或其他用火作业时，应事先经有关部门审批，办理动火手续，并采取防火措施。如：清除动火点周围的可燃、易燃物质，准备好灭火器材，派人到现场监护。作业后，应认真检查，防止留下余火，确认安全后方可离开现场。操作人员必须遵守岗位责任制，不得擅自离开工作岗位，车间内严禁吸烟。

（3）电动机应采用封闭型，导线应穿管敷设，开关和配电箱等电气设备均应设防护装置，避免木屑粉尘入内，并经常清扫木屑，加强检查维修工作。

（4）库房及穿过木料堆的导线应采用钢管布线。露天木材堆场的电气线路应尽可能采用地埋电缆，如采用架空线路，与木材堆垛的防火间距不应小于杆高的 1.5 倍。

第五节　酒类生产及储存

白酒是以曲类、酒母等为糖化发酵剂，利用粮谷或代用原料，经蒸煮、糖化发酵（糖质原料不需要糖化）、蒸馏、储存、勾兑而成的蒸馏酒。中国白酒与法国白兰地、苏格兰威士忌、俄罗斯伏特加并称为世界四大蒸馏酒，以其独特的色、香、味在酒类产品中独树一帜。

一、白酒的分类及生产工艺流程

1. 白酒的分类

白酒可按用曲种类、原料、生产方法、酒质、酒度、香型分类。按照生产方法可以分为固态法、液态法和固液结合法三种。

（1）固态法白酒，即纯粮固态发酵，采用高粱、大麦、小麦、豌豆或其他粮食原料，通过在窖池中或地缸中发酵，然后上甑蒸馏，蒸出 70～85 度之间的原酒（基酒）。再通过长期储存、陈化老熟、勾调降度后成装为成品酒。根据固态法白酒的工艺和香气、口感风格的不同，形成了目前市场上消费者见到的清香型、浓香型、酱香型、兼香型等合计 12 种香型。目前市场上绝大多数名优白酒或知名品牌均为纯粮固态发酵。

（2）液态法白酒，是以谷物、薯类以及含淀粉、含糖的代用品为原料，经液态法发酵、蒸馏、储存、勾兑而成的蒸馏酒。如红薯酒、木薯酒。液态法白酒标准（QB 1498）中指出："本标准适用于以谷物、薯类、糖蜜为原料，经液态法发酵蒸馏而得的食用酒精为酒基，再经串香、勾兑而成的白酒。"在标准的技术要求中也明确写出："所用酒基必须符合 GB 10343 食用酒精的要求"。

（3）固液结合法白酒，分为半固半液发酵法白酒，即以大米为原料，小曲为糖化发酵剂，先在固态条件下糖化，再于半固态半液态下发酵，而后蒸馏制成的白酒，其典型代表是桂林三花酒。另外一类与新工艺白酒接近，将固态法白酒（不少于 10%）与液态法白酒或食用酒精按适当比例进行勾兑而成的白酒。

目前，我国酿制白酒大多采用固态法，极少采用类同于酒精生产的液态法或半液态法。

2. 生产工艺流程

采用固态法酿制白酒中几个有代表性的生产工艺流程分别如图 5.27～图 5.29 所示。

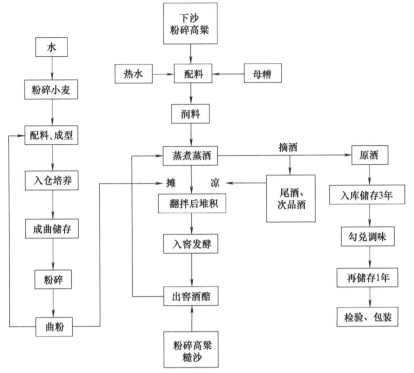

图 5.27　茅台酒生产工艺流程

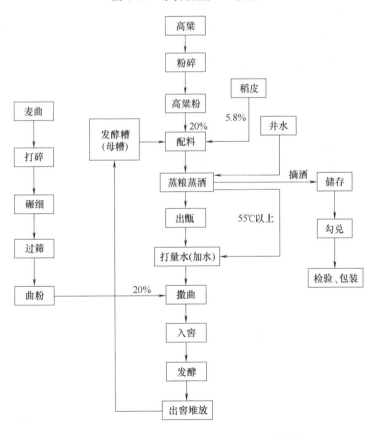

图 5.28　泸州大曲"温永盛"操作法工艺流程

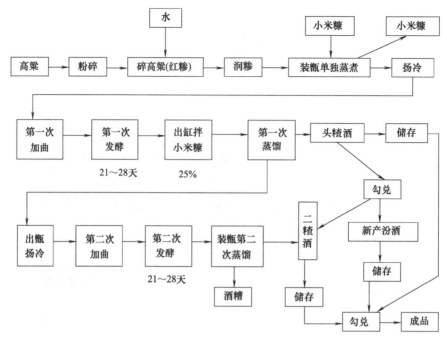

图 5.29 汾酒生产工艺流程

图 5.30 某粮食筒仓

分析比较上述生产工艺流程，可以简化为：原料库→原料粉碎→制曲→原料拌合→入窖发酵→蒸馏出酒→原酒储存→勾兑→包装出厂。

二、白酒厂的火灾隐患重点场所及危险性

1. 粮食仓筒

酿造白酒需要大量粮食作为原料，所以白酒厂一般都根据白酒产量建有储量较大的粮库。粮库一般分为普通粮仓和粮食筒仓，白酒厂通常采取能减少占地面积，节约用地，能大容量、高效率地进行粮食储藏和装卸的仓筒储存原料。粮食筒仓一般由筒仓工作塔、筒仓群和收发、计量、运输系统三部分组成，建筑高度一般都会超过 24m（图 5.30）。在筒仓工作塔内设有提升、计量、吸尘等设备，其中的提升机系统，类似一台不断翻动的搅拌机，在运行时释放大量的粮食粉尘。为防止粉尘逸出，机体一般采用密闭型，所以机体内存在大量的悬浮粮食粉尘与空气的混合物，当储满粮食后，爆炸的危险性降低，但当筒仓内粮食卸空或处于未储满状态时，筒内具备可燃粉尘悬浮与空气混合的条件。而粮食筒仓在装卸、提升过程中，机械设备的摩擦、撞击；电气设备选型不当或电气故障、短路、过热；维修焊接动火不慎以及雷击等，都可能成为粮食粉尘爆炸的点火源。

2. 白酒储存仓库

新酿造的白酒，入口暴辣、刺激性强，具有发酵过程中含硫蛋白等物质降解产生的硫化氢、硫醇、硫醚等挥发性物质，这些物质味苦、涩、酸、冲、辣，与其他沸点接近的物质组

成新酒味的主体。经过一定时间的储存，少则半年多则一年或三年乃至更长时间，新酒邪杂味方可消失，储存是保证蒸馏酒产品质量至关重要的生产工序之一。储存白酒的容器，常见的有以下几种。

（1）陶器：小口称为坛，广口称为缸，容量多为 200kg、500kg、1000kg 左右。陶器是我国传统的储酒容器，在名优酒厂被大量采用，其封口方式各异，有的厂用瓦钵作盖并用"三合灰"密封，有的采用塑料布及几层牛皮纸以麻绳扎紧密封，有的用蜡密封。

（2）血料容器："血料"是用猪血和石灰制成的蛋白质胶质薄膜，用竹篾篓、荆条筐、木箱等糊猪血料纸后，可储酒 5～10t 左右。

（3）金属容器：大部分金属容器对酒质都有不良影响。铝质容器只用于短期储存一般白酒。不锈钢容器价格高，所以用得较少。

（4）钢筋混凝土储酒池：在内壁贴上猪血桑皮纸或内贴陶板、瓷砖、玻璃，或用涂料处理后储酒。如洋河酒厂 1982 年建成的容量为 3000t 酒库，就采用了 20 个储量为 150 t 的钢筋混凝土储酒池。

由于诸多原因，大多数厂家，尤其是名酒厂家仍习惯采用传统的陶瓷容器储酒。陶瓷坛易破损，容积大，火灾发生时要进行疏散是绝对不可能的。例如 1987 年 5 月 8 日，贵州福泉酒厂酒库因酒泵电机不防爆引发火灾，452 个陶瓷酒坛在高温和直流水枪的冲击下四分五裂，189 t 白酒四处流淌，构成一个失控的立体火场。1989 年 8 月 18 日，贵州芙蓉江酒厂因酒泵电机不防爆引发火灾，1241 个陶瓷酒坛在高温下相继爆裂，350 t 白酒汇成一条燃烧的酒溪，烧毁流域内的农作物，流入 100m 以外的玉溪河，在河面上构成约 40 m² 的火场。

三、白酒厂的防火防爆措施

（一）粮食粉尘防爆措施

卸空或处于未储满状态的粮食筒仓运行时释放的大量粮食粉尘，其粉尘浓度一般都在爆炸极限浓度范围内（30g/m³～ 3kg/m³）。如果平伸手臂而看不到自己的手或看不到 3m 远的 100W 灯泡，则已处于一个遇明火即会爆炸的空间。表 5.14 所列为粮食粉尘的爆炸燃烧特性。

表 5.14　粮食粉尘的爆炸燃烧特性

粉尘名称	高温表面沉积粉尘(5mm)的引燃温度/℃	云状粉尘的引燃温度/℃	粉尘平均粒径/μm	危险性种类
裸麦粉(未处理)	325	415	30～50	易
裸麦谷粉(未处理)	305	430	50～100	易
裸麦筛落物(粉碎品)	305	415	30～40	易
小麦粉		410	20～40	易
小麦谷粉	290	420	5～30	易
小麦筛落物(粉碎品)	290	410	3～5	易
玉米淀粉		430	0～30	易

根据火灾、爆炸发生的条件，粉尘爆炸防护技术主要是从控制点火源、防止爆炸性粉尘云的产生和爆炸减轻三个方面进行的，具体如表 5.15 所示。

1. 控制点火源

（1）禁止一切明火进入筒仓作业区。例如，绝对禁止在作业区内吸烟；在筒仓生产作业时，禁止在作业区内进行电焊、气割等。

（2）斗式提升机、刮板输送机的线速度不宜过高。如果线速度过高，则轴承会发热，一旦达到粉尘云的着火点，就可能发生粉尘爆炸。另外，线速度过高还会加剧粉尘的扬起，使

表 5.15　粉尘爆炸防护技术

防止		爆炸减轻
控制点火源	防止爆炸性粉尘云的产生	
明火； 热表面； 来自机械碰撞的热源； 电火花和电弧，静电放电	采用惰性气体和稀有气体对粉尘云进行惰化； 通过添加惰性粉尘对粉尘云进行惰化； 使粉尘浓度保持在爆炸范围之外	抗爆结构； 爆炸隔离； 爆炸泄放； 爆炸抑制； 粉尘云的局部惰化

粉尘浓度增高，更加剧了爆炸的危险性。

（3）在初清筛、斗提机、刮板机、电子秤等设备前应安装磁选装置，去除粮流中的金属类杂质，以避免在输送过程中金属杂质与输送设备的某些部件发生撞击而产生火花，引起粉尘爆炸。

（4）布袋除尘器的布袋和斗提机的皮带最好具有良好的导电性，以防止静电积累。

2. 防止爆炸性粉尘云的产生

（1）把足量惰性气体输入筒仓容器，使氧的体积含量低于粉尘燃烧所需的最低含氧量，就能保护这些空间免受粉尘爆炸危害。除常用的氮气外，其他所有不可燃气体，只要不助燃也不与可燃物发生反应，也都可作为惰性气体。在特殊场合，液氮和干冰也可使用。

（2）把碳酸钙、硅藻土、硅胶等耐燃惰性粉体混入可燃粉尘中，防止其爆炸。这是因为添加的粉体具有冷却效果和抑制悬浮性效果，有时还有负催化作用。但目前这种方法主要用于煤矿防范煤尘爆炸，在一般粮食行业中使用例子还不多。

（3）合理设计除尘风网，降低产尘点的粉尘浓度。在粮食筒仓中，斗式提升机是最易发生粉尘爆炸的设备，最好安装独立的除尘风网。

3. 爆炸减轻

（1）隔离通常用于两个工序之间互相连通材料管路内，分为主动隔离和被动隔离两种。主动隔离是对极早期尚未发展到具有破坏性威力爆炸火球进行检测，并将其隔离在工序的一个较小部分内。可按照生产过程本身特点使用压力探测器、火焰探测器或组合探测器，有时，在引爆发生前，通过探测引燃源（如运动的余烬和火花）可预测到爆炸。如果探测到引燃源存在，生产就自动停止，此时机械障碍物就主动阻挡焰锋在系统内移动或喷射化学灭火剂将其扑灭，因为焰锋会向两个方向移动，因此在引燃源上游和下游都必须设置障碍。被动隔离（如回转阀或管状螺旋输送机，如图 5.31 所示）可以不受生产工序限制。

（2）泄爆是指在生产工序内安装薄弱泄压板，在压力超过一定限度时，泄压板就会破裂，将爆炸能量释放到大气中。泄压板通常安装于较大容器（如粮仓、干燥器等），并必须与隔离设施共同使用，以阻止爆炸通过相互连接管道向系统其他部分传播。如为了减轻粉尘爆炸带来损失，应该在斗式提升机上设置泄爆口，机座与机头是产尘最严重部位，设置泄爆口首先要考虑这两个部位。另外，为了最大限度地减少粉尘爆炸的强度，最好在机身上每隔几米就设一泄爆口，如图 5.32 所示。

（3）抑爆基本原理就是在易发生粉尘爆炸部位安装压力测试器，当机内压力发生变化时（爆炸初期），通过压力传感器在非常短时间内触动灭火器阀门，向机内喷射粉状灭火剂，从而在无法避免粉尘沉积房间里，在设备没有保护措施情况下，可协助避免发生大规模爆炸。这种技术特别适用于斗式提升机，在机头与机座处装上这种传感器，就可有效防止粉尘爆炸。抑爆罐如图 5.33 所示。

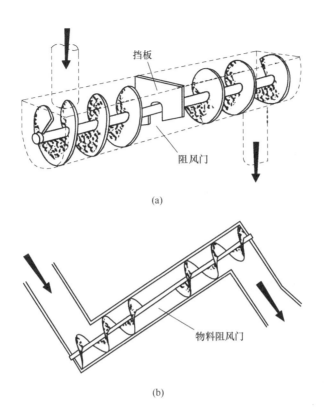

(a)

(b)

图 5.31　螺旋输送机的爆炸隔离设计

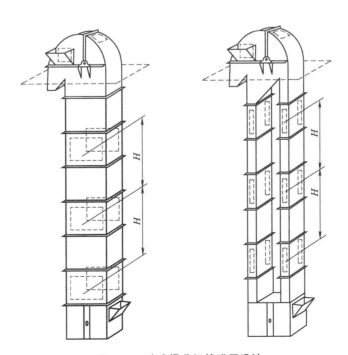

图 5.32　斗式提升机的泄压设计

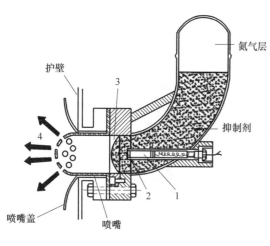
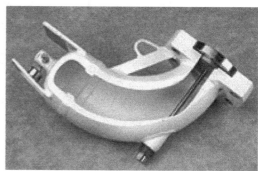

图 5.33 Fike 的快速抑爆罐

1—电雷管；2—小爆破片；3—主爆破片；4—喷头

（二）白酒仓库的防火措施

1. 白酒库设计的防火要求

（1）白酒库、白酒成品库允许建筑层数、最大允许占地面积、耐火等级应符合表 5.16 的规定。

表 5.16　白酒库、白酒成品库的耐火等级、层数和面积　　　　　　　　m²

储存类别	耐火等级	允许层数/层	每座仓库的最大允许占地面积和每个防火分区的最大允许建筑面积				
			单层		多层		地下、半地下
			每座仓库	防火分区	每座仓库	防火分区	防火分区
酒精度大于或等于 60 度的白酒库、食用酒精库	一、二级	1	750	250	—	—	—
酒精度大于或等于 38 度、小于 60 度的白酒库		3	2000	250	900	150	—

注：半敞开式的白酒库、食用酒精库的最大允许占地面积和每个防火分区的最大允许建筑面积可增加至本表规定的 1.5 倍。

（2）全部采用陶坛等陶制容器存放白酒的白酒库允许建筑层数、最大允许占地面积、耐火等级应符合表 5.17 的规定。

表 5.17　陶坛等陶制容器白酒库的耐火等级、层数和面积　　　　　　　　m²

储存类别	耐火等级	允许层数/层	每座仓库的最大允许占地面积和每个防火分区的最大允许建筑面积				
			单层		多层		地下、半地下
			每座仓库	防火分区	每座仓库	防火分区	防火分区
酒精度大于或等于 60 度的白酒库、食用酒精库	一、二级	3	4000	250	1800	150	—
酒精度大于或等于 38 度、小于 60 度的白酒库		5	4000	350	1800	200	—

（3）当采用陶坛、酒海、酒篓、酒箱、储酒池等容器储存白酒时，白酒库内的储酒应分组存放，每组总储量不应大于 250 m³，组与组之间应设置不燃烧隔堤。若防火分区之间采用防火门分隔时，门前应采取加设挡坎等挡液体措施。地震烈度大于 6 度以上的地区，陶坛等陶制容器应采取防震防撞措施。

2. 要防止液体流散

酒库发生火灾时，陶瓷酒坛在高温下炸裂后，燃烧的酒从楼梯间和楼板预留孔中淌出，整座库房便陷入火海。故楼地面标高应低于楼梯平台及货运电梯前室标高，底层地面标高应低于室外地坪标高。为防止高温气流向上蔓延或燃烧的酒向下流淌，严禁在楼面和防火墙上预留孔洞，宜设固定管道或从楼梯间设临时管道来满足工艺要求。

3. 视工艺要求设置专用熬蜡间

当工艺要求用蜡封酒坛时，要设专用熬蜡间。熬蜡间内虽属"无释放源的生产装置区"，但因蜡熬化后易凝固，所以熬蜡只能与通风不良的且酒精气体浓度可能在爆炸浓度范围内的酒库相邻。因此熬蜡间须用防火墙与酒库隔开，从酒库进入熬蜡间应通过二道能自动关闭的甲级防火门，或从酒库的库外经通道进入熬蜡间，库门与熬蜡间门洞之间的水平距离不应小于 4.5m，使熬蜡间成为无爆炸和火灾危险场所。

4. 合理配置灭火系统和灭火器

使用水不能扑灭乙醇火灾，需要使用抗溶泡沫，一般泡沫不宜用于酒类火灾。在白酒仓库火灾的初起阶段，选用灭火剂应尽量考虑食品卫生标准，只在万不得已时才考虑选用化学灭火剂灭火，因为这可能使酒受到污染。

》》 第六节 烟叶生产及储存

烟草是一种有刺激、兴奋作用的植物。现存市场上所见到的各种卷烟都是用烟叶加工制成的。卷烟生产过程可分为两个阶段，第一个阶段指烟叶生产，从育种到调制后烟叶都属于烟草农业范畴；第二阶段指卷烟加工，从烟叶陈化到卷烟产品都属于卷烟加工范畴。烟叶生产的火灾危险性主要集中在卷烟加工环节。

一、卷烟加工的生产工艺

（一）烟叶陈化

一般情况下，采购烟叶要经过 1~3 年的自然存放后，再用于卷烟加工，这个过程称为陈化或自然醇化。陈化对降低新烟的青杂气和刺激性，提高抽吸质量具有十分显著的作用。

（二）打叶（梗叶分离）

打叶机是一个安在壳体内圆周表面装有打叶钉的旋转辊筒，辊筒以高速度旋转，促使烟叶从一行围绕辊筒部分圆周近距排列的杆棒之间穿过，由于烟叶以高速度通过挡栅，以致破裂而大部分叶片脱离烟叶较重部分的烟梗。从打叶单元的出口，叶片和烟梗都卸入一个扩大风分箱内的上升空气流里去。该气流经过这样精心计算，使无梗叶片能够飘浮并且上升，而较重的烟梗及带叶烟梗降落到底部。那些降下去的较重片块运送到第二级打叶，重复再打，然而在第二级打叶单元内滚筒周围的挡栅的空隙一般比第一级打叶单元的要小些，打出的烟叶再次分离，烟梗进入第三级打叶和分离。这样，叶片和烟梗就机械地分开，每个风分阶段的叶片都从上边吸走并集中到汇总卸出输送带上，而干净的烟梗通常从最末一个风分器卸到卸出输送带上以备下一步加工。烟叶则如上述方法进行打叶，复烤到储藏所需水分，装入烟桶、烟包或烟箱，运到仓库或烟厂。

（三）烟叶的预回潮

烟叶的预回潮是干燥烟叶入厂时进行加温和回潮的过程，预回潮可以使得下一步打开烟包准备进一步加工时，能够尽量减少烟叶的破碎。用于这个过程的设备如下。

1. 真空回潮机

这种设备由一个钢板容器接通一只抽气泵和蒸汽喷射系统组成，以造成真空，使容器内的绝对压力降到 660Pa 左右，如图 5.34 所示。装在包内的烟叶可以直接放入容器回潮，烟桶或烟箱则先拆除木板包装。装入后就开动抽气泵和喷射器装置把容器内抽成真空。当达到充分真空条件时，向容器内喷入新鲜蒸汽和水分，由于内部不存在空气，因此水分能直接透进密集的烟叶。

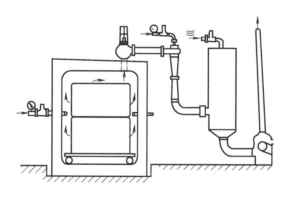

图 5.34　真空回潮机

2. 带孔管系统

带孔管系统在真空容器内或在大气压下进行操作。基本特点是把有孔的不锈钢带孔管插入压紧的烟叶内部，应用带孔管抽气和使容器内烟叶周围的加潮蒸汽透过烟叶进入密集烟叶的中心。

3. 连续预回潮机

这种机器结合对烟叶进行回潮与散开的两种操作并实现连续输出松散的回潮烟叶。这个系统只能用于打后叶片或散装烟叶。

（四）加料

对混合型卷烟中的白肋烟叶片要加入香料料汁。在采用含固体物如甘草精、巧克力、糖蜜之类浓烈香料时，先将上述各物混合并加水煮沸以制成料汁。待处理的白肋烟，或浸入料汁，或在旋转滚筒内喷洒，然后在网带式机器上，在网带经过隧洞时用热空气吹过网状输送带上的加料烟叶进行烘焙，或在旋转滚筒内进行加热干燥。

其他类型烟叶如烤烟，通常是采用较淡的料液处理。这一般是在装有喷嘴不锈钢制的旋转滚筒内进行喷料，用泵经过喷嘴把料汁喷成细雾，均匀地洒在通过滚筒的烟叶上。

（五）配叶和堆积

许多卷烟厂现在的做法是使不同等级烟叶依次经过初步处理，依靠配叶柜来进行所需的精确而彻底的混合。为了维持对配方的控制，每天处理的烟叶都分成几批来按配方操作。这些分批的配方规模，一般选为一或两小时的处理数量，并且每一批配方都包括所需处理的全部烟叶等级。

每一个"配叶和堆积"柜都由两侧装有高墙板的输送带所组成。堆积部分的尺寸一般是按一次完整的配叶操作所需容纳烟叶的数量计算出来。在操作时，烟叶喂到往复输送带上，再由它连续地把烟叶卸到下边堆积输送带（储存输送带）的整个宽度和长度面积内，直到堆成约 1.5～2m 高度为止。

（六）切丝

现在使用的切烟丝机有两种主要类型。第一种是在刀门前有一个旋转辊筒，辊筒周围装有一系列刀片，刀片连续地由往复移动的砂轮研磨使其锋利。第二种切丝机有一个刀头，刀头上的刀片安排得像风磨式样在旋转中把压紧的烟叶切成烟丝，当转到一个旋转的砂轮时对刀片进行研磨，在这里砂轮的位置是固定的。

为了防止这类高速机器受到损坏，一般在连接储烟叶柜和切丝机之间的输送系统内都装有金属侦察器输送带。烟叶流在经过一个能测出任何混于烟叶内的铁或非铁金属的电场时，会自动把这部分烟叶挑出并放进一个箱子里去以备检查。

（七）烟梗加工

干燥的去净叶片的烟梗首先以加热和加水分回潮到约含 32％ 的水分。回潮后，把烟梗压到约 0.5mm 厚度。压梗机有两个沉重的辊轮，彼此相对着旋转，每分钟表面速度约 160m。在辊轮上面喂入烟梗，经过辗压后从机器上汇集一起并卸到振动输送器上。辗压优良的诀窍在于烟梗回潮得如何。如果回潮得不足，其后的压扁过程将会使纤维断裂，从而在切丝和烘干后的梗丝将会碎成小粒。

二、卷烟加工的火灾危险性

由于烟叶的存放方式和加工后的形态不同，卷烟厂内各部分的消防安全问题亦有所差别。

（一）原料库

原料库是烟叶进厂后的第一个集散地。通常烟叶以小捆形式装在麻袋中，按一定高度和间距，将麻袋堆叠成垛。原料库房的面积一般都在 1000m² 以上，若干库房组成的库区可达上万平方米。为了减少占地面积，不少烟厂普遍采用多层库房，库房的层与层之间一般是相互贯通的。因此，在这些区域一旦着火，容易引起大范围的蔓延。原料库的消防安全和火灾特点主要有以下方面。

（1）烟垛的自燃问题。烟叶属植物纤维性物质，温度不太高就会发生热分解，析出可燃挥发分。烟叶容易受潮，长期堆积储存时，会因其中的有机物质发酵而放热，当温度达到一定值时就会发生自燃。烟叶自燃的初期阶段是阴燃，其生成物中除了气相物质外，还有相当多细微的固体颗粒，这种固体颗粒含的可燃组分较多，积存在库房内，遇到适当的空气和温度条件，会再次发生燃烧。

（2）明火燃烧发展迅速，火势难以控制。由于烟叶捆与烟叶包比较疏松，空气容易进入其缝隙之中，一旦阴燃转化为明火燃烧，便会迅速蔓延扩大，燃烧温度将相当高，可造成严重的破坏。因此对原料库来说，最好在燃烧尚未出现明火时就将其扑灭，否则火灾将难以控制。

（3）烟叶粉尘对火灾监控有一定的影响。烟叶本身容易碎裂，其表面还会黏附许多灰尘，在烟叶包搬运及倒垛过程中，或库房内的温度及湿度发生较大变化时，粉尘与灰尘颗粒便会大量飘浮起来。此外烟叶上还会滋生一些小昆虫、小蜘蛛等。这些都对库房内的火灾监控有一定影响。

（二）生产车间

随着工业化水平的不断提高和国家对烟草企业进行的生产工艺技术改造，绝大多数烟草企业由原来的分散型生产改造为集中型生产模式，采用了联合工房的生产形式。联合工房是将多种功能的工房组合在同一建筑物内，由于物料输送需要，联合工房物料生产区的各部分不是孤立隔开的，而是相连通的，属于火灾危险性较大的大空间建筑。生产车间的火灾危险性和火灾特点主要包括以下几方面。

（1）存在粉尘爆炸危险。在烟叶的切制、配制等工序中，会产生大量细微的烟叶粉尘。这种粉尘是可燃的，其主要的潜在危险是粉尘爆炸。

（2）起火危险部位多而分散。由于生产需要，车间内多处堆积烟叶、烟丝及纸张。尤其是卷制车间，前后工序衔接紧密。以上各种易燃物质不停地在机器上运转，车间内很多区域的起火危险性都较大。另一方面，车间内的不少区域容易沉积粉尘不易清除，例如某些管道内、拐角处等，遇到适当温度或火花就可发生燃烧。

（3）刺激性气体影响。烟草本身含有较多刺激性很强的气体，在进行切制、烘焙时，这些气体更容易随可燃组分散发出来。在烟丝配制时，往往还需加入多种香精，而香精中一般都含有50%以上的酒精，这会造成车间存在浓厚的刺激性气味，也有一定的爆炸危险性。

（4）具有大空间建筑的火灾特点。根据大空间建筑的分类，卷烟生产联合工房是典型的扁平型大空间建筑，具有大空间建筑火灾的共性特点，如：可燃物多，火灾发生位置及引燃源类型复杂；建筑物内部空间大，烟气蔓延迅速、不易控制；早期探测和初期灭火较难实现；人员聚集多且集中，疏散困难。

（5）具有卷烟联合工房火灾自身的特点。首先，联合工房内的主要可燃物为烟梗、烟叶、烟丝及可燃设备（主要为输送带），发烟率高，燃烧后会产生大量的烟雾，使得烟气沉降速率快，能见度迅速降低，严重阻碍人员的安全疏散和消防扑救。其次，烟草及可燃输送带燃烧产生的烟雾中含有大量的有害物质，如尼古丁、烟焦油、一氧化碳、氰化物和氟化物等，易导致火场人员中毒而因失去行动能力。再次，联合工房的屋顶一般采用钢网架结构，耐火性能差。火灾产生的高温烟气在屋顶聚集，使得钢网架结构的温度升高，材料力学性能降低，在热、力耦合作用下，钢网架结构可能因强度、刚度或稳定性不足而局部或整体失效，从而影响其使用功能。

（三）成品库

由于产品的中转或销售状况等原因，制成的卷烟常需在成品库中存放一段时间。成品库的结构形式与原料库相似，只是为了保证成品卷烟的质量，库内一般还安装了空气调节设施，对库内的温度、湿度有着严格的限制。在成品库中，卷烟是成箱堆放的，其高度往往超过 2m。因此，也存在着与原料库类似的自燃问题。对于存放时间较长的烟箱垛，亦应经常检测温度，以防止库内局部温度过高。

三、卷烟生产的防火措施

（一）建筑防火防爆

生产厂房、仓库的耐火等级、层数和占地面积，应符合表 5.18 和表 5.19 的要求。

表 5.18 生产厂房的耐火等级、层数和占地面积

建筑耐火等级	最多允许层数	防火分区最大允许占地面积/m²			
		单层	多层	高层	厂房的地下室和半地下室
一级	不限	不限	6000	3000	500
二级	不限	8000	4000	2000	500

注：制丝、储丝和卷接包车间可分别划分为一个防火分区，其最大允许建筑面积应符合卷烟生产工艺要求。

表 5.19 仓库的耐火等级、层数和占地面积

建筑耐火等级	最多允许层数	最大允许占地面积/m²						库房地下室
		单层		多层		高层		防火墙间
		每座库房	防火墙间	每座库房	防火墙间	每座库房	防火墙间	
一、二级	不限	6000	1500	4800	1200	4000	1000	300

由于联合工房的建筑面积较大，规范对防火分区的规定不太适用。在联合工房内的原料、备料及成组配方、制丝和卷接包、辅料周转、成品暂存、二氧化碳膨胀烟丝等生产用房可划分独立的防火分隔单元。当工艺条件许可时，制丝、储丝和卷接包车间可划分为一个防火分区，最大允许建筑面积按照工艺需要确定。

（二）火灾监测

由于烟厂的特殊性，为了及时发现火灾苗头并准确通报火情，选择合理的火灾探测装置至关重要。常用的火灾探测器主要有感温、感烟和感光（火焰）等几种类型，有些可燃气体探测器也可安装供分析火灾危险参考。

（1）感温探测器受粉尘影响较小，它是根据所在位置的温度（或温升）来判断是否起火。烟厂的仓库与车间的内部空间都很大，要使其上部空间达到探测器的报警温度，则车间的燃烧强度肯定已经相当大。因此，在这些建筑的顶棚上安装的感温探测器探测火灾，必定造成报警延迟。但在车间里，机器设备的位置基本固定，哪些部位容易出现异常高温或着火燃烧是容易判断的，有针对性地布置一些感温探测器也是可取的。

（2）由于烟叶及其制成品的燃烧通常存在较长的阴燃阶段，可产生大量的烟气，因此也不宜选用火焰型探测器。因为利用火焰的光信号来判断火灾的发生与否已经太迟了。同时空气中粉尘还会沉积在火焰探测器的探头表面，时间一长，其探测灵敏度必将大大降低，结果导致报警更迟。

（3）感烟探测器有点式和光束式两大类型。点式感烟探测器又分为离子式和光电式。不管哪种点式感烟探测器，都采用了一定的迷宫式结构，当有足够的烟气进入其中，就会使电信号发生变化，从而驱动报警器报警。对于那些平时比较干净，而起火后又会产生较多烟气

的场所，选择这类探测器是非常适合的。但是除了火灾烟气之外，任何其他细微的颗粒或小物体都可能进入点式探测器的迷宫腔，从而造成火灾误报警。在那些粉尘浓度较大并易滋生小昆虫、小蜘蛛的区域，如原料库、生产车间等，使用点式感烟探测器是不恰当的。而成品库比较清洁，可以考虑采用点式感烟探测器。

光束式感烟探测器是由发光管和在一定距离之外的接收管联合组成的。它通过光是否被烟气遮挡（减光作用）来探测火灾。这类探测器的特点是探测的范围大。它的发射器和接收器也会受粉尘沾污，不过只是污染透镜表面，容易清洗，而点式感烟探测器的清洗要困难得多。相比之下，光束感烟火灾探测器适合于烟厂的大部分区域。

（4）可燃气体探测是通过探测某些气体的浓度来给出报警信号的，这些信号并不是直接表示火灾，但可供预防火灾参考。烟厂产生的气体中有些成分是可燃的，监测其浓度对消防安全也有现实意义。可燃气体常常伴随着粉尘一起扩散，其浓度也可间接反映粉尘危险的大小，因此在烟厂内适宜安装一些可燃气体探测器。

思考与练习题

1. 小麦制粉过程主要存在哪些火灾危险性？
2. 食用植物油加工企业应采取哪些防火措施预防火灾爆炸事故发生？
3. 纸类生产的火灾危险性和防火措施有哪些？
4. 纺织行业的火灾特点和防火措施是什么？
5. 木材加工的火灾危险性有哪些？
6. 木材加工的安全防火措施有哪些？
7. 归纳粉尘爆炸的防止和减轻方法。
8. 白酒储罐发生火灾并破裂后会向地势低的方向流淌，在厂区设计时可以采取哪些有效措施避免火势扩大？
9. 有哪些火灾探测装置适用于烟草加工企业？
10. 卷烟联合工房的火灾特点有哪些？

参 考 文 献

[1] 郑端文. 生产工艺防火. [M] 北京：化学工业出版社，1998.
[2] 中华人民共和国公安部. GB 50016—2014 建筑设计防火规范 [S]. 北京：中国计划出版社，2014.
[3] 傅智敏. 工业企业防火. [M] 北京：中国人民公安大学出版社，2008.
[4] 蔡云，李孝斌. 防火与防爆工程. [M] 北京：中国质检出版社，中国标准出版社，2014.
[5] 崔政斌. 防火防爆技术. [M] 北京：化学工业出版社，2012.
[6] 黄郑华，李建华. 生产工艺防火. [M] 北京：化学工业出版社，2011.
[7] 吕显智，张宏宇. 工业企业防火. [M] 北京：机械工业出版社，2014.
[8] 国家烟草专卖局. 卷烟厂设计规范 [S]. 北京：中国标准出版社. 2015.
[9] 沈怡方. 白酒生产技术全书 [M]. 北京：中国轻工业出版社，1998.
[10] 宋晓勇. 论白酒厂的防火防爆设计 [D]. 重庆：重庆大学，2005.
[11] 刘登良. 喷涂工艺. 第四版. [M]. 北京：化学工业出版社，2009.
[12] 梁治齐，熊楚才. 涂料喷涂工艺与技术 [M]. 北京：化学工业出版社，2009.
[13] 中国机械工程学会焊接学会. 焊接手册：第一卷. [M]. 北京：机械工业出版社，2007.
[14] 中华人民共和国住房和城乡建设部. GB 50565—2010 纺织工程设计防火规范 [S]. 北京：中国计划出版社，2010.
[15] 中华人民共和国住房和城乡建设部. GB 50320—2015 粮食平房仓设计规范 [S]. 北京：中国计划出版社，2015.
[16] 中华人民共和国住房和城乡建设部. GB 50499—2009 麻纺织工厂设计规范 [S]. 北京：中国计划出版社，2009.
[17] 中华人民共和国住房和城乡建设部. GB 51052—2014 毛纺织工厂设计规范 [S]. 北京：中国计划出版社，2015.
[18] 中华人民共和国住房和城乡建设部. GB 50425—2008 纺织工业企业环境保护设计规范 [S]. 北京：中国计划出版社，2008.
[19] 中华人民共和国住房和城乡建设部. GB 50481—2009 棉纺织工厂设计规范 [S]. 北京：中国计划出版社，2009.
[20] 中华人民共和国住房和城乡建设部. GB 50477—2009 纺织工业企业职业安全卫生设计规范 [S]. 北京：中国计划出版社，2009.